JN273812

乾燥地の水をめぐる知識とノウハウ

食料・農業・環境を守る水利用・水管理学

北村義信 著
（鳥取大学乾燥地研究センター）

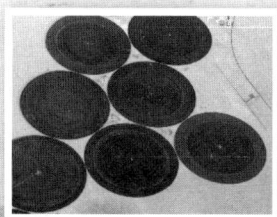

技報堂出版

書籍のコピー，スキャン，デジタル化等による複製は，
著作権法上での例外を除き禁じられています。

はじめに

　乾燥地は世界の全陸地面積の41％を占め，そこには20億人もの人々が生活しており，世界の貧しい人々の半数が含まれるといわれる。さらに乾燥地に暮らす人々の人間開発指数（HDI：平均余命，識字率，就学率，国内総生産によって決まる）は，それ以外の地域に暮らす人々に比べてはるかに低い。いわば乾燥地には「最も取り残された人々」が多く暮らしていることになる。

　このような乾燥地では，砂漠化が深刻な問題であり，110カ国以上の国に暮らす10億人が砂漠化の脅威の中で生活している。国連によれば，砂漠化の主な原因は過剰耕作，家畜の過剰放牧，森林の破壊，貧弱な灌漑施設とのことである。砂漠化や干ばつは，食糧安全保障の崩壊と飢餓，貧困をもたらし，それに起因する社会的，経済的，政治的緊張が地域の対立を生みだし，さらなる貧困と砂漠化を進行させるという負のスパイラルを形成してしまう。砂漠化対処条約（UNCCD）は，砂漠化問題の解決には，土地の回復，土地の生産性の改善，土地と水資源の保全と管理が重要としている。

　筆者は鳥取大学に籍を置くまでは，農林水産省に在職し，国際農林水産業研究センター（JIRCAS，現国立研究開発法人），農業工学研究所（NRIAE，現農研機構農村工学研究所）などで，湿潤地域における広域水管理をテーマに研究を行っていた。それまでの一連の研究成果は，博士学位論文「熱帯モンスーン地域における水稲二期作のための広域水管理」（英文：京都大学，1990年）に取りまとめた。この学位論文を機に，研究の幅を乾燥地にも広げたいと思うようになり，乾燥地を新たな調査研究対象として，アフリカ・サヘル地域（ニジェール川），エジプト（ナイル川），インド・ラジャスタン州，パンジャブ州（インダス川）などで活動を始めた。このころの成果は共著で著した『砂漠緑化の最前線―調査・研究・技術―』（新日本出版社，1993）の「Ⅴ　アフリカの砂漠化と開発・緑化」にまとめた。

はじめに

　その後，1996年4月に鳥取大学へ転任してからは，本格的に乾燥地を対象に水管理研究を行うこととなった。以来，乾燥地研究センター（5年間）と農学部（13年間）での足掛け18年間にわたり，中央アジアのアラル海流域・イリ川流域（シルダリア川，イリ川），中国黄土高原（黄河），イスラエル，シリア，パレスチナ，ヨルダン（ヨルダン川），インド，パキスタン（インダス川，ガンジス川），アフリカ・サヘル地域（ニジェール川），ケニア（タナ川），エジプト（ナイル川），メキシコ・バハ・カリフォルニア・スル州（ラス・リエブレス川）などの乾燥地，河川流域を主な対象として，調査研究を実施した。本書では，これらの地域，流域での調査研究で得た知見を中心に取りまとめた。

　本書は，9章からなるが，各章の主な内容は，以下のとおりである。

　第1章：乾燥地の気候的特徴，土地利用の状況，砂漠化問題の概要について論じ，乾燥地の水利用・水管理の現状と課題を整理した。また，乾燥地の河川の特徴を紹介した。

　第2章：グリーンウォーター（雨水と水蒸気）の利用と管理について整理・類型化し，乾燥地の主要な水利用の一形態であるウォーターハーベスティングとユニークな水分捕捉法であるフォッグトラップについて述べた。

　第3章：ブルーウォーター（河川水と地下水）の多様な利用と管理について整理・類型化し，伝統的な技術のインベントリーを作成した。

　第4章：非従来型の水資源である下水・排水，海水・塩水に注目し，前者の再生と再利用，後者の淡水化利用について記述した。

　第5章：乾燥地の灌漑農業と環境問題について，アラル海流域の大規模灌漑事業，インドのインデラガンジー水路プロジェクト，アメリカのオガララ帯水層に依存したハイプレーンズのセンターピボット灌漑，リビアの大人造河川計画などを取り上げ，それぞれの抱える環境問題と対策について事例を紹介した。

　第6章：国際河川の分布と紛争の現況の概要を紹介し，国際河川の平和的利用にかかる「非航行利用に関する条約」，および「戦時における水の保護規定」成立の背景と現状について整理した。さらに，ヨルダン川流域とシルダリア川流域を取り上げ，流域国間で発生した係争の経緯と解決に向けた取

組みなどについて紹介した。

　第7章：乾燥地で灌漑農業を行う場合，必ず注意しなければならない問題「塩類集積問題」について，その成因，塩類化の形態と実態，塩類化への対処，塩類集積農地の改良法などについて述べた。

　第8章：乾燥地の水文，水資源について，アフリカのニジェール川流域を主な対象として取り上げその特徴を紹介した。

　第9章：今後の地球温暖化の進行に対処し，持続可能な灌漑農業と水資源利用を展開していく方策について論じるとともに，水資源管理の効率化を適切に表現する評価指標，灌漑管理の実効評価法について整理した。

　国連は，2015年8月にニューヨーク国連本部において，「国連持続可能な開発サミット」を開催し，持続可能な開発のための「2030アジェンダ」を採択した。このアジェンダは，人間，地球および繁栄のための行動計画を宣言し，目標を掲げた。この目標が，2015年末に期限を迎えた「ミレニアム開発目標（MDGs）」の後継目標「持続可能な開発目標（SDGs）」である。この新たな国際目標は，17の目標と169のターゲットからなり，2016年1月から2030年までの15年間で達成することとなっている。SDGsで対象とするのは「最も取り残された人々」としていることから，乾燥地の持続可能な開発が重視されていると考えられる。

　本書は多少なりとも，SDGsを意識しながら執筆したつもりであり，本書で扱う乾燥地の持続可能な水利用，水管理のあり方は，SDGsすべてに関わるテーマである。とりわけ目標2（飢餓を終わらせ，食糧安全保障および栄養改善を実現し，持続可能な農業を促進する），目標6（すべての人々の水と衛生の利用可能性と持続可能な管理を確保する），目標13（気候変動およびその影響を軽減するための緊急対策を講じる），目標15（陸域生態系の保護・回復・持続可能な利用の促進，森林の持続可能な管理，砂漠化への対処，ならびに土地の劣化の阻止・防止および生物多様性の損失の阻止を促進する）に深く関わっていると考えられる。本書が少しでもこれらの国際目標達成に向けて活躍する方々の参考となれば望外の喜びである。

　本書で主な読者として想定しているのは，乾燥地の水文・水資源，水問題，農業開発，水利用・水管理，砂漠化対策（環境問題），乾燥地科学などに関

心のある学生・社会人，政府機関，国際機関，国際開発コンサルタント，NGO・NPOで国際協力の実務に携わる方である。しかし，一般の方にも十分理解していただけるよう，できるだけ平易な説明を心がけた。

　本書は，筆者がいままでにかかわってきた世界の乾燥地における水利用と水管理に関する調査・研究で得た知識，情報を中心に，筆者の停年退職を機に執筆を始め，このほど取りまとめたものである。執筆を決意したきっかけは，鳥取大学乾燥地研究センター長の恒川篤史教授の強い勧めがあったからである。本書をまとめるにあたっては，恒川教授から温かい励ましと助言をいただくとともに，乾燥地研究センターから多大な支援を受けた。この場を借りて厚くお礼を申し上げる。また，本書刊行の申し出を快諾され，編集に力を貸していただいた技報堂出版株式会社，同社編集部長石井洋平氏に感謝申し上げる。

2016年2月

北村　義信

目　次

第1章　乾燥地における水利用・水管理の現状と課題　　1

1.1　乾燥地とは　　1
1.1.1　乾燥地の気候的特徴　　1
1.1.2　乾燥地の土地利用　　3
1.1.3　砂漠化問題　　4
1.2　乾燥地の水利用・水管理の現状と課題　　5
1.2.1　地球全体の水循環　　5
1.2.2　ブルーウォーターとグリーンウォーター　　7
1.2.3　世界の取水量の推移　　8
1.2.4　各水利用部門間の取水をめぐる現状と課題　　9
1.2.5　非従来型水資源の開発の重要性　　13
1.3　乾燥地の河川の特徴　　13
1.3.1　季節河川（ワジ）とその流出特性　　13
1.3.2　乾燥地の河川でよくみられる水文地形学的特徴：河川争奪　　16

第2章　グリーンウォーターの利用と管理　　21

2.1　雨水の利用　　21
2.1.1　圃場内集水域からの集水方法　　22
2.1.2　圃場外集水域からの集水方法　　27
2.1.3　WHの設計（CCRの決定方法）　　31

2.1.4　WHの一般的傾向と最近の動向 …………………… 33
2.2　露，霧の利用 ……………………………………………… 33
2.2.1　集露利用およびフォッグトラップ ………………… 33
2.2.2　冷涼海岸砂漠の成因，分布とその特徴 …………… 36
2.2.3　水蒸気の凝結が起こる理由 ………………………… 37

第3章　ブルーウォーターの利用と管理　　41

3.1　河川水，洪水の利用 ……………………………………… 41
3.1.1　河床内における洪水の集水利用 …………………… 42
3.1.2　河床外における洪水の集水利用 …………………… 50
3.2　地下水の利用 ……………………………………………… 58
3.2.1　井戸の種類 …………………………………………… 59
3.2.2　乾燥地において特徴的な地下水利用技術 ………… 59

第4章　非従来型水資源の利用と管理　　71

4.1　下水・排水の再生と再利用 ……………………………… 71
4.1.1　アメリカ・カリフォルニア州オレンジ郡の
　　　　Water Factory-21とその後継計画 ………………… 72
4.1.2　イスラエル・シャフダン排水処理プラント ……… 75
4.1.3　エジプトの排水再利用 ……………………………… 76
4.2　海水・塩水の淡水化利用 ………………………………… 79
4.2.1　蒸留式 ………………………………………………… 81
4.2.2　逆浸透式 ……………………………………………… 84
4.2.3　電気透析式 …………………………………………… 88

第5章　乾燥地の灌漑農業と環境問題　　91

5.1　地表水に依存した灌漑農業 ……………………………… 91

  5.1.1 中央アジア・アラル海流域の大規模灌漑による
     水環境災害 ··· 91
  5.1.2 インド・インディラ・ガンジー水路プロジェクト
     （IGNP：タール砂漠地域の灌漑農業を基軸とし
     た総合地域開発事業）のウォーターロギング問題，
     塩類集積問題とその解決法（バイオ排水）········ 104
  ［トピックス1］ 水利事業が引き金となった生物媒介感
     染症（風土病）の蔓延 ································· 108
  ［トピックス2］ ナセル湖からの導水を利用した砂漠緑化の
     挑戦：エジプトの大規模砂漠開発プロジェクト（トシュ
     カ計画，ニューバレー地域農業総合開発計画） ··· 111
 5.2 地下水に依存した大規模灌漑農業 ························ 113
  5.2.1 アメリカ・ハイプレーンズのセンターピボット灌
     漑による過剰開発とオガララ帯水層の枯渇問題 ··· 114
  5.2.2 ヌビア帯水層を利用したリビアの
     大人造河川計画 ··· 125
 5.3 まとめ ·· 130

第6章　国際河川のはらむ問題とその解決　135

 6.1 国際河川の分布とその影響 ·· 135
 6.2 国際河川における紛争の概要 ·· 137
 6.3 国際水路の非航行利用に関する条約および
    戦時における水の保護規定成立の背景と現状 ········ 138
  6.3.1 国際水路の非航行利用に関する条約 ············· 138
  6.3.2 戦時における水の保護規定 ·························· 141
 6.4 主要な水紛争の原因と解決（水利協定の締結状況）··· 142
  6.4.1 ヨルダン川の水紛争の経緯と現状 ·················· 142
  6.4.2 アラル海流域の水紛争の経緯と現状 ············· 159
 6.5 まとめ ·· 165

第 7 章　乾燥地灌漑農地における塩類集積の脅威とその対策　171

- 7.1　塩類集積の成因 ……………………………………………… 171
- 7.2　二次的塩類集積 ……………………………………………… 172
  - 7.2.1　塩類化の型：塩性化とソーダ質化 ……………… 175
  - 7.2.2　灌漑農地の塩類化の実態 ………………………… 176
- 7.3　塩害防止に必要な技術・知識 ……………………………… 178
  - 7.3.1　土壌の塩類化を予防・防止するための灌漑水の水質管理 …………………………… 178
  - 7.3.2　塩類集積農地の改良法 …………………………… 180
  - 7.3.3　リーチングによる土壌塩類濃度のコントロール … 181
  - 7.3.4　ソーダ質化した土壌の改良 ……………………… 184
- 7.4　まとめ ………………………………………………………… 185

第 8 章　乾燥地における水文，水資源
―西アフリカの水収支と水循環の事例―　189

- 8.1　アフリカの水収支と水循環 ………………………………… 189
  - 8.1.1　概　要 ……………………………………………… 189
  - 8.1.2　地表水 ……………………………………………… 190
- 8.2　西アフリカの河川流域における降雨・流出特性 ………… 191
  - 8.2.1　ニジェール川流域 ………………………………… 192
  - 8.2.2　セネガル川流域 …………………………………… 202
  - 8.2.3　そのほかの流域 …………………………………… 203

第 9 章　持続可能な灌漑農業と水資源利用に向けて　207

- 9.1　地球温暖化が水資源に及ぼす影響とその対策 ……… 207

    9.1.1　干ばつの頻発 …………………………………………… 207
    9.1.2　洪水の頻発
　　　　（低水利用型灌漑から洪水利用型灌漑へ）………… 208
    9.1.3　土壌侵食による土地資源の劣化 ………………………… 208
    9.1.4　地下水補給量の減少と地下水賦存量の減少 …………… 209
    9.1.5　氷河の早期融解と縮小 …………………………………… 209
    9.1.6　塩害発生頻度の増大 ……………………………………… 210
  9.2　乾燥地で期待できる持続可能な灌漑農業・
　　　水資源利用 ……………………………………………………… 210
    9.2.1　地表水と地下水の複合利用 ……………………………… 210
    9.2.2　地下ダム，地下水涵養ダム ……………………………… 211
    9.2.3　水蒸気の利用 ……………………………………………… 211
    9.2.4　排水の再利用・再生利用 ………………………………… 212
    9.2.5　先進的節水灌漑—マイクロ灌漑 ………………………… 213
    9.2.6　水生産性を最大にする節水灌漑—不足灌漑 …………… 214
  9.3　水資源管理の効率性を適切に表現する
　　　評価指標の導入 ………………………………………………… 215
    9.3.1　水問題のひっ迫度を表す指標
　　　　　（ファルケンマーク指標（水ストレス指標））…… 215
    9.3.2　相対的水ストレス指標 …………………………………… 216
    9.3.3　バーチャルウォーター …………………………………… 217
    9.3.4　ウォーターフットプリント ……………………………… 224
    9.3.5　灌漑管理の実効評価法 …………………………………… 229
  9.4　まとめ ………………………………………………………… 235

索　引 ……………………………………………………………………… 239

第1章
乾燥地における水利用・水管理の現状と課題

1.1 乾燥地とは

1.1.1 乾燥地の気候的特徴

　乾燥地は，降水量が少なく，蒸発量・蒸散量が多いため，土壌水分が少なく，乾燥した植生の乏しい地域であり，水のひっ迫度が高い。そのため，この地域では元来生産性が低く，栄養分の循環が停滞しがちである。

　乾燥地の定義は，幾つかあるが，ここでは国連環境計画（UNEP）およびミレニアム生態系評価（MA）の定義[1]〜[3]に従うこととする。UNEPおよびMAの定義では，乾燥度指数（aridity index：AI）の値が0.65以下の地域を乾燥地としている[1]〜[3]。乾燥度指数は平均年降水量（P）と可能蒸発散量（PET）との比（P/PET）によって求まる[2],[3]。すなわち，乾燥地とは，$PET > 1.5P$ となる地域ということになる。可能蒸発散量は，蒸発散位ともいい，植生で一様に覆われた地表面で充分な水供給がある場合に，ある与えられた気候条件下で可能な仮想的最大蒸発散量のことをいう。例えば砂漠では蒸発する水がほとんどないので，実蒸発散量はほぼゼロとなるが，蒸発散を促す日射量が豊富なため，可能蒸発散量は非常に大きくなる。可能蒸発散量の計算には，ペンマン・モンティース式（Penman-Monteith）などのペンマン型の方法が用いられる場合が多い。

　乾燥地は一様ではなく，**表 1.1**[1]に示すように，乾燥の程度を表すAIによって，極乾燥地域，乾燥地域，半乾燥地域，乾燥半湿潤地域の四つの亜類型に区分される。この4地域の年降水量は，およその目安として，極乾燥地

域（$AI < 0.05$）：0〜200 mm，乾燥地域（$AI = 0.05$〜0.20）：夏雨地帯は200〜400 mm（冬雨地帯は200 mm 以下），半乾燥地域（$AI = 0.20$〜0.50）：夏雨地帯は400〜600 mm（冬雨地帯は200〜500 mm），乾燥半湿潤地域（$AI = 0.50$〜0.65）：夏雨地帯は600〜800 mm（冬雨地帯は500〜700 mm）と考えてよい[4]が，年変動はかなり大きい。上記の分類による乾燥地の分布を図1.1に示す[5]。ちなみに湿潤地域である我が国では，P が約1 720 mm，PET が約820 mm と仮定して計算すれば，AI は約2.1 となる。

乾燥地の区分別面積，人口は表1.1に示す。乾燥地は，世界の陸地面積の約41％を占め，そこには2004年時点で世界人口の約3分の1以上に相当する約21億人が生活している[1]。乾燥地に居住する人口の90％は途上国に属

表1.1 乾燥地の分類[1]

区分 （地域）	乾燥度指数 （AI） P/PET	面積 （$\times 10^6$ km²）	全陸地面積に 占める割合 （％）	現在の 人口 （$\times 10^3$ 人）	人口密度 （人/km²）	対地球人 口割合 （％）
極乾燥	< 0.05	9.8	6.6	101 336	10.3	1.7
乾燥	0.05 - 0.20	15.7	10.6	242 780	15.5	4.1
半乾燥	0.20 - 0.50	22.6	15.3	855 333	37.8	14.4
乾燥半湿潤	0.50 - 0.65	12.8	8.7	909 972	71.1	15.3
全体		60.9	41.3	2 109 421	34.6	35.5

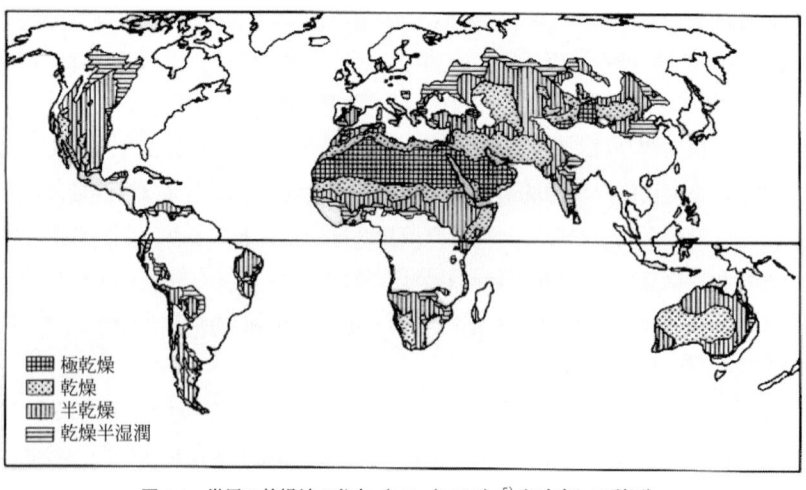

図1.1 世界の乾燥地の分布（MA（2005）[5]を改変して引用）

しており，社会経済状態はほかの地域に比べて大きく後れを取っている。

なお，砂漠とは一年を通して降水量が極端に少なく，土壌が乾燥し，植生がほとんど育たない地域であり，上記の分類では極乾燥地域と乾燥地域の一部に相当する地域である。

1.1.2 乾燥地の土地利用

乾燥地の土地利用については，表 1.2 に示すとおりであり，放牧地の占める割合が 65％と圧倒的に大きく，次いで耕地の 25％，居住地の 2％，その他の 8％となっている。しかしながら，放牧地の占める割合が依然として大きいものの，20 世紀後半の 50 年間で約 15％もの優良な草地が耕地に変換されている[1]。耕地については半乾燥・乾燥半湿潤地域では降雨依存農地の割合が多いが，極乾燥・乾燥地域では灌漑を行わなければ作物生産が不可能であるため，灌漑農地の割合が高くなる。また灌漑を導入した耕地で，不適切な水・土壌管理が行われているところでは，土壌の塩類化や侵食による栄養分の損失などの土壌劣化が進行している。

乾燥地においては，表土が薄く，有機物が乏しいことが，食料生産の主な制約となっている。表土は，硬質粘土から砂まで変化に富んだ構造を有し，時には高い塩類濃度を呈する。穀類と豆類は基本的な作物であり，小農によって栽培される。これらの作物は，トウモロコシ，ソルガム，ミレット，ササゲおよびキマメである。高原地域では，さらに小麦，大麦，テフが含まれる。

国土の大半が乾燥地である貧しい国々では，農業は国民の生計を維持していくうえで重要な役割を担っている。チャド，モザンビーク，ブルキナファソのような国では，農業部門は就業人口の 80 〜 90％をも収容している。こ

表 1.2 乾燥地の土地利用[1]

区分 (地域)	放牧地 (％)	耕地 (％)	居住地 (％)	その他 (％)
極乾燥	34	47	4	16
乾燥	54	35	2	8
半乾燥	87	7	1	5
乾燥半湿潤	97	0.6	1	2
全体	65	25	2	8

のような高い数値は，最低限の生計を立てている小農が大量に農業に従事していることを反映している。そして多くの場合，これらの国々では農業以外の雇用機会が圧倒的に不足していることによる。また，多くの開発途上国では，GDPに占める農業の貢献度が高く，主要な経済部門となっている。このように，乾燥地の国々では，農業は地域の発展上重要な役割を演じている。多くの先進的途上国では，GDPに対する農業の貢献度が急激に低下しているのに対し，乾燥地の国々において農業は依然として重要な位置を占めている。さらに，農村地域は最貧層の人々の多くが生活していることを考えれば，乾燥地の国々における農村開発が，貧困対策を推進していくうえで，最重要課題であることは明白である。

1.1.3 砂漠化問題

砂漠化（desertification）は，乾燥地における最大の脅威であり，国連砂漠化対処条約（United Nation Convention to Combat Desertification：UNCCD）では，乾燥地域，半乾燥地域および乾燥半湿潤地域における，気候変動ならびに人間活動を含む種々の原因によって起こる土地の劣化と定義される。土地の劣化は，肥沃な表土の流失や土壌の塩類化によって，土地の性質が植物の生育に適さなくなることを意味し，究極的には極乾燥地域の土地のようになることである。このことから，UNCCDでは極乾燥地域を砂漠化対象地域から除外している。

砂漠化の原因としては，地球規模での大気循環の変動に起因する乾燥地の拡大（気候的要因）と，脆弱な生態系を持つ乾燥・半乾燥・乾燥半湿潤地域での許容限度を超えた人間活動に起因する乾燥地の拡大（人為的要因）とがある。後者は，過放牧，過耕作，薪炭材の過剰採取などによるもので，当該地域の住民の貧困と急激な人口増といった社会・経済的要因がその背景としてある。

乾燥地の中で，もっとも土壌劣化の危険性が高い地域は，半乾燥地域である。それは生態系の脆弱さと人口圧の両者から決まる。砂漠化の影響を受けている地域は，全大陸に分布しているが，とくに深刻なのはアフリカのサヘル地域，中近東，中央アジア，インド，中国北部，北アメリカ中西部などで

ある。しかしながら，砂漠化問題の深刻さにも関わらず，世界の砂漠化面積についての研究はごく限られており，しかも見積りに大きな差がある。砂漠化面積は，極乾燥地域を除く乾燥地の70%との見積りもある[6] が，これは過大見積りであり，MAは世界の乾燥地の総面積の10～20%が砂漠化の影響を受けているとしている[7),8]。

灌漑の導入に伴うウォーターロギング（waterlogging：湛水・過湿状態の意。以下WLと表す。）と塩類集積は，砂漠化の一形態であり，乾燥地で灌漑農業を持続的に展開していくうえで克服しなければならない課題である。（塩類集積については，第7章にて詳述する。）

また，乾燥地における淡水の1人当たり供給可能量は2000年時点で平均1 300 m³/人であり，生活の安寧を確保していくうえで最低限必要な量1 700 m³/人[9] を大きく下回っている。今後，さらなる人口増加，気候変動，土地利用の活発化，土地被覆の変化などが予想されることから，供給可能水量および生物生産量の減少に拍車が掛かることが懸念される。

1.2　乾燥地の水利用・水管理の現状と課題

1.2.1　地球全体の水循環

大まかな地球全体の水文循環を年単位でみれば，海洋から約453 000 km³/yの水が蒸発し，うち約90%は降水となって海洋に還元し，残り10%（約41 000 km³/y）は卓越風により陸地にもたらされる。陸地からの蒸発散量は約72 000 km³/yであるから，合わせて約113 000 km³/y（830 mm/y）の降水が陸地に降ることになる。この大部分は土壌水分や地下水を涵養する。そして，72 000 km³/yが蒸発散して大気中に戻り，残り約41 000 km³/y（31 000～47 000 km³）が河川水となって最終的に海洋に流出する（**図1.2**）[9),10]。湿気を帯びた空気の陸地への流入分と河川水の海洋への流出分はほぼ量的に同じであるため，陸地と海洋間の水収支は均衡が保たれる。

地球上の河川には約2 000 km³の淡水が常時流れているが，水量の地域間格差は大きい（**表1.3**）。河川中の淡水量の半分は南アメリカ，4分の1はアジアに分布する。河川水の滞留時間を上記の地球全体の河川流量と河川水

● 第 1 章 ● 乾燥地における水利用・水管理の現状と課題

量で逆算すると，地球平均で 17 〜 18 日となる．各地域における河川の水量，流量，滞留時間は**表 1.3** のように推定される．この河川中の淡水量は，再生可能水資源とみなすことができ，これをいかに賢く利用するかが人類生存のための生命線といえる．

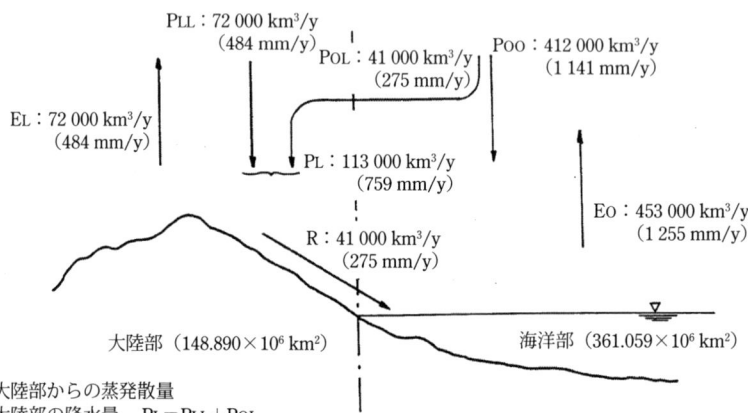

E_L ：大陸部からの蒸発散量
P_L ：大陸部の降水量　　$P_L=P_{LL}+P_{OL}$
P_{LL} ：大陸部からの蒸発散に起因する大陸部の降水量
P_{OL} ：海洋部からの蒸発に起因する大陸部の降水量
R ：大陸部から海洋部への流出量
E_O ：海洋部からの蒸発量
P_{OO} ：海洋部の降水量

図 1.2　地球全体の水収支・水循環の概要[9),10)]

表 1.3　河川中に存在する淡水量の地域別比較[11)]

地域	河川中の淡水量			滞留時間（日）
	水量（km³）	年流量（km³/y）	1人当たり流量*	
ヨーロッパ	76	2 321	3 128	12
アジア	533	14 835	3 374	13
アフリカ	184	4 184	3 573	16
北アメリカ	236	6 945	19 454	12
南アメリカ	946	10 377	16 471	33
オーストラリア	24	2 011	50 275	4
全体	2 000	41 000	5 588	17.8

Gidrometizdat (1974)[11)] ほかを改変して引用
* 1 人当たり流量（WSI ＝水ストレス指数）：m³/y/ 人
（人口は 2015 年データ．出典：統計ポータルサイト Statista）

1.2.2 ブルーウォーターとグリーンウォーター

地球の陸地において利用可能な淡水は，大きくブルーウォーター（blue water：BW）とグリーンウォーター（green water：GW）に分けて考えることができる。前者は河川水と地下水であり，後者は土壌中に貯留され土壌表面および植物の葉面から大気中へ蒸発散として放出される水である。

人類が利用できる BW（河川水約 41 000 km^3/y）のうち，安定的に取水が可能な基底流出（地下水流出が主成分である長期間の緩やかな流出，すなわち低水流出）は約 14 000 km^3/y（34％）で，残りの約 27 000 km^3/y（66％）は利用困難な直接流出（地表面流出と中間流出からなる短期間の急激な洪水流出）である。さらに基底流出のうち，5 000 km^3/y は人気のない地域を流れており，人類が容易に利用できる BW は 9 000 km^3/y と推定される [12),13)]。

2007 年の BW の年間取水状況は，農業用水が 2 635.7 km^3/y（70％），工業用水が 753.1 km^3/y（20％），生活用水が 376.5 km^3/y（10％）であり，全体で 3 765.3 km^3/y となる [14)]。これは再生可能水資源の 9％に相当するが，容易に利用できる BW の 42％をも占めていることになる。世界の主要河川流域における BW のひっ迫度を図 1.3 に示す [15)] が，ひっ迫度の高い地域は乾燥地に集中している。乾燥地では，基底流出がほとんど見込めないことから，直接流出を捕捉・集水し利用する技術を高度化・効率化することが重要

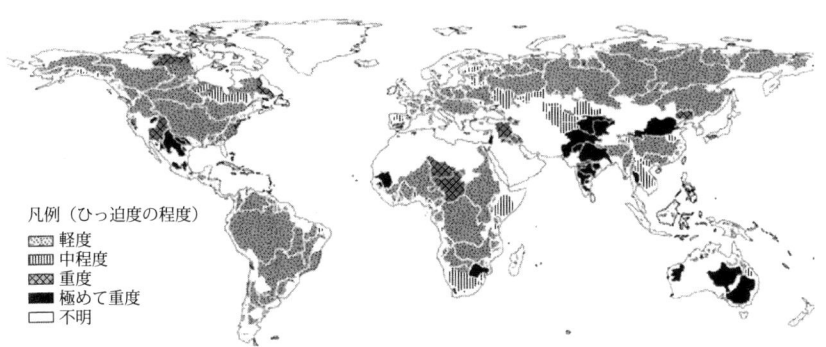

注：この図は年間のひっ迫度を示すが，これは月別ひっ迫度から推定したものである。

図 1.3 世界の主要河川流域における BW のひっ迫度 [15)]

である。

　地球上の陸地にもたらされる GW は 72 000 km³/y である。ある試算によると，世界の食料生産において約 6 800 km³/y の水が蒸発散により消費されている。この量のうち，1 800 km³/y は 20％の灌漑農地で消費された GW 起源のものであり，残りの 5 000 km³/y は 80％を占める降雨依存農地で消費された GW 起源のものである [16]。したがって，GW の約 7％が降雨依存農地で利用されていることになる。今後，途上国の人口増加に伴う食料不足や飢餓問題を改善していくためには，灌漑農地に加えて降雨依存農地の食料生産性を高める努力が求められ，GW の有効利用が鍵となる。GW は，非生産的な蒸発による消費を極力抑えて，生産的な蒸散による消費が増えるように改善していく必要がある。土壌の肥沃管理，ウォーターハーベスティングなどの土壌・水管理を適正に行えば，蒸発散量に占める蒸発量の割合が減り，かつ収量も増えることにより，降雨依存農地の水生産性は著しく向上すると考えられる [16]。

1.2.3　世界の取水量の推移

　図 1.4 は 1900 年以降の世界の取水量の推移（実績，予測）を分野別に示したものである [17]。これによると，1900 年の 579 km³（うち消費水量 331 km³）から 2000 年には 3 973 km³（うち消費水量 2 182 km³）と約 7 倍（消

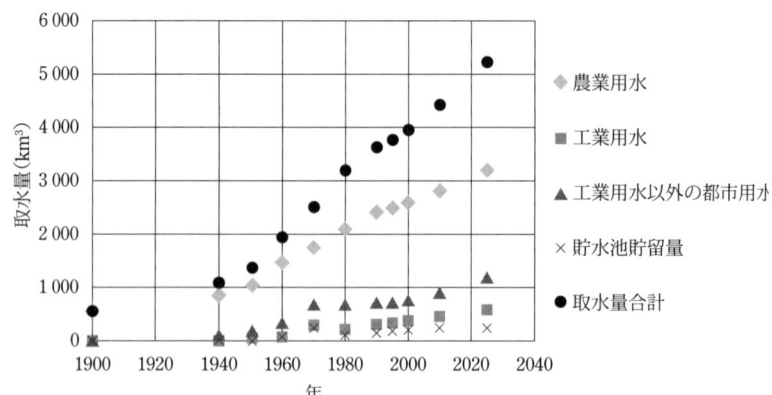

図 1.4　世界の部門別取水量の推移 [17]

費水量は6倍）に増加している．取水量（消費水量）割合は，農業用水が66％（84％）を占め，工業用水が約10％（2％），工業用水を除く都市用水が約20％（4％），貯水池が約5％（10％）となっている．取水量の地域格差は大きく，2000年の世界の淡水使用量の約57％，消費水量の70％はインド，パキスタン，中国など世界の主要灌漑国を抱えるアジアに集中している[17]．また，アフリカ大陸における全取水量の50％は北アフリカが占めている．

2025年には世界の淡水取水量（消費水量）は，5 235 km^3（2 765 km^3）と2000年の1.3倍（1.3倍）に増加することが予想される[17]．すなわち，世界の淡水取水量（消費水量）は当面10年ごとに10～12％（約10％）ずつ増えることが予想される．農業用水の取水量（消費水量）は，灌漑農地が2000年の2.64億haから2025年には3.29億haに拡大すると予測され，2 605 km^3（1 834 km^3）から3 189 km^3（2 252 km^3）と1.2倍（1.2倍）に増加することが見込まれている[17]．とりわけアフリカと南アメリカ地域において顕著な増加が予想される．工業用水の取水量（消費水量）は，2000年の384 km^3（53 km^3）から2025年には607 km^3（74 km^3）と1.6倍（1.4倍）に増加することが見込まれている[17]．工業用水以外の都市用水については，2000年の776 km^3（88 km^3）から2025年には1 170 km^3（169 km^3）と1.5倍（1.9倍）に増加することが見込まれている[17]．

1.2.4　各水利用部門間の取水をめぐる現状と課題

農業用水は多くの国・地域で主要な水利用部門であり，灌漑がそのほとんどを占める．灌漑農業の重要性を示す表現として，「世界の農地の約20％の灌漑農地で，世界食料の約40％が生産されている」[18]といわれるが，このことは灌漑農地の単位面積当たり収量が降雨依存農地のそれの2～3倍高いことを意味し，灌漑の食料生産に及ぼす効果が認識できる．しかし，水資源のひっ迫が深刻化している現在，農業分野の水使用のあり方に対して，強い圧力がかかってきており，農業用水の取水比率は減少傾向にある．

工業用水は冷却，加工，洗浄，工業廃棄物除去，発電などに利用する用水である．工業用水のほとんどは水循環系に還元するが，化学物質や重金属でひどく汚染される場合も多く，環境面に及ぼす影響が大きい．工業用水の使

用量は，今世紀前半は上述のように増加傾向を示すが，各国ともに循環給水システムの導入を目指すと予想されることから，将来的には減少傾向に転じると考えられる。

　工業用水を除く都市用水（以下，生活用水）は，飲用水，炊事用水，衛生用水，清掃用水，家庭菜園用水，サービス産業用水（クリーニング，プール，冷暖房システム，レストラン，医療サービス）などを含む。生活用水は1人当たり100 L/dで十分であり，これを生活用水の基本最小値とする考えがある[19]。しかしながら，1人当たり取水量は地域格差が大きく，北アメリカとヨーロッパの先進国都市部では500～800 L/dまで達するが，アジア，アフリカ，中南アメリカの発展途上農業国では50～100 L/dと低い[17]。さらに，水資源が不十分な地域では10～40 L/d程度しかなく，特にサブサハラ・アフリカにおいては1.5～50 L/d（平均約10 L/d）と報告されている。同地域の農村部では，人口の2/3に相当する人々が，安全な水を自宅の200 m以内に確保できない状況にあるといわれている[20]。

　世界の水利用をめぐる最近の傾向と課題について整理すれば，以下のようになる。

(1) 水をめぐる国家間の競合の激化

　地球上には263の国際河川がある。その流域面積は全陸地面積のほぼ半分を占め，地球上の再生可能淡水供給量の60％を流下させ，世界人口の約40％が生活を営んでいる[21]。国際河川流域にある国数は145カ国にも及び，各国の人口増加とも相まって，流域関係国間で取水をめぐるし烈な争奪戦が展開されつつある。この傾向は，ヨルダン川，アラル海流域，チグリス・ユーフラテス川，ナイル川，インダス川など乾燥地を流れる国際河川流域においてより深刻である。

(2) 再生可能水資源（河川水）の不足に伴う地下水の過剰揚水

　地球上には約1 050万 km^3（全淡水の30％）の地下水が存在するが，経済的に利用可能な800 m以浅に分布するものはその約半分である[22]。灌漑にはこの地下水が利用されるが，涵養量を上回る過剰揚水が行われ，地下水の枯

渇が進んでいる帯水層が多い（インド北西部，アラビア半島，サハラ北部ヌビア帯水層，アメリカ・セントラルバレー，オガララ帯水層など）。2000年の地球全体の地下水取水量は734 km³/yで，地下水賦存量は毎年283 km³ずつ減少していると報告されている[23]。

乾燥地における地下水の代表的な利用技術として，カナートとよばれる地下水路システムがみられる。この伝統的技術は，中国，西アジア，中央アジア，中近東，アラビア半島，北アフリカ，南アメリカなどの乾燥地に広く分布し，重力による自然流下で帯水層から水を集めるため，涵養量の範囲内での取水が基本であり，かつ構造的に蒸発を防ぐ効率のよい持続可能な技術である。しかしながら，近年周辺部で深井戸によるポンプ揚水が盛んに行われるようになったため，カナート周辺の地下水位が低下し，本来の機能を失ったものが各地で見受けられる。非常に優れた技術であり，世界的にその保全管理に努めていく必要がある。

(3) 水をめぐる都市と農村の競合（都市による水資源の囲い込み）

この傾向は，灌漑農地を多く抱えるアジア地域において顕著である。都市（都市用水）は経済力を背景に，農村（農業用水）から水利権を買い取るケースが多い。アメリカのコロラド州，オーストラリア，メキシコなどでは農業用水から都市用水への水利権譲渡が認められている。

(4) 環境保全からの水使用の制約（環境保全分野への水配分の増加）

先進諸国を中心に環境保全への水配分の割合が顕著な増加傾向にある。アメリカ・カリフォルニア州で新規に農業用に開発された水資源量のうち，環境保全への水配分割合が農業用水への水配分割合を上回った事例もある。

(5) 気候変動による水資源の将来的不安定化

IPCC第4次・第5次評価報告書[24],[25]によれば，中東，アフリカ南部，北アメリカ西部，ヨーロッパ西部などの乾燥地では，水資源賦存量（総降水量－総蒸発散量）が10～30%減少すると予想されている。したがって，農業が干ばつの影響を受ける頻度は増大し，その範囲も拡大することが予想さ

れる．干ばつに対する高精度早期警報システムの活用はもとより，灌漑システムの整備，節水技術の導入，降雨依存農地においては土壌面蒸発を極力減らす農法の採用，雨水・洪水を集水利用するウォーターハーベスティング（雨水集水，洪水集水）などの導入を積極的に進めるべきである（2.1節，3.1節）．

　乾燥地においては，干ばつの発生頻度の増大と同様に洪水の発生頻度が高まり，洪水リスクは増大すると考えられる．特に，干ばつで植生が減少した状態で，降雨強度の大きな降雨の発生頻度が増大すれば，直接流出成分が増えて基底流出成分が減少する．このため，低水時の河川水利用が困難になり，洪水のウォーターハーベスティングなど洪水利用を前提とした水利用・灌漑技術を構築していく必要がある（3.1節）．また，温暖化により氷河の融解時期が早期・長期化し，融解量が増えることにより，氷河の縮小が進んでいる．乾燥地を流れる河川のなかで，氷河を源流としているものは多く，氷河の縮小が各流域で営まれている灌漑農業，生活の持続可能性に及ぼす影響はすこぶる大きい．

(6) 依然として低い灌漑効率

　灌漑効率は，灌漑地区において水源から供給される水量のうち作物に有効に吸収される水量の割合であり，送配水路系の送配水効率（搬送効率）と圃場での適用効率の積によって表される．灌漑方法にはさまざまなものがあるが，地表灌漑，散水（スプリンクラー）灌漑，マイクロ灌漑に分類できる．マイクロ灌漑（局所灌漑）は，パイプラインを介して低圧で水を各作物体にピンポイントで効率よく供給する方式で，適用効率の高い灌漑方法である（9.2.5項）．送配水路系が開水路で灌漑方法が地表灌漑である地区では灌漑効率が30〜42％，送配水路系が管水路でスプリンクラー灌漑を採用した地区では70％強，管水路とマイクロ灌漑を適用した地区では86％と報告されている[26]．ますます厳しくなる水不足に対処するためには，灌漑効率を高めて消費水量を減らし，用水量を減らすことが重要である（9.2節）．

1.2.5 非従来型水資源の開発の重要性

　従来型の水資源のひっ迫に伴い都市排水（グレイウォーター）の再生利用と，海水・塩水の淡水化利用が積極的に推進されるようになっている。いずれも逆浸透膜（reverse osmosis membrane：RO 膜）技術の目覚ましい進歩に基づくもので，先進国，中東産油国を中心に普及している。RO 膜とは，ろ過膜の一種で，水溶液から水の分子だけを透過し，イオンや塩類などほかの溶解物は通さない性質を持つ人工の薄膜のことである。特に，アメリカ・カリフォルニア州サンタナ水系に位置するオレンジ郡水管理区（Orange County Water District：OCWD）の排水処理施設[27]とイスラエルのシャフダン排水処理施設[28]はその技術を大規模に適用した代表ともいえる。前者は，隣接する二次下水処理場からの処理水の 40％を活性炭吸着処理から塩素消毒までの高度処理を行い，残りの 60％は原水の全溶解塩濃度が 1 000 mg/L と高いため，低圧型の RO 膜による脱塩処理までを行う。そして，これら 2 種類の処理水を水質基準に合うように混合した後，地下に涵養する[27]。後者は，テルアビブ地域の約 200 万人から出される排水（イスラエルの全消費水量の 8％に相当）を処理し，年間約 1 億 3 000 万 m^3 をネゲブ砂漠の灌漑用に安い水利費で供給している[28]（4.1 節）。

　海水・塩水の淡水化でもイスラエルは低コスト化に成功している。アシュケロン淡水化施設は，世界最大の逆浸透膜施設で 1 日 32 万 5 000m^3 の生産能力を持ち，1 m^3 当たり 0.53 ドルで生産している。この施設で，イスラエルの総消費水量の 5〜6％を生産しているという[28]。

1.3　乾燥地の河川の特徴

1.3.1　季節河川（ワジ）とその流出特性

　乾燥地に分布する中小河川あるいは大河川の支川の多くは，雨季のみに流出がみられる季節河川（seasonal river）すなわちワジである。降水と流出の応答が時間・空間的に顕著であり，治水面，利水面だけでなく環境保全の面でも慎重な対応を要する河川である。

季節河川のことを一般にワジとよぶが，ワジ（wadi または vadi，スペイン語のアロヨ（arroyo）と同義）とはアラビア語で川を意味し，世界の乾燥地にみられる涸れ川，涸れ谷をいう。通常は流れがなく河床が露出しており，激しい雨が降ったときに濁流が溢れ，洪水を引き起こす場合がある。河床は砂や小石に覆われて比較的平坦なため，砂漠を行く隊商が道路代わりに利用することがある。砂漠地域でみられる多くのワジは，氷河期の終わりから完新生の初め（13 000 ～ 8 000 年前）の比較的湿潤な時期に形成されたと考えられる。砂漠地域のワジは，普通1年に数度～数年に1度の頻度で起こる豪雨の後でのみ流出が生じる。豪雨の始めには雨水は土壌中に浸透するが，豪雨が続けばすぐに降雨強度が浸透能（infiltration capacity）を超え，超過分が表面流出（surface runoff）となってワジを流れはじめる。その結果，鉄砲水が起きる。そして流域の土壌表面で起こるスレーキング現象（slaking：乾燥した土壌が，水に浸されると急激に亀裂が生じたり，バラバラに細片化したり，泥状あるいは砂状になったりする現象）や粘結現象（caking：土壌表面に泥状の皮膜ができる現象）がよりワジへの表面流出を促し，大量の土砂を含む奔流へと成長する。雨が降り止めば，ワジは再び干上がってしまう。多くのワジは，塩の凝縮した内陸窪地につながっている。この内陸窪地は，雨季には浅い湖になるが，蒸発すれば底に粘土，塩，石膏などの沈殿物を残す塩類平原で，アメリカ南西部やメキシコではプラヤ（playa），アラビア語ではサブカ（sabkha）とよばれる[29]。

　ワジが，湿潤環境下にある河川流域と水文地形学的に異なる点は以下のとおりである[29]。
① 流出は断続的で，短時間で終了し，地下水流出（基底流出）量の影響が，ほとんどない。また，流出時の流量は変動的である。
② ワジ流域では，地表面にはほとんど植生がみられず，腐植土層が貧弱で，水分保持能力が低い，さらに土膜（crust：クラスト）が形成されやすく，受食性が高い。このため，面状侵食が卓越し，物質移動が比較的大規模に起こる。
③ 多くのワジが海まで到達しないで，出口のない内陸窪地（プラヤ）で終結している。

④ 流域内に塩湖がよくみられる。
⑤ 年平均降水量が 150 mm/y 以下の流域では，風成作用が流域形成に重要な役割を演じている。
⑥ 流域で鉱物の加水分解は目立たないが，物理的風化作用が卓越している。

写真 1.1 はサヘル地域（ニジェール）のワジである（年平均降水量：540 mm/y 程度）。河床が平坦であるため住民に道路として利用されている。**写真 1.2** はイスラエル・ネゲブ砂漠最大のワジ，ジンワジ（Zin Wadi）のエンアブダット（Eni Avdat）渓谷である（年平均降水量：150 mm/y 程度）。普段はほとんど乾いているが，まとまった雨が降ると猛烈な勢いで流下し，最終的には死海の南端に流入する。**図 1.5** は，イエメンのマウルワジ（Mawr Wadi，流域面積：7 900 km^2）の洪水ハイドログラフを示す[30]。このワジでは，豪雨後短時間のうちに一気に流量が増加し，ピーク後は急速に流量が減少している。条件の整ったワジ流域では，洪水を利用した農業が各地で行われている。（第3章の**写真 3.2** に，南バハ・カリフォルニア・スル州ラス・リエブレス川の河床で行なわれている洪水利用農業の状況を示す。）

写真 1.1 サヘル地域（ニジェール）のワジ（河床を道路代わりにして村人が薪を運んでいる）（撮影：北村義信）

写真 1.2 イスラエル・ネゲブ砂漠最大のワジ，ジンワジ（洪水時には死海へ流入），エンアブダット渓谷（撮影：北村義信）

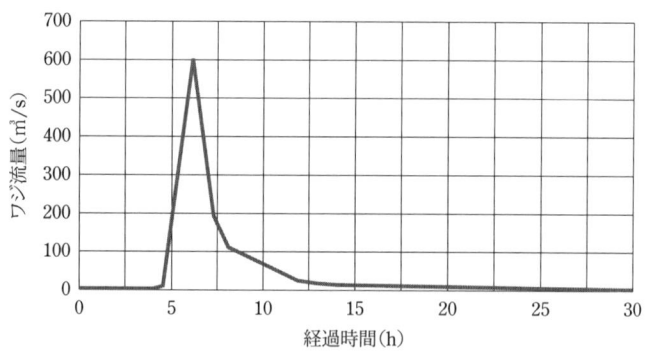

図 1.5 洪水ハイドログラフ（マウルワジ，イエメン）[30]

1.3.2 乾燥地の河川でよくみられる水文地形学的特徴：河川争奪

　西アフリカの河川の特徴の一つとして重要な点は，過去長年にわたり河川争奪（river capture）が展開されてきたことである[31]。河川争奪とは，強い侵食力を持つ河川が，ほかの河川の源流に切り込み，その支流を取り込む現象のことである[31]。この現象は，この地域の分水嶺の標高が低いことに起

因し，源流域の侵食の進行により二次的に起こるものである。

ニジェール川もその典型である。もともとニジェール川は，閉鎖性の流域を形成し，現在の内陸デルタ地域に流入していた。これとは別にギニア湾へ流出するローアー・ニジェール川があり，両河川がガオのあたりでつながって，現在のニジェール川が形成された[31]（8.2節，図8.1）。

黒ボルタ川は，ボルタ川の支流であるが，両者は別水系の河川であった。黒ボルタ川は，もともと北方の乾燥地域に向かって流れていたが，侵食力の強いボルタ川に吸収され，海に向かって流れるようになった[31]。また，アッパー・ゴンゴラ川は，かつてチャド湖に流入していたが，現在ではベヌエ川とつながって海へ流出している[31]（8.2節，図8.1）。

西アフリカでは，現在でもこの河川争奪は進んでいる[31]。例えば，チャド湖に流入しているロゴヌ川，シャリ川はベヌエ川に今にも吸収されそうである。チャド湖は，その水源の約3/4をロゴヌ川とシャリ川から受けており，もしここで河川争奪が起これば、その貯水量は大幅に減少することになる。西アフリカの給水塔であるフータジャロン山地は，ニジェール川，セネガル川，ガンビア川をはじめ，コゴン川，コレンテ川などの源流が集まっている。この源流域で土地の劣化・荒廃が進めば，保水能力は減少し，河川争奪が起こらないとも限らない。西アフリカでは，河川争奪は水資源の乏しい内陸乾燥地域からの水の収奪につながるものであり，各河川の流域保全管理には慎重な対応が必要である。

《引用文献》
1) Millennium Ecosystem Assessment (MA) (2005): Dryland systems. ecosystems and human well-being: Current State and Trends. Chapter 22, Island Press, Washington D.C., pp.623-662.
2) Arnold, E. (1992): World atlas of desertification. UNEP, London, 69p.
3) Middleton, N. and Thomas, D. (1997): World atlas of desertification. UNEP, London, 182p.
4) Food and Agriculture Organization (FAO) (2004): Carbon sequestration in dryland soils, Chapter 2, Definition of drylands, World Soils Resources Report 102, FAO/17754/A, Rome, pp.7-16.
5) Millennium Ecosystem Assessment (MA) (2005): Ecosystems and human well-being:

desertification synthesis. World Resources Institute, Washington D.C., 26p.
6) Dregne, H. E. and Chou, N. (1992): Global desertification and costs. In: Degradation and Restoration of Arid Lands, Dregne, H. E. (ed.), Texas Tech University, Lubbock, pp.249-282.
7) Lepers, E. (2003): Synthesis of the main areas of land-cover and land-use change. Millennium Ecosystem Assessment, Final Report.
8) Lepers, E. et al. (2005): A synthesis of rapid land-cover change information for the 1981-2000 Period Bio Science.
9) Falkenmark, M. (1977): Water and mankind – a complex system of mutual interaction. AMBIO, 6(1).
10) Hawksworth, D.L. and Bull, A.T. (2006): Marine, freshwater, and wetlands biodiversity. Springer, Dordrecht, The Netherland.
11) Gidrometizdat (National Committee for the IHD, USSR) (1974): World water balance and water resources of the earth. Leningrad, 638p.
12) The World Bank (2005): Irrigation and drainage: rehabilitation, Water Resources and Environment (Technical Note E.2), The World Bank, Washington, D.C.
13) UNDP, UNEP, The World Bank and WRI (2000): World resources 2000-2001: people and ecosystems. Elsevier Science, Oxford, UK.
14) The World Bank (2010): 2010 World development indicators. The World Bank, Washington, D.C.
15) Hoekstra, A.K. and Mekonnen, M.M. (2011): Global water scarcity: monthly blue water footprint compared to blue water availability for the world's major river basins. Value of Water Research Report Series No.53. UNESCO-IHE, Delft.
16) Falkenmark, M. and Rockstrom, J. (2006): The new blue and green water paradigm: breaking new ground for water resources planning and management. Journal of Water Resources Planning and Management, pp.129-132.
17) UNESCO (1999): World water resources at the beginning of the 21st century, prepared in the framework of the UNESCO.
18) FAO (2011): The state of the world's land and water resources for food and agriculture: managing systems at risk (SOLAW), 285p.
19) Clarke, R. (1993): Water ― The international crisis, The MIT Press, Massachusetts, p.8.
20) Rosen, S. and Vincent, R. (2001): Household water resources and rural productivity in Sub-Saharan Africa: a review of the evidence, African Economic Policy Discussion Paper, No.69.
21) Giordano, M.A. and A.T. Wolf. (2003): Sharing waters: Post-Rio international water management. Natural Resources Forum, 27(2),pp.163-171.
22) 環境省(2010)：環境白書(平成21年版)
23) Wada, Y., van Beek, L.P.H., van Kempen, C.M., Reckman, J.W.T.M., Vasak, S. and Bierkens, M.F.P. (2010): Global depletion of groundwater resources. Geophysical Research Letters, 37, L20402.

24) IPCC (2007): Summary for policymakers, 27p.
25) IPCC (2014): Summary for policymakers, 32p.
26) Rohwer, J., Gerten, D. and Lucht, W. (2007): Development of Functional Irrigation Types for Improved Global Crop Modelling. PIK Report No.104. Potsdam Institute for Climate Impact Research, Potsdam.
27) 村上雅博(1994)：膜分離技術を組み込んだ開放系循環水利用計画のシナリオ―-米国サンタナ水系OCWD Water Factory-21の再生水／地下水涵養プロジェクト―，河川，No.574, pp.67-78
28) State of Israel, Ministry of Industry Trade and Labor (2013): Water: the Israeli experience: the national water program.
29) Zekai, S. (2008): Wadi hydrology, Taylor & Francis Group, New York.
30) Sephton, E.P. and Allum, B.J. (1987): Operational considerations in the development of a spate irrigation system. Spate Irrigation, FAO, Rome, pp.142-150
31) Udo, R.K. (1978): A comprehensive geography of West Africa, African Publishing Company.

第2章
グリーンウォーターの利用と管理

世界には実に多様で変化に富んだ水利用が展開されている。水資源の形態に応じたさまざまな水利用が，気候，風土，文化，習慣ともうまく融合して各地域で営まれている。ここではグリーンウォーターすなわち雨水と水蒸気の利用と管理について概念と仕組みを紹介する。

2.1　雨水の利用

【ウォーターハーベスティング（雨水集水：Water harvesting：WH）】

　ウォーターハーベスティング（WH）は，主に水資源の乏しい乾燥地域，半乾燥地域において降水およびそれに伴う流出水を収集・貯留し，農業用水，生活用水，家畜用水，緑化用水などに利用する技術である。WHには「雨水のWH（Rainwater harvesting, Rain harvesting, Rainwater collection, Rainfall collection, etc.）」と「洪水のWH（Floodwater harvesting, Streamflow harvesting, Floodwater farming, etc.）」があるが，ここでは前者のみに限定してよぶことにする。なお，後者はここでは洪水灌漑（スペート灌漑）と定義し後述する。WHは，比較的短い集水域からの層状流出水の集水（圃場内集水域の集水）利用（マイクロキャッチメントWH：MiC WH）と，比較的長い集水域から流出してくる大規模な侵食流の集水（圃場外集水域の集水）利用（マクロキャッチメントWH：MaC WH）に分けて考える。

　WHは，数千年前から中東，マグレブ（北西アフリカ）を中心に行われてきた伝統的利水システムである。この技術は，乾燥地域では降水量が圧倒的

に少ないにもかかわらず，かなりの流去損失があるという点に着目し，その有効利用をねらったものである。集水域を人工的に整備し，できるだけ多くの流出水を集めて，目的地に導水し，作物栽培などに有効に利用する方法である。WHが注目されはじめたのは，1950年代であり，イスラエルのネゲブ砂漠などで科学的研究が進められてきた。その結果，近代的技術と組み合わせることで，年降水量がわずか100～200 mmという過酷な乾燥環境においてさえ，相当の収量が得られることが立証されている[1]。

2.1.1 圃場内集水域からの集水方法

この集水方法は，マイクロキャッチメント（MiC）WHとよぶ。この方法には，ネガリムMiC WH，コンターバンドMiC WH，コンターリッジMiC WH，半円（月）堤MiC WH，ザイMiC WHなどのタイプがある。地形勾配が5％を超えると水配分の不均衡や土壌侵食が起こりやすくなるため，WHの適用は望ましくない。

① ネガリム（Negarim）MiC WHは，図2.1，写真2.1に示すように，畦畔で囲まれた菱形のベイスンで構成し，最低位部に浸透性の窪地を設け，そこに果樹などの樹木作物を植栽する[2),3)]。

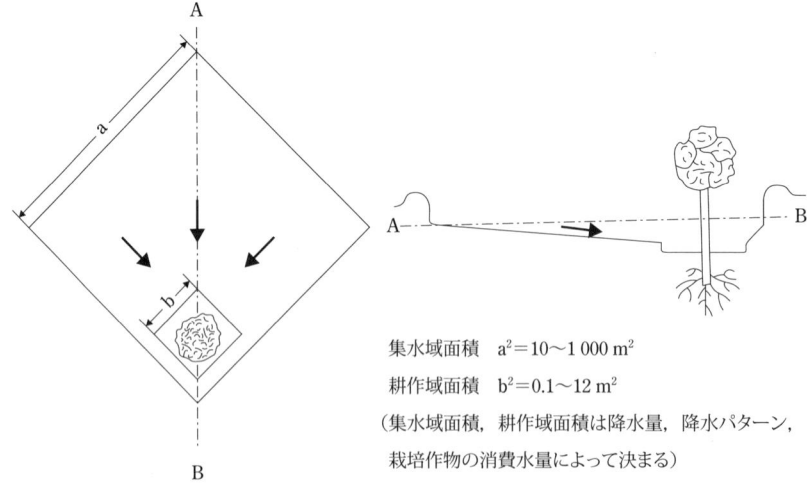

集水域面積　$a^2 = 10 \sim 1\,000\ m^2$
耕作域面積　$b^2 = 0.1 \sim 12\ m^2$
（集水域面積，耕作域面積は降水量，降水パターン，栽培作物の消費水量によって決まる）

図2.1 ネガリムMiC WH（Hudson（1987）[2]）を改変して引用）

写真 2.1 ネガリム MiC WH（シリア・国際乾燥地農業研究センター ICARDA にて，2009 年 11 月 22 日，撮影：北村義信）

② コンターバンド（Contour bund）MiC WH は，図 2.2 に示すように，ネガリム MiC WH の応用形で等高線沿いに畦畔を築いていくタイプであり，機械での整備が容易で，より大規模に WH が行える[4]。このため，ネガリム MiC WH よりも経済的に有利である。

③ コンターリッジ（Contour ridge）MiC WH は，図 2.3[4] に示すように，1.5

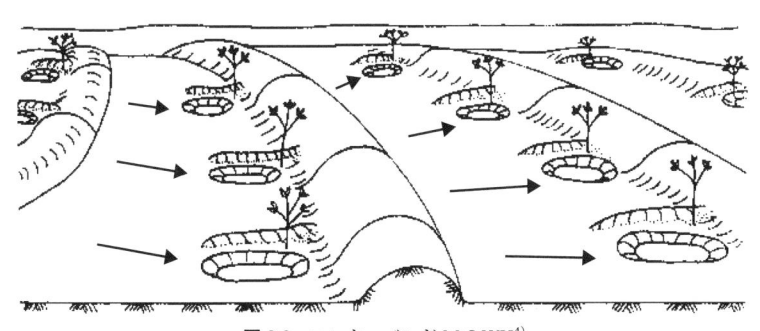

図 2.2 コンターバンド MiC WH[4]

～2m 間隔で等高線に沿って畦溝を築くタイプで，整地が容易で流出水をほぼ均等に作物に供給できる長所がある[4]。地形勾配 0.5 ～ 3％が最適。

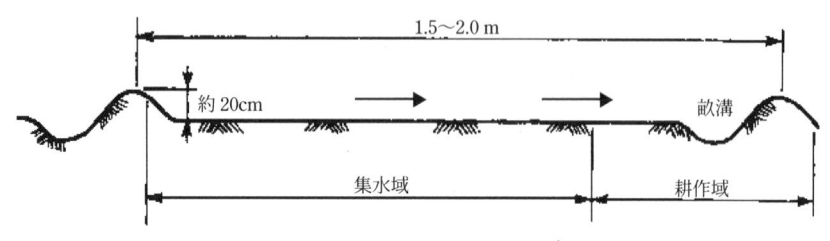

図 2.3　コンターリッジ MiC WH[4]

④ 半円（月）堤（Semi-circular）MiC WH は，**写真 2.2** に示すように，半円（月）形あるいは三日月形の小堤防を等高線沿いに築くタイプで，半乾燥地域の放牧地の簡便な整備法として適しており，飼料作物，樹木の栽培に用いられる。ニジェールの demi-lunes（半月堤：half moon bund）は，直径 4 m，等高線上での間隔は 8 m（半円の中心と中心の間隔），列の間

写真 2.2　半円堤 MiC WH（シリア・国際乾燥地農業研究センター ICARDA にて，2009 年 11 月 22 日，撮影：北村義信）

隔は4 mであるが，この場合集水域と耕作域の比率（CCR）は4：1である[4]。半円堤の高さは普通30 cm以下である。近年，農民は耕作域を増やし，集水域を縮小させる傾向にある[5]。この半月堤はケニアでもみられる。このほか台形の集水堤もある。地形勾配は2％以下が望ましい。

⑤ ザイ（Zai）MiC WHは，直径20〜30 cm，深さ10〜15 cmの小穴を1 ha当たり12 000〜15 000（1.2〜1.5/m^2）個築き，雨水と流出水を捕捉して，作物に必要な水分を確保する[6]。この方法は，極度に劣化した土地の修復に有効である（**写真2.3**）[7]。地形勾配は2％以下が望ましい。

写真2.3 ザイ MiC WH（ニジェール，撮影：Saadou Bawam Moutari 氏）

伝統的な MiC WH システムとして代表的なものが，古代ローマ時代から現在に至るまで受け継がれてきたチュニジアのメスカット（Meskat）[3),7)]である（**図2.4**，**写真2.4** 参照）。メスカットは，年降水量が200〜400 mmのスース地方において，オリーブなどの果樹栽培に適用されてきた。現在でもこのシステムは同地方のオリーブ栽培面積約30万 ha を支えている[7]。このシステムは，ネガリム MiC WH に分類できる。集水域は Meskat，耕作域は Manka とよばれる。年降雨量200〜400 mmのオリーブ地域では，その平均的な面積は古来より大体集水域500 m^2，耕作域250 m^{2}であった。すなわち，集水域と耕作域の比率（CCR）は2：1であった。近年ではより収益を上げ

図2.4 メスカット MiC WH（EL-Amami（1984）[7]を改変して引用）

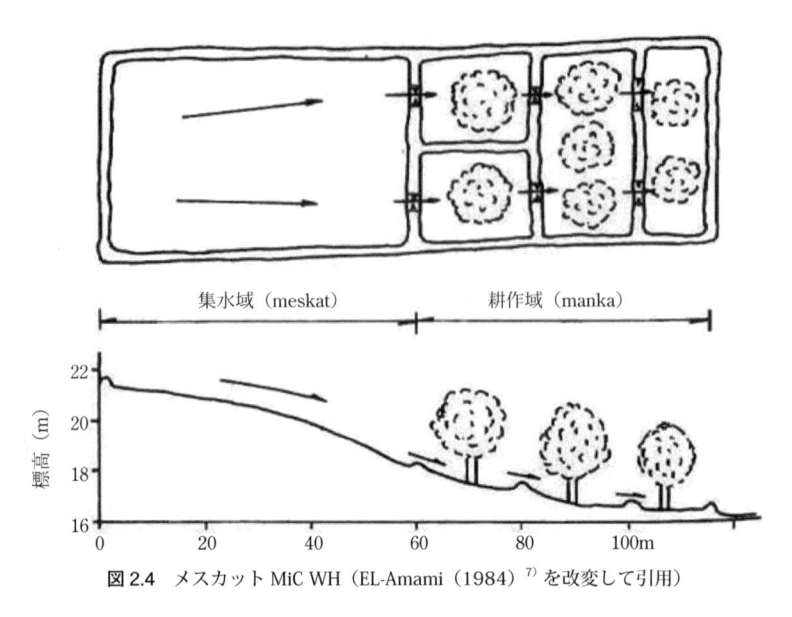

写真2.4 メスカット MiC WH（チュニジア・スース地方，2010年11月12日，撮影：北村義信）

ようとするあまり，集水域にもオリーブを植栽する傾向にあり，CCR は 0.7：1 にまで減少しているそうである。耕作域の周りには高さ約 20 cm の畦畔が

写真 2.5　ルーフトップ WH（ケニア・バリンゴ地方，撮影：北村義信）

築かれている。この畦畔は 50 年確率の最大日雨量による流出を貯めることができる[7]。

このほか，生活用水を確保するために屋根の雨樋を利用したルーフトップ（roof top）WH（**写真 2.5** 参照）や，それを貯留するタンク・井戸などにさまざまな工夫がみられる。

2.1.2　圃場外集水域からの集水方法

圃場外集水域方式の集水利用（マクロキャッチメント（MaC）WH）にもさまざまなタイプのものがある。代表的なものが等高線方向に石を積むストーンラインである。このほかに，トラペゾイダルバンド，ローデドキャッチメント，円筒型集水タンクなどがある。

① ストーンライン（Stone line, Contour stone bund）は，小さい石を等高線沿いに積んで，斜面を流下する流出水の速度を減じて，石積みの上流側での浸透や浮遊土砂の堆積を促進させる方法である。石積みの間隔は 15 〜 35 m 程度で勾配が急になるほど，間隔を狭くする。ストーンラインは，勾配が比較的緩やか（0.5 〜 3 %）な地形での適用が望ましい。石積みにあたっては，大きい石を下流側に，小さい石ほど上流側に積むようにす

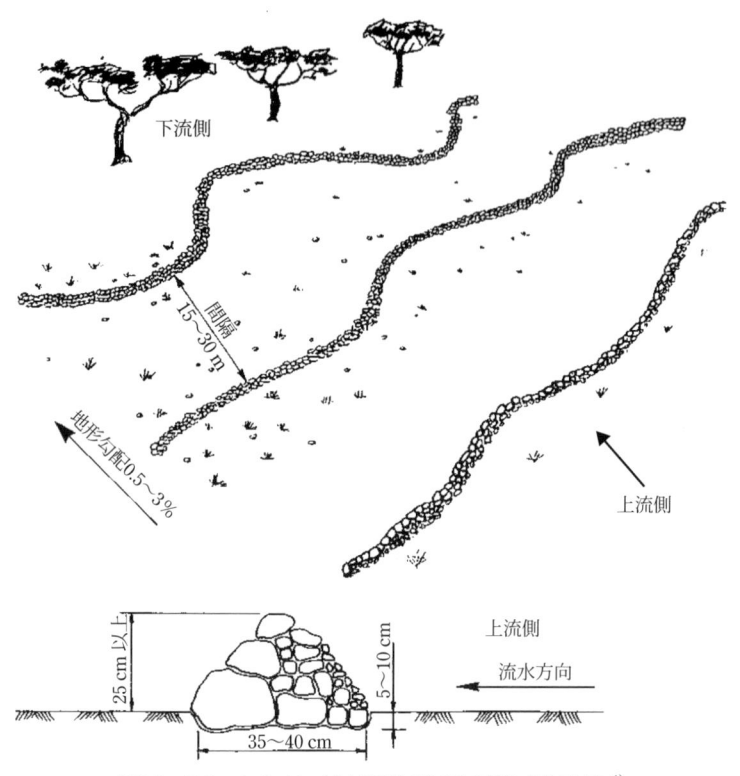

図2.5 ストーンライン（上に配置，下に石の積み方を示す）[4]

る（図2.5参照）[4]。ブルキナファソの中央平原北部では，等高線方向の石積堤が普及している。この方法は1980年代初めにアグロフォレストリーのプロジェクトによってこの地方に導入されている。石積みの高さは25 cm以上が望ましい[4]。石積堤は半透水性の構造物であり，流出水の流下を阻害して流出の一部を浸透させる機能を持つ[8]。この方法は，土壌侵食などによって衰えた地力を回復させる効果を有する。

② トラペゾイダルバンド（Trapezoidal band）は，図2.6に示すように台形型に土堤を築き，外部の集水域からの流出水を捕捉し，作物栽培を行う方法で，ケニアのトルカナやバリンゴ地方でみられる[4]。
ケニアではこの台形型の集水堤のほかに半円堤の大規模なものもみられ

る。土堤で囲まれた区域の面積は 50〜350 m² に及ぶ。北ケニアのトルナカ地方では，台形型・半円堤集水によりソルガムや豆類が栽培されるが，この場合の CCR は 15：1 から 40：1 である。また，バリンゴ地方では，**図 2.7** にみられるように集水域を大きくするために，農地を堤で囲みさ

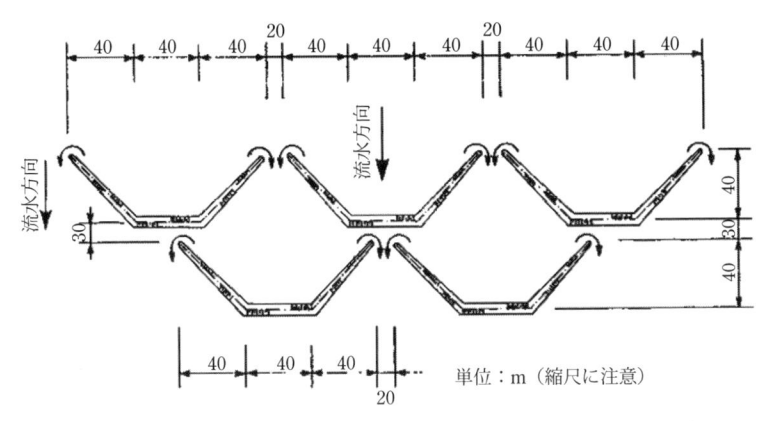

図 2.6 トラペゾイダルバンド（地表面勾配が 1%のときのレイアウト）[4]

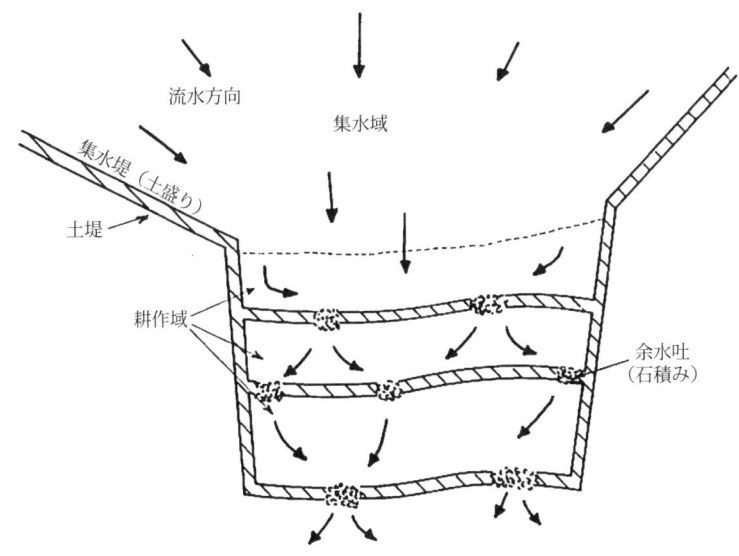

図 2.7 ケニア・バリンゴ地方の圃場外集水域からの集水システム[1]

らに上流側に向かって集水のための土堤を設けたものがみられる。等高線に沿った堤には余水吐が設けられている。バリンゴ地方で一般的な0.5 ha区画の場合，理想的なCCRは5：1といわれている[9]。パキスタンのバルチスタン州では傾斜地で等高線沿いに農地を囲い込むように堤防を築き，表面水を集水利用するクスカバ（Khuskaba）とよばれる伝統的なWHがみられる[10]。このWHでの主な栽培作物は小麦で，冬期作として栽培されている[10]。スーダン東部で広くみられる伝統的なWHであるテラス（Teras）WHも等高線に沿って三方を堤防で囲い，山側から入ってくる流出水を捕捉するWHである。

③ ローデドキャッチメント（Roaded catchment）は，多くの畝や溝を重機で形成，転圧して流出率の高い集水域を造成する方法である。西オーストラリアの乾燥地域でみられ，集水域からの流出水は貯水池へ導水し，利用される（図2.8参照）[11]。西オーストラリアでは，一般に酪農会社，町村などが生活用水などを得るためにこの方法を採用している。1980年時点で3 500以上のローデドキャッチメントがあったと見積もられている。この集水域の流出率は，年降雨量が300〜400 mmの地域で24〜41％（平均35％）である[2]。しかし，この方法を農業に適用するにはあまりにも高コストとなる。

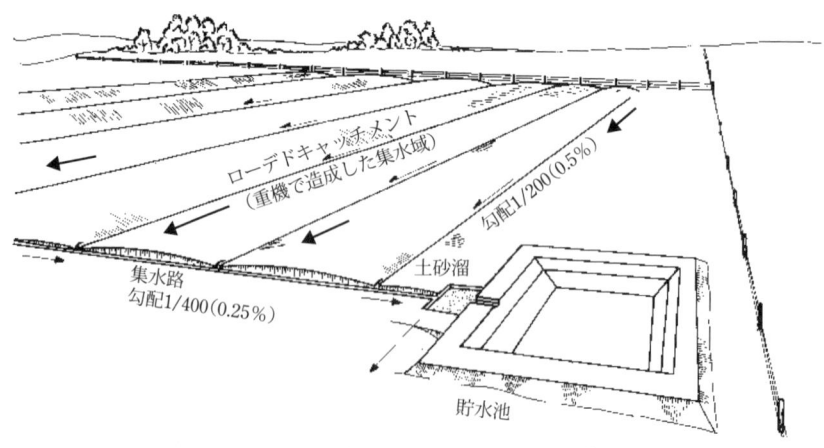

図2.8 ローデドキャッチメントシステム[11]

写真 2.6 円筒型集水タンク（左），集水域から見た集水タンク（右）（撮影：北村義信）

④ 円筒型集水タンク（Cylinder-type WH tank；Tanka）は，インドのラジャスタン州でみられる伝統的な WH 用の貯水タンクである。形状は円筒に天井と底面をつけたもので，レンガとコンクリートで作られている。標準的なタンクのサイズは，直径，高さともに 3〜4 m であり，流出水の取り入れ口を有する地上部は約 1 m で，タンクは土中に埋設する。タンクの設置場所は，集水域からの流出水が最も集まりやすいところを選定する。設置場所の選定はシステムの集水効率を大きく左右するので，地形特性などを十分に勘案して慎重に決める必要がある。**写真 2.6** に円筒型集水タンク（左）とその集水域（右）を示す。伝統的な洪水の WH である，インド・ラジャスタン州のカディン（Khadin）システムとチュニジアの山間部に広くみられるジェスール（Jessour）システムについては後述の「第 3 章 ブルーウォーターの利用と管理」の中で述べる。

2.1.3 WH の設計（CCR の決定方法）

農業目的で雨水の WH を行う場合，集水域の面積（Ar）と耕作域の面積（Ac）の比率（CCR: catchment-cultivated area ratio）をどのように決定するかが，重要なポイントとなる（図 2.9 参照）。圃場内集水域からの集水方法の場合，すなわち集水域と耕作域が隣接する場合の CCR は，栽培作物の消費水量（Wr），栽培期間の計画降水量（Ra），降水のうち作物に有効に供給される割合（降水の有効率）（fe），降水が集水域から耕作域へ流入する割合（流出率）（fr）および耕作域に流入した水量のうち有効土層に貯えられる水量の割合（適用効率）（fa）を用いて，次式（2.1）のように求めることができる[12]。

図2.9 ウォーターハーベスティング概念図

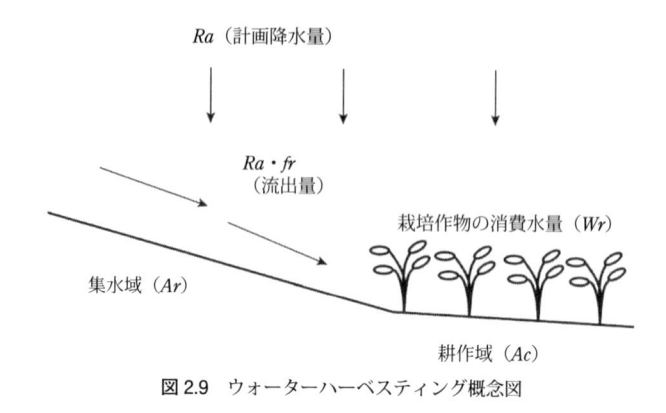

なお，有効土層とは農地の土壌において植物根が容易に伸張し，水分を吸収しうる土層のことである．

$$\mathrm{CCR} = Ar/Ac = (Wr - Ra \cdot fe)/(Ra \cdot fr \cdot fa)(>0) \qquad (2.1)$$

圃場外集水域からの集水方法の場合，すなわち集水域と耕作域が離れていて集水を水路で耕作域へ搬送する場合のCCRは，水路に流入した水が耕作域へ到達する割合（搬送効率）（fc）を考慮することにより，次式（2.2）で求めることができる．

$$\mathrm{CCR} = Ar/Ac = (Wr - Ra \cdot fe)/(Ra \cdot fr \cdot fc \cdot fa)(>0) \qquad (2.2)$$

ここで，計画降水量（Ra）は，寡雨年にもある程度の収量が得られ，かつ多雨年には過剰水を排除できるように適正な数値を採用する．長期的な平均値を採用すれば，2年に1回は失敗することになるので，平均値より小さい数値を採用することになる．非超過確率が20％程度となる降水規模を計画降水量とするのが穏当なように考えられる．これは対象農地の持つ収益性とWH導入コストの関係から検討して決めることになる．年降水量が約250 mmの地域で圃場内集水域方式を採用する場合，CCRは1：1から5：1程度である[2]．

2.1.4　WHの一般的傾向と最近の動向

　アメリカでは先進的な集水により，アーモンド，ブドウなどへの水供給のほか，生活用水，畜産用水の供給を目的とする利用も始まっている。また，雨水の集水効率を高めるために，集水域を化学製品でコーティングするなどの方法も考案されている。

　ネゲブ砂漠のような乾燥状態のもとでは，CCRを25～30：1とすれば，効率のよい集水が可能とされている。この比率は乾燥状況によって変わり，セネガル川上流域の年平均降水量530 mmのサヘル地域では，CCRを15～20：1とすれば効果が期待できると報告されている[1]。

　WHの可能性をみるうえで有効な基準は，降水頻度と流出を生じさせるための流出開始降水量と降水強度である。乾燥地帯では斜面を流出しはじめる流出開始降水量は比較的小さい。例えば，ネゲブ砂漠の礫質のクラスト化した土壌の場合，流出開始降水量は3～5 mm程度である[13]。インドのジョドプールでの流出開始降水量は，湿潤状態で3～5 mm，乾燥状態で7～9 mmである。

　地形的にみれば，一般に高度が高いほど，また集水域が広いほど流出水の絶対量は多く，北半球においては北に面する傾斜地ほど南に面する傾斜地より流出量は多くなる[14]。一方，集水域が小さいほど流出の絶対量は少なくなるが，そこでの流出効率はよくなる。

　この水利用方式は，平年並み以上の降雨が得られる年には効果が期待できるが，干ばつ年には1年生作物は収穫が難しくなる。この方式は耐乾性樹木の植林や多年生作物の栽培に適している[1]。

2.2　露，霧の利用

2.2.1　集露利用およびフォッグトラップ

【集露利用 (Dew collection, Dew trap)，フォッグトラップ (Fog trap) およびフォッグハーベスティング (Fog harvesting)】

　露，霧に由来する水は非常に限られた量である。しかし，湿度の高い冷涼

海岸砂漠では結露回数や霧の発生回数が多く，植生の生育を可能にしているところも多い。

　乾燥地における集露利用についての研究は，イスラエルのネゲブ（Negev）砂漠で詳細に行われている[15]。ネゲブ砂漠（Avdat 地点）における年平均降水量が 150 mm であるのに対し，年間の結露量は 25 〜 35 mm にのぼる。降水量は年変動が大きいのに対し，結露量は年変動がほとんどなく信頼性が高い。例えば，1962/63 年には降水量 25.6 mm に対し結露量 28.4 mm と，結露量が降水量を上回っている[15]。量的には小さく限られているものの，乾燥地においては降水量との相対的比率が比較的高いため，結露量はネゲブの古代農業において一つの役割を演じたものと考えられる。砂漠の結露は数多くの非常に小さい粒で形成されるため，集めるのが難しく背の高い砂漠の植生に供給するには不十分である。しかし，地衣類や乾性藻類など小さな植生には供給できる。（なお，結露とは水蒸気が凝結したものであるが，水蒸気の凝結がどうして起こるかは，本節末尾で説明する。）

　現在，幾つかの人工的集露装置がある。イスラエルの砂漠では，プラスチックシートを集露材として利用し，苗木を育てている事例もある[16]。オーストラリアでも，緊急時に飲料水として集露するのにプラスチックシートを用いている。ペルーでは海岸線と平行に高さ 1 〜 2 m の石積垣を数重に築き，その壁面で海からの湿った風を受けて，微小水滴を凝縮させそれを集めて灌漑用水として利用している[17]。この方法による灌漑面積は約 12 000ha にも及ぶといわれる[17]。

　霧の利用は砂漠に生息する動植物も上手に行っている。**写真 2.7** はナミビアの切手であるが，描かれているのはナミブ砂漠に生息するゴミムシダマシ科の甲虫（Fog-basking Beetle: *Onymacris unguicularis* (Tenebrionidae)）である。ナミブ砂漠は年間降水量が数 mm という非常に乾燥した砂漠であるが，夜間〜朝に大西洋から流れてくる霧は砂漠に生息する生物にとって，貴重な命の水となっている。霧が発生すればこの甲虫は砂丘の天辺によじ登り，霧の吹いてくる方向に向けてお尻を突き上げて静止する。甲虫の体の表面のコブは親水性であるため水分を集めやすく，コブとコブの間のくぼみは撥水性で水滴をはじきやすいため，集めた水滴は低く構えた頭部（口）に向かって

写真 2.7　ナミブ砂漠のゴミムシダマシ科の甲虫
（フォッグトラップで水を獲得し生きている）

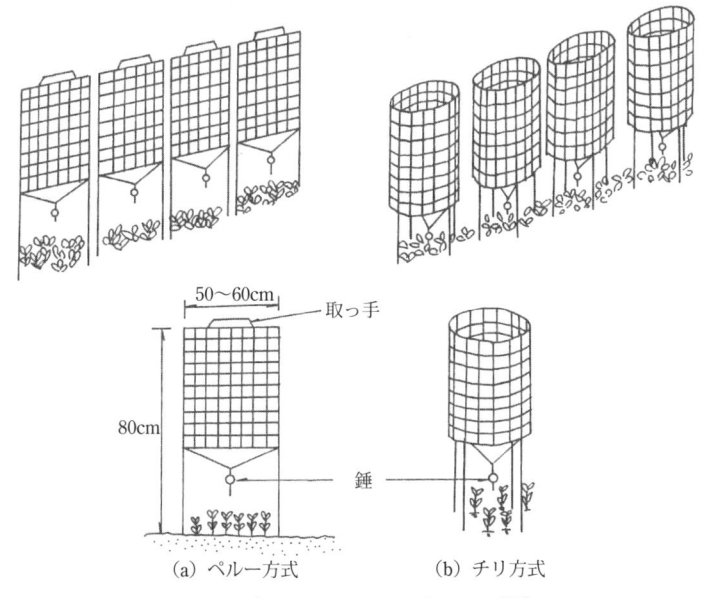

(a) ペルー方式　　　(b) チリ方式

図 2.10　南アメリカのフォッグトラップ[17]

効率よく移動し，甲虫は水分を飲むことができる。

　南アメリカのペルー，チリなどではフォッグトラップを用いて霧から水分を集め，海岸あるいは湖岸沿いに作物が栽培されている。ペルー方式は直径数 mm のナイロン糸で格子状の網を作り，それをはめ込んだ枠を地面に立てる。湿った風が網目に当たって水滴を結ぶ。水滴は徐々に網目を伝って下降し，錘のついた紐から地面に落下して，作物に利用される（**図 2.10**(a)参

写真 2.8　フォッグトラップによる霧の捕捉（チリ・アタカマ砂漠）
（提供：Nick Lavars/Gizmag.com）[19]

照）[17]。図 2.10 (a)のトラップによる1日の集水量は2〜8Lくらいになる[17]。チリ方式は図 2.10(b)に示すように，ペルー方式の網板を円筒形にして集水効率を上げようとするものである[17]。最近，チリ大学と林業試験場が開発したものは，数 mm の網目のナイロン製トラップで，$4.2 \sim 5 \mathrm{L/m^2/d}$ の集水が可能といわれている[18]。さらに，最近の研究では水生産と管理の点で，1つのメッシュパネルの面積を $3 \mathrm{m^2}$ とするのが最適としている[19]。このパネルを数個ずつ並べて，**写真 2.8** のように設置する。**写真 2.8** は霧がかかったときの水滴の捕捉状況を示す。この装置の捕捉水量は $5 \mathrm{L/m^2/d}$ 強で，生活用水や野菜の灌漑に利用される[19]。パネルの交換は普通2年ごとに行う必要があるので，耐久性向上という点で改良の余地がある。

2.2.2　冷涼海岸砂漠の成因，分布とその特徴

図 2.11 に寒流と冷涼海岸砂漠（西岸砂漠）の位置を示す。サハラ（西端部），ナミブ，オーストラリア（西端部），アタカマ，バハ・カリフォルニア砂漠など冷涼海岸砂漠は，南北半球の中緯度地方の大陸西岸に分布している。このような地域では，寒流が海岸近くを流れているため，その上の空気は海面

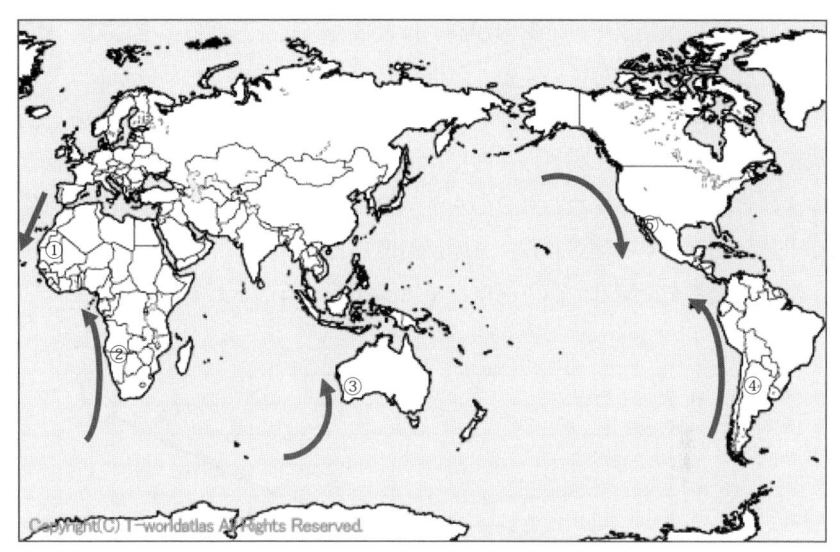

①サハラ砂漠（西端部）：カナリー寒流，②ナミブ砂漠：ベンゲラ寒流
③オーストラリア西岸砂漠：西オーストラリア寒流，④アタカマ砂漠：ペルー寒流（フンボルト寒流）
⑤バハ・カリフォルニア砂漠：カリフォルニア寒流

図 2.11　寒流と冷涼海岸砂漠の位置（冷涼海岸砂漠ではフォッグトラップの適用が可能）

で冷やされる。この冷たい空気が海岸近くの陸地を覆うことにより，砂漠が形成される。すなわち冷たい空気は重いため上昇せず，また，陸地に入ってからは徐々に暖められるため雲が形成されず，雨も降らない。雨になって水分が失われることがないために，空気中には多くの水蒸気が保たれている。すなわち湿度が高い。したがって，これらの地域では，大気中の水分は貴重な水資源となり，それを捕捉するために，フォッグトラップが用いられる。各冷涼海岸砂漠に関わる寒流は図 2.11 のとおりである。

2.2.3　水蒸気の凝結が起こる理由

空気が包含できる水蒸気量（水蒸気圧）には限界があり，その限界ぎりぎりまで水蒸気を含んだ状態を飽和状態という。そのときの水蒸気量が飽和水蒸気量であり，$1\,m^3$ の空気に何 g の水蒸気が含まれるかで表す。また，飽和水蒸気量の代わりに水蒸気の圧力（分圧，hPa）で示すこともある。飽和水

蒸気量（飽和水蒸気圧）は気温が高いほど多く（高く）なる。そこで，水蒸気を含む空気を冷やしていくと，気温が高いうちはすべて水蒸気のままである。しかし，さらに気温が下がりその空気が含む水蒸気が飽和に達すると，水蒸気は凝結を始め，物質の表面に水滴としてつくようになる。この水滴ができはじめる気温，すなわちその水蒸気量（水蒸気圧）を飽和水蒸気量（飽和水蒸気圧）にする気温を露点（露点温度）という。

水蒸気を含む空気は，露点温度まで気温が下がると水蒸気の凝結が始まる。

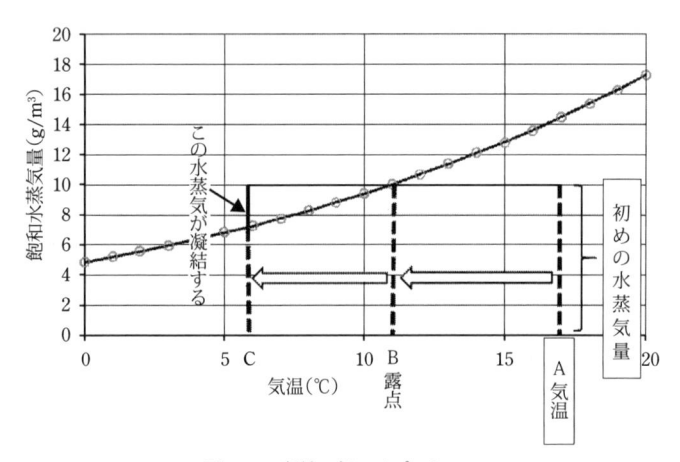

図 2.12　凝結の起こるプロセス

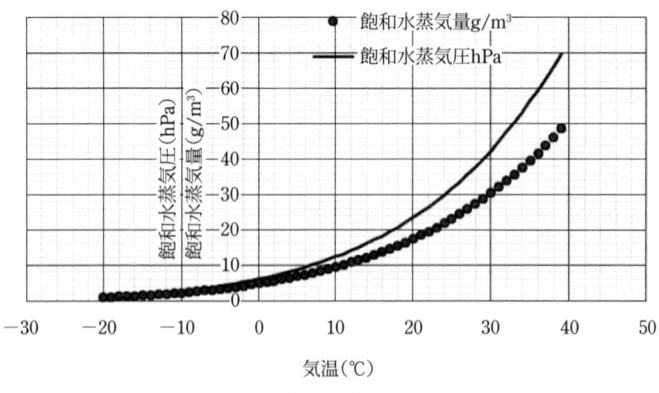

図 2.13　気温と飽和水蒸気量（圧）の関係

さらに露点温度以下まで気温が低下すると，その気温の飽和水蒸気量以上の水蒸気は水となる。例えば，図 2.12 で，気温 A のとき空気中に点線の水蒸気が含まれていたとする。この空気の温度を下げていくと，気温 B で水蒸気は飽和に達する。この気温 B がこの空気の露点温度となる。さらに気温を C まで下げると気温 C の飽和水蒸気量以上の水蒸気（実線）は水蒸気のままでは存在できないので凝結し，水となる。図 2.13 に気温と飽和水蒸気量（圧）の関係を示す。

《引用文献》

1) Klemn, W. (1987): Design of runoff irrigation systems in small catchment areas of semi-arid regions, International Symposium on Water for the Future, Rome.
2) Hudson, N. W. (1987): Soil and water conservation in semi-arid areas, FAO Soils Bulletin, 57, FAO, Rome.
3) 北村義信 (1997)：水文・水資源ハンドブック（分担），20. 世界の水資源問題と国際協力，20.2 世界の水利用技術のさまざまなかたち，水文・水資源学会編，朝倉書店，東京，pp.590-602
4) Critchley W., Siegert K. (1991): Water harvesting: a manual for the design and construction of water harvesting schemes for plant production. Food and Agriculture Organization of the United Nations (FAO), Rome;Paper AGL/MISC/17/91.
5) Critchley, W. R. S. and Reij, C. (1988): Sub-Saharan water harvesting study: Report of a field trip to Niger Nov.16-25, 1987, World Bank, Africa Technical Department, Agriculture Division.
6) Drylands Coordination Group: Facts: water harvesting (10 techniques to improve access to water). www.drylands-group.org/noop/file.php?id=1978（参照 2013 年 11 月 10 日）
7) El-Amami, S. (1984): Les amenagements hydrauliques traditionels en Tunisie, Centre de Recherche du Genie Rural, Tunis, Tunisie.
8) Wright, P. (1985): Soil and water conservation by farmers, OXFAM, Ouagadougou, Burkina Faso.
9) MoAld (1986): Water harvesting and water spreading in Turkana, a field workers' manual, Nairobi, Kenya.
10) Oosterbaan, R. (2010): Spate irrigation: water harvesting and agricultural land development options in the NWFR of Pakistan. International Policy Workshop "Water Management and Land Rehabilitation, NW Frontier Region, Pakistan", Islamabad.
11) Australian Academy of Technological Sciences and Engineering. 1988. Technology in Australia 1788-1988
12) 北村義信 (2009)：沙漠の事典（分担），ウォーターハーベスティング，日本沙漠学会編，丸善，東京，pp.186-187

13) Bruins, H. J. (1986): Desert environment and agriculture in the central Negev and Kadesh-Barnea during historical times, Ph.D. Thesis Agricultural University Wageningen, The Netherlands.
14) Thames, J. L. and Fischer, J. L. (1981): Management of water resources in arid lands, Goodall, D. W. and Perry, R. A. (eds), Arid lands ecosystems, pp.519-547.
15) Evanari, M., Shanan, L. and Tadmor, N. (1982): The Negev, the challenge of a desert, Harvard University Press.
16) Gindel, I. (1965): Irrigation of plants with atmospheric water within the desert, Nature, 207, pp.1173-5.
17) 福田仁志（1981）：ペルーの水利事績―温故から知新へ―，国際農林業協力，Vol.4，No.1， pp.17-26
18) 池田　豊（1994）：空気中の水を集める，沙漠物語（安部征雄・小島紀徳・遠山柾雄編著），森北出版，pp.68-69
19) Lavars, N. (2015): How Chile's fogcatchers are bringing water to the driest desert on earth.Gizmag (New and Emerging Technology News), Aug.24, 2014.
http://www.gizmag.com/how-the-fogcatchers-of-the-atacama-are-bringing-water-to-the-driest-desert-on-earth/39040/

第3章
ブルーウォーターの利用と管理

 世界には実に多様で変化に富んだ水利用が展開されている。特に，ブルーウォーターすなわち河川水と地下水は従来型水資源の代表格であり，極めてバラエティーに富んだ水利用が地域の地形・地質，水文気象，風土，文化，習慣とうまく融合して各地で営まれている。本章では河川水と地下水の利用と管理について概念と仕組みを紹介する。

3.1 河川水，洪水の利用

洪水利用技術【洪水灌漑：Spate irrigation】
 湿潤地における河川の流れは，基底流出と直接流出からなる。基底流出は地下水流出のことで，ゆっくりと流出する。直接流出は表面流出と中間流出とからなり，降水に対する応答の速い流出をいう。したがって，湿潤地を流下する河川は基底流出成分の存在により，年間通して流れが途切れることはなく，基底流出成分が利水の対象となっている。
 一方，乾燥地では大河川を除けば，普段河川に流れはなく，河川は一般に涸れ川（ワジ：Wadi）で，ある程度以上の降水があったときのみに流れが発生する。すなわち，乾燥地においては基底流出成分がほとんどなく，降水後に生ずる直接流出成分によってのみ，一時的な流れが形成される。したがって，乾燥地で大河川以外の河川水を利用する場合，直接流出（洪水流出）成分がその対象となる。
 ここでは，乾燥地においてよくみられる伝統的な洪水利用技術（洪水灌漑，

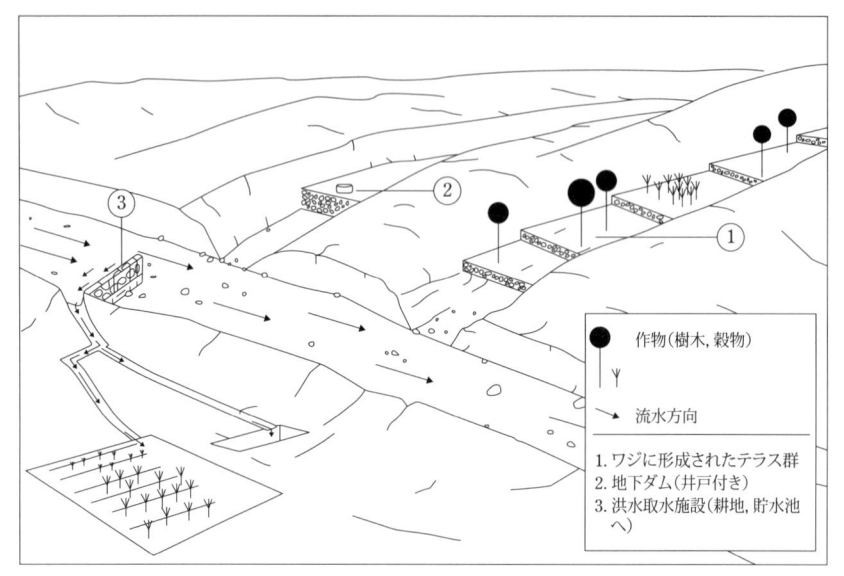

図 3.1 洪水利用技術の概念図 [2), 3)]

凡例:
- ● 作物(樹木, 穀物)
- ⟶ 流水方向
- 1. ワジに形成されたテラス群
- 2. 地下ダム(井戸付き)
- 3. 洪水取水施設(耕地, 貯水池へ)

洪水の WH) について述べる。洪水灌漑は，WH の延長線上にある比較的大規模でダイナミックな直接(洪水)流出の利用技術である。この技術は，古代ローマ人が北アフリカで開発したといわれ，普段は水のない涸れ川に低い堰を設置し，洪水期に取水して灌漑地へ導水するシステムである。この灌漑形態(洪水(スペート)灌漑)は，イエメン，マグレブ諸国，エジプトの北西部やシナイ半島のワジ流域，スーダン東部，パキスタンなどで広くみられる [1)]。近年，この洪水灌漑は，水理・水文学的手法を計画に導入して近代化が進められている。

この方式には河床内における洪水の集水利用と，河川から洪水を取水し水路を経て耕地に拡散・利用する二つの型がある [1)]。図 3.1 に両タイプを含む洪水利用技術の概念図を示す [2), 3)]。

3.1.1 河床内における洪水の集水利用

このタイプの洪水利用においては，河床勾配が比較的緩やかで，洪水時の流速はそれほど速くなく，河床を形成する土壌が耕作に適しているなどの物

理的条件に加えて，洪水の流れを堰止め，制御できる技術が備わっていることが求められる。北アフリカや中東のほとんどの地域でこのタイプの集水は，沖積土が堆積したワジの河床で行われている。施設としては，石造りの堰をある間隔をおいてワジを横切って配置し，ワジの河床に数段～十数段のテラスを形成する（**図 3.1**）。ワジ本川の流出洪水だけを集水利用するシステムはごく一部で，隣接する周辺の斜面流域からの流出水も併せて集水利用するものがほとんどである。周辺の斜面流域からの集水効率を高めるため，斜面まで導水用の堤や水路を延ばしたものもある。ワジを横切る石造りの堰の高さは約 0.5～1.0 m で，堰間隔は地形や利用可能水量，利用可能な石の量などで決まる。この堰は洪水時の流速を減じ，浮遊土砂を沈殿させるために設置される[4]。

メキシコのシルトトラップ（Silt trap）とよばれるシステムも河床での洪水の集水利用である。小規模なシルトトラップは Trincheras，比較的大きなものは Atajadizo とよばれている[5]。前者は，圃場外集水域からの WH の範疇に加えたほうがよいと考えられる。メキシコ・南バハ・カリフォルニア・スル州のラス・リエブレス川では広く平坦な河床部に圃場を設け，9～10 月に発生する洪水による流出水を圃場土壌に浸透させ，かつ同時に運ばれてきた肥沃な浮遊土砂を堆積させて，10 月以降の作付に備える（**写真 3.1 参照**）。

このほかにこのタイプの代表的な洪水灌漑として，チュニジアのジェスール，中国・黄土高原のチェックダムが挙げられる。さらに，集水域からの流出水を集めて河床の横断方向に設置した土堰堤の上流部を湛水させ，水が引

写真 3.1 ワジ河床に圃場を整備し，年に数回流下する洪水を有効土層に貯留して，作物栽培が行われている（撮影：下川映氏（左），北村義信（右））

● 第3章 ● ブルーウォーターの利用と管理

いた後，貯水池の池敷で耕作する形態のものもある。この例として，インドのカディンやアハールが挙げられる。

(1) ジェスール（Jessour）

　ジェスール・システムは，沖積谷（ワジ）にほぼ一定の間隔で小規模な土堰堤を築き，上流側に土砂が堆積してできた農地群で行われる伝統的洪水利用農法である（**写真 3.2**）。このシステムは，年間降水量が 100～200 mm 程度のチュニジア南部の乾燥高地帯（主に石灰岩層や第4紀層の石灰質シルトの堆積物が露出したマトマタ高地[6]）で広く行われている。1984 年時点での同国におけるこのシステムによる耕作面積は 40 万 ha を占めたといわれる。このシステムの歴史は古く，1110 年にはすでに技術体系が確立されていたそうである[7]。ジェスール・システムは，集水域（Impluvium）と耕作域（テラス：Terrace, Jessour）および土堰堤（Dyke）の三つの要素で構成される。テラスは集水域からの流出土砂が堆積して徐々に形成される。堰堤近くでは堆積深が 5m 程度までになる。また，テラスには堆肥などの有機物も投入されて肥沃度も増していく。一般に果樹（オリーブ，イチジク，アーモンド，ナツメヤシ），マメ類（サヤエンドウ，ヒヨコマメ，レンズマメ，ソラマメ），大麦，小麦がテラスで栽培される[6]。このシステムでは，土堰堤が流出水，浮遊土砂の流下を遮る障壁として機能し，堰堤上流側のテラスに貯留・堆積させる。土堰堤には余水吐が付帯しており，余剰水を排除することが可能となっている。ジェスールの CCR は約 5 と見積もられているが[8]，

写真 3.2　ジェスール・システム（チュニジア・メドニン県ベニハダシュ地方，2010 年 11 月 11 日，撮影：北村義信（左），概念図（右）[8]）

10,さらには100まで高くなるとの報告もある[9]。このシステムは,中国の黄土高原でみられるチェックダム・システム(後述)と同類型である。

(2) チェックダム（Check dam, Warping dam）

中国の黄土高原では過放牧,過耕作のため,土壌侵食が過度に進行しており,国家をあげてその対策に乗り出している。その一環としてガリ谷に砂防ダム（Check dam, Warping dam）が多数築造されている（**写真3.3**）。ダム築造の目的は,ダムの前面にシルト分を中心とする侵食土壌を堆積させて新たに可耕地(ダム農地)を創設するとともに,ガリ勾配を緩やかにし,ガリ床を段階的に高くしていくことにより,ガリ侵食を軽減することを目的としている[10]。黄土高原で最初にダム農地が造成されたのは400年前で,陝西省の子洲県である。自然に起こった地滑りによってダムができ,その前面にシルト分が堆積してダム農地ができ上ったそうである。ダム農地には,洪水や流出によって腐植質を多く含む土壌が堆積したため,高い穀物収量が得られた。その後ダムは地元の人々の手で60 mの高さまで嵩上げされ,農地も53.3 ha以上造成された。この歴史的実績を踏まえて,1950年代に水資源省水土保持局が一つのチェックダムを試験的に築造した。1960年代にはチェックダムは社会に広まり,1970年代,1980年代にはガリ侵食のコントロールと高収量性農地を造成する主要な工学的対策として採用され今日に至っている。2002年時点で,黄土高原には少なくとも11万基以上のチェックダムがあり,32万ha以上のダム農地が造成されたと報告されている[10]。

写真3.3 チェックダム(右)とダム農地(左)(中国・黄土高原,撮影:北村義信)

● 第3章 ● ブルーウォーターの利用と管理

　チェックダム・システムの有効性として，次の5点を挙げることができる[10]。①黄河への土砂流出の軽減，②食料の安定供給の改善，③不適切な水資源管理の改善，④最適な土地利用に伴う農家収益の向上，⑤ダムの持つ道路機能を活用した交通網の形成である。

（3）カディン（Khadin）およびアハール（Ahar）

　カディンは，15世紀に年平均降水量100～200 mm程度のラジャスタン州・ジャイサルメール県で開発され，普及した水・土地利用システムである[11]。

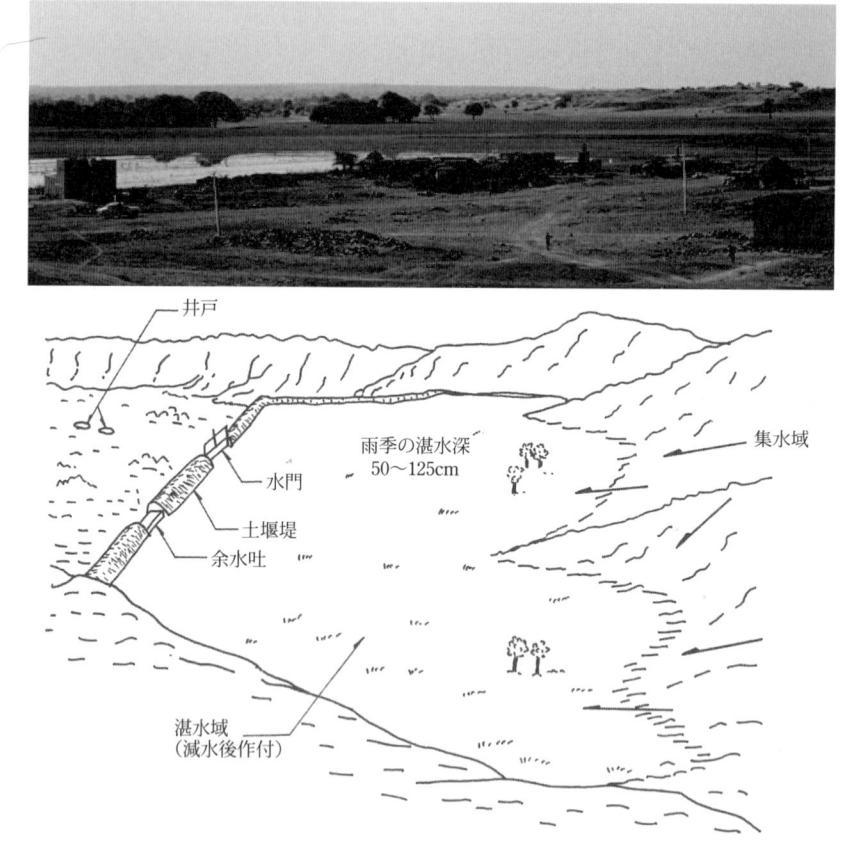

写真3.4　カディン・システム（インド・ラジャスタン州，1995年10月28日，撮影：北村義信）
　　　　（概念図はPaceyら（1986）[13]を改変して引用）

写真 3.4 はカディン・システムを示す。集水域は砂土を含み礫の多い緩やかな傾斜地形であるが，その下流側に続く幅広く平坦で肥沃な土壌に恵まれた河床部が耕作域となる。耕作域の下流側には河道を横断する土堰堤を築き，雨季に集水域から流下する流出水を堰止めて貯留する。堰堤は，余水吐と水門を有しており，湛水深や湛水域を制御することができる。雨季には耕作域は湛水状態（湛水深：50～125 cm）となる[12),13)]。11月初めごろから耕作域は乾きはじめるので，耕起し小麦，ミレット，ヒヨコマメなど穀類，豆類などの冬作物を播種する。水がなかなか引かない場合は，播種前に水門を開けて排水する。なお，1980年ごろまでジャイサルメール県にはカディンが大小500以上あり，その全耕作面積は12 140 haにも上った[13),14)]。それらのCCRの多くは11：1～15：1の範囲にある[11)〜14)]。

このシステムでは，毎年雨季には集水域から肥沃な土壌が運ばれて耕作域に堆積するため，地力は維持される。また，毎年湛水過程を経ることにより，耕作域に集積した塩類は洗脱される（**表 3.1**）。したがって，このシステムでは持続的な農業が展開できる。栽培期間は蒸発散量の少ない11～4月（冬季：Rabi）であり，栽培期間前半の11～2月の蒸発散量は106 mmと少ない[12),13)]。主な収穫期である4月の地下水位は地表面下2 m程度（1.75～2.15 m）であることから，有効土層内では有効水分が保持できていると考えられる[11)〜13)]。

表 3.1 カディン・システムにおける耕作域内外の土壌塩分濃度の比較[14)]

カディン名	土層深 cm	耕作域内土壌 EC_e* dS/m	耕作域外土壌 EC_e* dS/m
Rupsi	0 - 20	3.6	58.0
	20 - 60	1.6	33.0
	60 - 90	0.7	15.5
	90 - 120	0.8	14.4
Bhojka	0 - 20	0.8	36.2
	20 - 60	0.8	2.24
	60 - 90	1.14	4.45
	90 - 120	1.12	?

*EC_eは土壌の飽和抽出液の電気伝導度

Kolarkar らは，年間降水量 200 mm の地域に存在するカディン・システム（CCR＝11：1）において，作付直前までに耕作域（池敷）に貯えられた水分の由来を調査した。その結果，捕捉された水分量の 85％は集水域からの流出水で，耕作域への直接降水によるものは 15％であった[14]。

インド・ビハール州のアハール（Ahar）も，カディンと似た貯水堰堤からなる伝統的な洪水利用システムである（図3.2）[15),16)]。アハールは，表面流出を捕捉し貯留するための土堰堤で，ガンジス川南岸部の南ビハール平原に集中している。この平原は，南部のビハール高原からガンジス渓谷へ向かう約 1：1 000（1：1 310～1：880）の勾配を有する北向き斜面を形成し，粘質土壌もしくは砂質土壌からなる[17)]。雨が降ればすぐに表面流出が生じ，粘質土壌では流下が加速され，砂質土壌では素早く浸透してしまうため，農地に保水される割合は少ない。南ビハール地域の年降水量は約 1 000 mm であり，畑作物は平年には天水状態で栽培が可能であるが，3 年に 1 回の頻度で寡雨年があるため，不安定な栽培を余儀なくされる。水稲作にはまったく不向きな自然条件である[17),18)]。

このような悪条件を克服するため，ガヤ県を中心に南ビハール地域では古くからアハールによる洪水利用システムが導入された。アハールは U 字形あるいは矩形に盛土した堤防で，三方を囲った三方堤が多く，上流側の一方から流出水が流入し貯留する。堤長は 100 m から 10 km 以上にも及び，湛水域は 1～4 000 ha にわたる。堤高は 1～2 m で 3 m を超えることはない[13)]。堤防には余水吐，水門が設置され，播種に間に合わせるために，迅速な排水も可能である。水門から放流される水は近くの河川あるいは下流側のアハー

図3.2　アハールーパイン・システムの模式図[16)]

ルに導水される。アハールは同一水系に複数存在し，アハール同士がパイン（Pyne）とよばれる水路で連結され，上流側で余剰水が生じたときなどは下流側のアハールへパインで送水するなど，有機的な水配分が行われている。アハールとパインを合わせたものをアハール－パイン・システム（Ahar-Pyne system）とよんでいる。パインの延長は大体 3〜5 km であるが，大規模なものでは 16〜32 km のものもある [18]。

アハールの池敷は夏季（Kharif）作後の余剰水を排水して，冬小麦など冬季（Rabi）作の作付にも利用される。アハールの灌漑面積は小規模なものが多いが，400 ha 以上を灌漑するものも少なくない。20 世紀初頭時点での平均灌漑面積は 57 ha といわれる [17],[18]。このシステムは灌漑機能に加えて洪水緩和機能も有している [18],[20]。

このシステムはビハール州に数千も存在したといわれ，1930 年には南ビハールだけで 94 万 ha をも占めていたが，1997 年にはビハール州全体で 53 万 ha に減少し，その後も減少傾向にある [19]。現有するシステムの管理体制も弱体化の傾向にある。衰退の理由として，独立後地主制が廃止されたことに伴い維持管理費が確保できなくなったこと，管井（Tube well）など安易に灌漑できる方法が普及したこと，近代的な灌漑計画との調和が欠けていたこと，などが挙げられる [17],[18],[20]。ガヤ県の洪水対策委員会は，このことが 20 世紀中葉以降の大規模な洪水災害頻発の原因であるとしている [20]。

(4) 地下水涵養ダム（Recharge check dam, Percolation tank）

地下水涵養ダムは，地下に帯水層があり，ワジの河床が透水性の地層からなる場合に，ダムあるいは高さ 1〜3 m のギャビオン（蛇かご）堰をワジ床に設置し，洪水を遮って地下への浸透を促し，帯水層を涵養する方法である（図 3.3）。このようなシステムはインド，チュニジアなどでみられる [6],[13]。ワジ床の透水性があまり良くない場合は，堰の上流側のワジ床に涵養井戸を掘って帯水層への浸透を促進する方法も取られている [6]。このように一旦地下に涵養しておけば，随時揚水して灌漑用水，生活用水として使うことも可能である。ただし，この場合ポンプ揚水が不可欠となる。

乾燥地では地表ダムの場合，多大な蒸発損失，蒸発に伴う貯水の塩類濃度

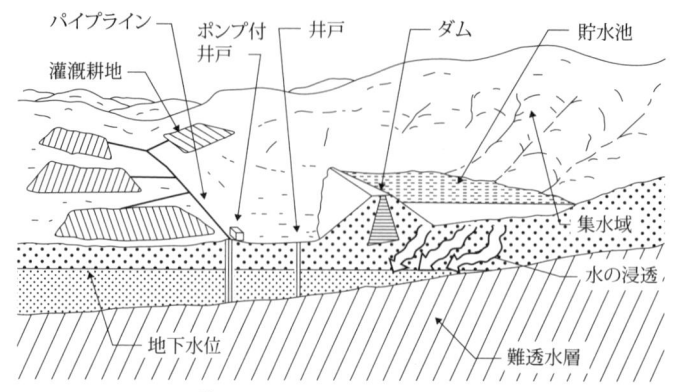

図 3.3 浸透池の概念図 [13]（洪水を堰止めて浸透させ地下水を涵養する。涵養した地下水は井戸を介して揚水し，灌漑などに利用される。）

の上昇，大量の土砂流入に伴う貯水容量の減少などが深刻な問題となっている。地下水涵養ダムの場合，このような問題がないので乾燥地に適した水資源管理技術といえる。ワジ河床部が透水性で周辺に帯水層が存在する場合，地下ダムと併用することにより，より効率のよいシステムを構築することが可能である。

3.1.2　河床外における洪水の集水利用

(1) 洪水拡散式灌漑 (Irrigation by flood-water spreading (diversion))，スペート灌漑 (Spate irrigation)，フラッシュ灌漑 (Flush irrigation)，セイラバ灌漑 (Sailaba irrigation, Rod Kohi)

ここで述べる洪水利用システムは，河川（ワジ）に堰堤（ダム）もしくは堰を建設して，洪水を取水し水路などにより耕地に供給するもので，洪水の利用方法としては最も一般的な方法であり，さまざまなタイプのものがみられる。**写真 3.5** にチュニジア南部の高地帯のワジ流域にみられる洪水灌漑の堰，取水口，耕地を示す。古いものではイスラエルのネゲブ砂漠でもその存在が確認されている。また，現在でも南イエメンをはじめ各地で活発に適用されている。

パキスタンでも洪水灌漑は古くから広範に行われており，北西辺境州，パンジャブ州ではロド・コヒ（Rod Kohi），バロチェスタン州ではセイラバ・シ

3.1 河川水，洪水の利用

写真 3.5 チュニジアの洪水灌漑（左上：ギャビオン堰，右上：取水口・送水路，下：堤防で囲まれた耕地）注）ギャビオン（Gabion）とは「蛇かご」のこと（撮影：北村義信）

ステム（Sailaba）とよばれている[21]。これらは，自然河川の洪水を集水利用するもので，さまざまな形態のものがみられる。**図 3.4** は同国で行われている洪水灌漑の諸形態を示す[22]。

中国・黄土高原およびその下流域で行われている洪水灌漑は，ワーピング（warping）とよばれ，灌漑とともに洪水で運ばれてくる肥沃な土壌を堆積させることにより，耕地の肥沃化をも目的としている。このシステムは，黄土地帯下流域の農地に広く適用されており，塩類集積農地の修復にも用いられている。**写真 3.6** に，塩類集積のため耕作放棄された農地のワーピングによ

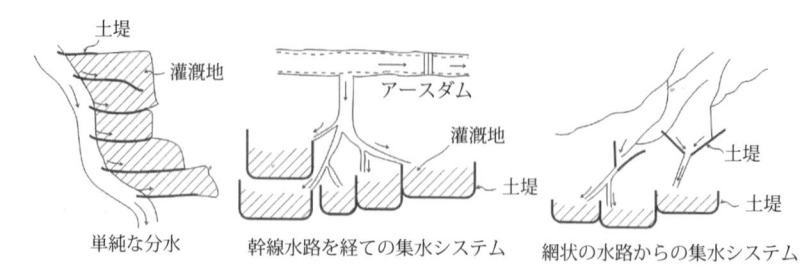

図3.4 パキスタンで行われている洪水灌漑（セイラバ・システム，ロド・コヒ）の各種形態 [22)]

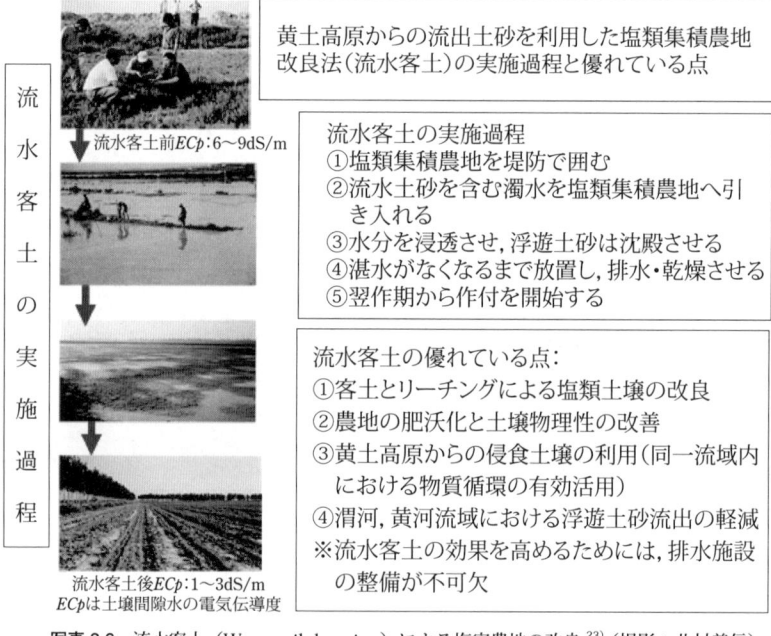

（図中ラベル：土堤，灌漑地，アースダム／単純な分水／幹線水路を経ての集水システム／網状の水路からの集水システム）

流水客土の実施過程

流水客土前 ECp：6〜9dS/m

黄土高原からの流出土砂を利用した塩類集積農地改良法（流水客土）の実施過程と優れている点

流水客土の実施過程
① 塩類集積農地を堤防で囲む
② 流水土砂を含む濁水を塩類集積農地へ引き入れる
③ 水分を浸透させ，浮遊土砂は沈殿させる
④ 湛水がなくなるまで放置し，排水・乾燥させる
⑤ 翌作期から作付を開始する

流水客土の優れている点：
① 客土とリーチングによる塩類土壌の改良
② 農地の肥沃化と土壌物理性の改善
③ 黄土高原からの侵食土壌の利用（同一流域内における物質循環の有効活用）
④ 渭河，黄河流域における浮遊土砂流出の軽減
※流水客土の効果を高めるためには，排水施設の整備が不可欠

流水客土後 ECp：1〜3dS/m
ECp は土壌間隙水の電気伝導度

写真3.6 流水客土（Warp soil dressing）による塩害農地の改良 [23)]（撮影：北村義信）

る修復過程を示す [23)]。

　スーダン東部のガッシュ川のデルタ（源流：流域面積：21 000 km^2）では，大規模な洪水灌漑（flush irrigation）が1926年に導入されて以来90年近く行われている [24)]。この河川は通常干上がっているが，雨季（7〜9月）にはシルト分を大量に含んだ（15.2 g/L）猛烈な出水に見舞われる。年平均流出量は0.65 km^3，平均年最大流量は360 m^3/s にも達する。この出水を溢流さ

せて，ソルガムやヒマなどを作付する。原始的ではあるが，その水管理には多大の経験を要する。灌漑可能面積は年々の出水状況によって変動するが，大体 1.2 〜 2.3 万 ha である[24]。

一般に洪水灌漑の灌漑効率は低い。例えばイエメンの大規模な洪水灌漑の場合，灌漑効率は 20％（搬送効率が 50％，適用効率が 40％）程度である[25]。しかし，灌漑効率が低いからといって，洪水灌漑は水浪費的な灌漑方法とはいえない。なぜなら，この方法こそが洪水の海へのあるいは地区外への無駄な流出を妨げる唯一の方法だからである。さらに，土壌に栄養分を含んだシルト分を補給したり，塩分の溶脱（leaching）を促進したりする効果もある。また，洪水灌漑により地下水を涵養することも可能である。

ナイル川，ニジェール川，セネガル川，チャド湖などの大河・湖沿いでは洪水時に増水した水を氾濫原あるいはその周辺部に導水・拡散して利用する洪水利用農法がみられる。以下に，その代表的な利水方法を類型化し述べる。

(2) ベイスン灌漑（Basin irrigation）

ベイスン灌漑は，1年周期の洪水を灌漑に利用する方法であり，エジプトのナイル川沿岸で5 000年以上もの間，伝統的に行われてきた。この灌漑形態は後述する制御湛水灌漑と同種とみなすことができる。この方法では，沿岸農地を堤防で 400 〜 16 000 ha のベイスンに分割する。洪水を農地に導水する水路は30m 〜 300 m^3/s の容量のものが作られた[26]。8〜9月にナイル川の洪水をベイスンに引き入れ，0.5〜2 m の深さで1〜2カ月間貯留する[26), 27)]。この際肥沃な浮遊土砂も一緒に耕地に供給される。ナイル川はタナ湖に発する青ナイルと，ヴィクトリア湖に発する白ナイルが，スーダンの首都ハルツームで合流して北流する。青ナイルは肥沃な石灰質シルトの無機物を流下させ，白ナイルは沼沢密林からの腐植土の有機物を流下させる。河川水位の低下を待って水を河川に戻し，耕作できる程度にまで排水した後，冬作物を作付する。それ以降灌漑はされない。作付は1期作だけであり，収穫後次の時期まで農地は休閑される。この方法では肥沃な薄層が1年周期で規則正しく堆積するため，ナイルデルタ，バレーでは永年にわたり耕地が疲弊することなく地力が増大した。また，洪水ごとの湛水と排水によって，土

中塩類が毎年溶脱されたため，土壌中に塩類が集積するという問題も生じなかった。「エジプトはナイルの賜」といわれるゆえんである。しかしながら，1820年ごろに綿花とサトウキビが導入されると周年（perennial）灌漑が行われるようになり，ベイスン灌漑は19世紀中ごろ以降衰退していった[26]。1964年にアスワンハイダムへの貯水が開始されたことに伴い，ベイスン灌漑は完全に周年灌漑へと移行し，姿を消した。

　ここで注目されるのは，灌漑方法の変化に伴う排水の問題である。周年灌漑の導入に伴って，単位面積当たりの灌水量は大幅に増え，ナイルデルタの地下水位が上昇し，農地が過湿状態になるウォーターロギング現象が顕著にみられるようになった。エジプトの農業において，ウォーターロギング（以下，本章では「湛水害」とよぶ）と塩害の克服は目下最大の課題である。このため，1960年代後半より政府は地表排水系の強化と平行して暗渠排水を推進してきた。暗渠の敷設は急速に進み，予定されていた延べ約270万ha[28]の敷設はほぼ終っている。

　ベイスン灌漑（図3.5参照）は，スーダン北部のナイルバレーではまだ行われている。エジプトとの水利協定でも，洪水期に自然に氾濫した水の利用については制約を加えないこととしている。しかしながら，スーダンのナイルバレーは狭くこの灌漑方法に向かない。

　さらに広い意味では，湿潤地域ではあるがメコン（Mekong）川，バサック（Bassac）川，レッド（Red）川などの輪中開発地で行われる泥水灌漑も，この方法に含めることができよう。泥水灌漑は，周囲を堤防で保護された耕地に泥水を導入し，約2カ月滞留させて沈殿させた後，河川に排水するものである。この方法により，泥土の堆積は2mに及ぶところもある。泥水灌漑

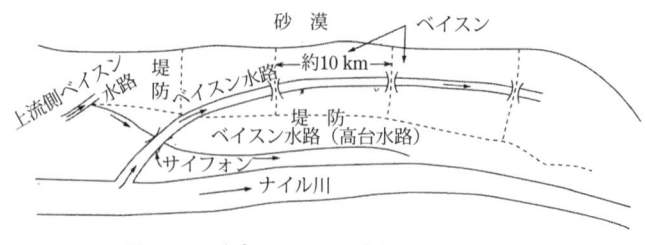

図3.5　エジプトのベイスン灌漑（1965年以前）

の一種であるカンボジアのコルマタージュ灌漑は，メコン川の定期的増水，水位の上昇を利用し，増水期の水をゲートを通じて耕地に導入する伝統的な灌漑農法である[29]。

これらの方法は，農民が長年にわたり培ってきた経験を通して築かれてきたもので，自然の猛威に逆らわず，逆に巧妙に利用している点で優れた技術といえよう。

(3) 制御湛水灌漑 (Controlled submersion, Controlled flooding)

デルタ地域や大規模な季節的氾濫原では，堤防を築いて自然の洪水をある程度制御し，灌漑に活用する水利用形態がみられる。ニジェール川沿岸におけるこの方式の一般的な特徴は，次の施設および機能を有することである[30]。

① 河川沿いに堤防を築き，灌漑地を洪水から守る。必要に応じて灌漑地の周辺にも堤防を築く。
② 手動もしくは自動のゲートで取水量および排水量を調節する。ゲートは一般に取水と排水兼用であるが，排水専用ゲートを設ける場合もある。
③ 幹線水路は普通底勾配のない水路で，取水ゲートから地区内縁の幾つかの低位部に延びる。これには二次水路が接続され，地区内の湛水深を調節する。
④ 水深に応じて異なる水稲品種を作付するため，地形に応じて畔で仕切る。地区内の整地は行わないため，湛水深はまちまちである。そのため，地形に応じて異なる品種を用いる必要がある。

最も低い箇所には浮稲が作付される（**写真3.7** 参照）。浮稲は一般に 1.3 m（最大 2.5 ～ 3.0 m）の湛水のもとで生育する。次の水深 60 cm の箇所では，多少の水位変動にも耐性がある在来の深水品種が作付される。15 cm 以下の湛水が見込まれる区域は，普通予備地として残される。この理由は，局所的な起伏と湛水深の年変動により，この区域が実際に適当な水位を確保できるかどうか見極めがつかないためである。この形態の灌漑システムは，マリでは普通超過確率 90％の洪水位を対象に設計されている[30]。

マリにおいては，この方式の灌漑面積は，7万 ha あるといわれる。しか

●第3章●ブルーウォーターの利用と管理

写真 3.7 制御湛水灌漑での浮稲の栽培（ニジェール川，撮影：北村義信）

しながら，この方式には二つの限界がある。第1に，収量は水位の変動に左右され，かつ深い水深のため在来の長稈品種や浮稲種のみが栽培可能である。第2に，雨季が十分な湛水をもたらすまで播種ができないことである。これらの問題の解決法として二つの改良法がある。すなわち，さらにきめ細かく畦を設けることと，部分的な事前湛水を行うことである。これにより短稈高収量品種の導入が可能となる。畦などによるつぶれ地が増えるが，多くの事例研究から，この改良法によりつぶれ地をカバーするだけの収益が得られることが確認されている[30]。

(4) 残留氾濫水灌漑（Recession irrigation）

氾濫水が引くときに残った水溜まりを利用して，メイズ，ソルガム，ミレットを作付する伝統農法である。アフリカにおいては，この方法では水稲作はあまり行われていない。

ニジェール川の内陸デルタとニアメー間の地域では，この方式で主にソルガムが栽培されている。ソルガムの播種あるいは移植はニジェール川の氾濫が減水する2〜3月に行われる。7月ごろまでは残留土壌水分や地下水で栽培され，生育後期は降雨による水補給が期待できる。収穫は，9月下旬から10月上旬となる。グラウンドナッツ，メイズ，カウピーなどの氾濫原作物は，1〜5月の乾季に残留水のみにより栽培される[30]。

ニジェール川左岸にあるホロ湖，ファギビンヌ湖の池敷においては，普通ソルガムが栽培されるが，ソルガムより高いところではほかの畑作物が土壌

水の毛管上昇により栽培可能である．ソルガムよりも低いところでは，浮稲が栽培されている．残留氾濫水灌漑は，①システムへの水供給速度を早めるための水路や，②排水を遅延させるため，あるいは収穫直前の作物をその後の洪水から保護するための畝，③さらに水供給を調節するための制御施設や二次水路などを建設することにより改良が可能である．しかしながら，改良事業に伴って従来の氾濫原での慣行的土地配分のルールが崩れる場合，重大な社会問題ともなりうるので注意が必要である[30]．

カンボジアのメコンデルタ頂部の入り組んだ氾濫地域には，雨季に氾濫した水を貯留し，その後の乾季稲などの栽培にあてるため，さまざまな工夫がこらされている．小規模なものでは，小支流を横断する堤防を築いて水を貯留する方法や，大規模なものでは，別に貯水池を設けて雨季の増水をそこに導水し，雨季の用水補給および乾季の灌漑を行う．また，氾濫原に等高線にほぼ平行に小堤防を築いておき，雨季に小堤防を超えて氾濫した水を減水期に捕捉して貯留する方法もある．小堤防の背後に水を溜め込み，すぐ下流側の水田の灌漑用水とするわけである．図 3.6 は，シェムリアップ（Siem

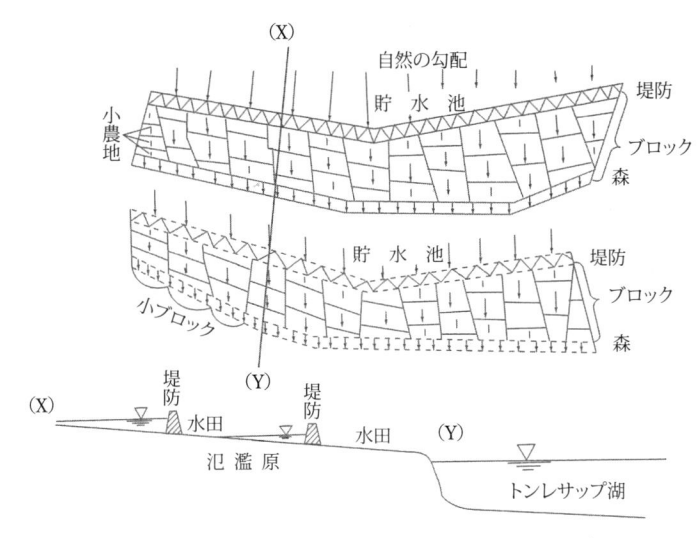

図 3.6 残留氾濫水灌漑の一例（カンボジア・シェムリアップ）
　　　（福田仁志（1973）[26]を改変して引用）

Reap）地区でみられる残留氾濫水灌漑を模式的に示したものである[26]。

3.2 地下水の利用

地球上には約1 050万 km^3（全淡水の30％）の地下水が存在するが，経済的に利用可能な800 m以浅に分布するものはその約半分である[31]。地下水は比較的容易にアクセスできるため，古くから世界各地で利用されてきた。近年では，より強力なポンプを用いた揚水が大規模に行われており，涵養量を上回る過剰揚水が行われ，地下水の枯渇が進んでいる帯水層が多い（インド北西部，アラビア半島，サハラ北部ヌビア帯水層，アメリカ・セントラルバレー，オガララ帯水層など）。2010年の地球全体の地下水取水量は約1 000 km^3/y で，その67％が灌漑，22％が生活用水，11％が工業用水として使われている[32]。

地下水は地球水循環の重要な構成要素であり，しかも平均滞留時間が数百～数千年と極めて長期であることから，不可逆的な現象を引き起こさない（揚水速度が涵養速度（滞留速度）を上回らない），持続可能な利用に徹することが大切である。

図3.7に，帯水層の構造と難透水層の分布，それに伴う地下水挙動の仕組みを模式的に示す。

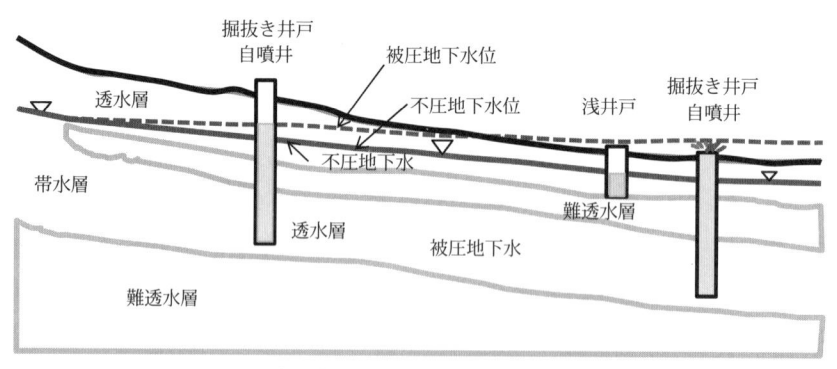

図 3.7　難透水層の存在に伴う地下水挙動の仕組み

3.2.1 井戸の種類

地下水を汲み上げる施設として，井戸は古今東西さまざまなかたちで利用されており，井戸の形態と汲み上げる対象となる地下水の種類によって，次のように分類することができる[33]。

(1) 浅井戸 (Shallow well)
浅井戸は井戸の深さが浅く，井戸の底（孔底）が不透水層の上に位置し，不圧地下水を取水する鉛直の井戸で，深さは5～6m内外が多い。重力井戸ともいう。

(2) 深井戸 (Deep well)
深井戸は孔底深度が第一不透水層より深く，被圧地下水を取水する鉛直の井戸で，深さ数十mから100～200mのものまである。被圧井戸ともいう。

(3) 掘抜き井戸 (Artesian well)
掘抜き井戸は難透水層を掘り抜き，深い帯水層の地下水（被圧地下水）を汲み上げる井戸。地上からボーリングなどで孔を掘っていき，細い水管を差し込んだものである。オーストラリアの大鑽井盆地には掘抜き井戸が多い。掘抜き井戸は自噴井と非自噴井に分けられる。自噴井は帯水層に大きな圧力がかかっているため地下水が地上に噴出する井戸であり，非自噴井は自噴しない井戸である。

(4) 横井戸 (Horizontal well)
横井戸は自由面地下水を対象とする水平もしくは水平に近い井戸で，山腹傾斜地の帯水層に沿う集水トンネルや集水暗渠などがある。カナート（後述）も横井戸の一形態とみなすことができる。

3.2.2 乾燥地において特徴的な地下水利用技術

ここでは，乾燥地における伝統的な地下水利用技術であるカナートをはじ

めとする特徴的な利用技術を取り上げて，それぞれの概要，長所・短所，環境に及ぼす影響などについて考察する。

(1) カナート（Qanat, Kariz, Foggara）

　乾燥地における伝統的な地下水の利用技術の一つにカナートがある。カナートは地下水を耕地まで自然流下で導水する地下水路である。カナートの歴史は古く，B.C.2000年代の終わりごろまで遡るようである[34]。この技術は古代ペルシャ（イラン）を発祥地とし，東方はアフガニスタン，パキスタン，インド，中央アジア，中国の吐魯番（トルファン）盆地に拡がり，西方はアラビア半島，北アフリカ，さらにサハラ砂漠西部，スペインを経て南北アメリカへ延びている。

　呼び方は地域によって異なる。カナートはイラン，イラクで使われている名称である。パキスタン，アフガニスタン，トルクメン，中国（ウィグル族）ではカレーズとよばれる。なお，中国名では坎児井（カンアルチン）と称される。北アフリカ，サハラではフォガラ，ハッターラと呼び方が変わる。日本にもカナートを小規模にしたマンボとよばれる地下水集水施設が存在する[35]。イランだけで4〜5万本ものカナートがあり，このうちの約半分は現在でも機能しているといわれる[36]。

　図3.8はカナートの構造を示したものである[37],[38]。カナートは母井戸（mother well）と暗渠（地下トンネル），それに竪坑（shaft）からなる。

　カナートの建設は，まず母井戸の位置を選定し，掘削することから始める。母井戸を掘る位置の選定は，カナートの建設において最も重要な作業である。母井戸は，安定的に湧水が得られ，かつ耕地への導水が容易にできる場所に設置する。一般に母井戸の適地は，扇頂部から少し下流側に下がったところである。この位置は良質の水が豊富で，しかもそれほど深くなく，水圧もかなり高い。したがって，このようなところでは，基底流出が安定しており，送水遅れによって季節変動は均される傾向がある。母井戸の掘削後，地下水の湧水状況を確認したうえでカナート出口の位置を決める。暗渠の掘削は出口のほうから始め，竪抗を適当な間隔ごとに設けながら掘り進む。竪抗は建設時掘削土砂の地上への搬出口であり，かつ換気口でもある。また，カナー

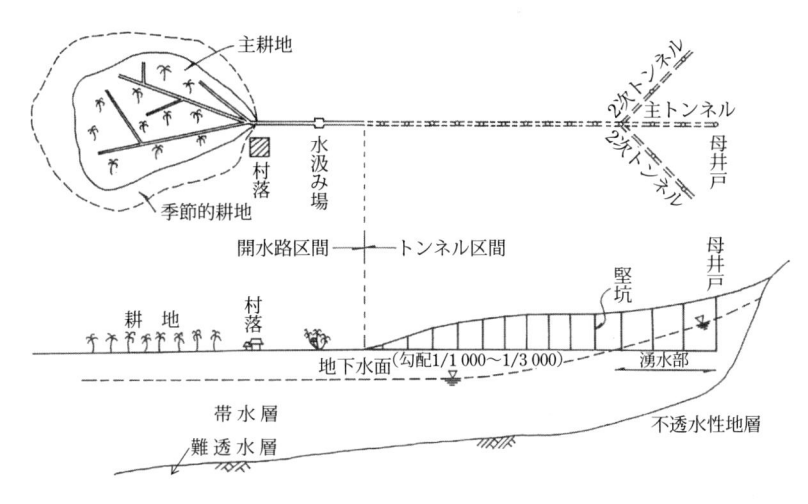

図 3.8 カナートの縦断面図および平面図（アラビア半島）[38]

ト完成後の維持管理作業に利用される。

　カナートは一般に給水能力が高く，良質の水を季節にあまり左右されないで年間安定して供給できる。しかも，構造上蒸発による損失を最小限に抑えることができるなど，多くの利点を有している。カナートは灌漑用だけでなく，飲料および洗濯などの生活用水としても用いられている。**写真 3.8** は，エジプトのバハレイヤ・オアシスのカナートである。

　カナートの特徴は，地域に存在する地下水循環の一部を，人間社会の中に取り込み，共存させていることである。このシステムは自然のサイクルの中に無理なく融和し，自然にひずみを生じさせない，環境に優しい技術である。反面，自ずと限られたキャパシティしか持たないため，人口増加などの急激な社会・経済環境の変化には対応できない。近年，急激な社会・経済環境の変化に対応するため，即効性の高いいわゆる近代的技術が安易に導入されており，その影響が随所に出てきている。例えば，アルジェリアでは，古くからフォガラ（カナート）が灌漑用水や村落の生活用水の供給源として利用されていたが，近年機能しなくなるケースが頻発している。これは，1980年ごろからフォガラの周辺で大資本による小麦などの単一作物の大規模栽培が広まり，その灌漑目的で深井戸が次々に掘られた結果，母井戸の地下水位が

写真3.8　バハレイヤ・オアシスの町中を走るカナート（上）と竪坑から見た地下水路（下）（エジプト・リビア砂漠，撮影：北村義信）

低下し，取水できなくなったためである。フォガラは数世紀にもわたり地域コミュニティの生活を支えてきた生命線であり，その枯渇は地域コミュニティの崩壊を意味する。早急にこの技術の保全を図り，その有効利用を図るための取組みを推進すべきである[39]。

(2) 地下ダム (Groundwater dam)

　地下水を保持する目的で地下水を堰止めることは，それほど新しい概念で

はない。地下ダムは，古代ローマ時代にイタリアのサルディニア島で建設され，そしてチュニジアで見つかった遺構から北アフリカでは古代文明によって地下ダムが使用されていたことが明らかとなっている。近年ではさまざまな小規模の地下ダム技術が開発され，世界各地で適用されている。特に，インド，南アフリカ，東アフリカ，ブラジルで多くみられる[40]。

　地下ダムは水資源開発の有効な方法であり，孔隙率の大きい地層に止水壁を設け，地下水流を堰止めて貯留し，地下水を安定的に利用できるようにする施設である。地下ダムの立地条件としては，豊富な帯水層が存在しさらにその下部に不透水層が存在することが必要である。また，帯水層を締め切るには不透水層が谷状になっている必要があり，地下谷の存在が前提となる。

　日本では，沖縄県宮古島の地下ダムが代表的である。地下ダムの効果として次のような点を上げることができる[41]。
① 蒸発および浸透による損失を防ぐことができる。
② 地表ダムの建設に比べ，環境への影響が少ない。
③ 表流水の余剰分や域外よりの導水分を貯える能力に優れている。
④ 地表貯水池に比べ，用地費，建設費および維持費が安価である。
⑤ 地下に貯留するため水は自動的に濾過され，病原菌が少なく，有機質的にも優れている。

　このほか以下の利点も上げることができる[41]。
⑥ 宮古島のような海岸部では海水の地下水への侵入を阻止し，塩水化を防止できる。
⑦ 水は地下に貯留するため，土地の水没がなく，地表部は従来どおり使える。
⑧ ダムが壊れて家屋が流出するようなこともない。

　このため，水不足や地下水の塩水化に悩む離島，海岸地域，中山間地域などで注目されている。日本での地下ダムの歴史は新しく，実績はまだ少ない。1979年に，宮古島に貯水量70万m^3の皆福ダム（農業用）が完成したが，これにより琉球石灰岩地帯の地下ダム建設技術がほぼ確立されたといえる。その後，1980年に長崎県樺島で貯水量9 000 m^3の樺島ダム（水道用）が完成している。1985年には，貯水量7.36万m^3の常神ダム（水産加工用水など）が福井県三方町で完成している。それ以降も福岡県，鹿児島県，愛媛県など

で地下ダムが建設され現在でも幾つかの地下ダムが建設中である。

　地下ダム技術は今後海外でもますます普及するものと予想される。特に乾燥地あるいは砂漠化地域の水資源開発の有効な手段として注目されている。乾燥地の年間降雨量は500 mm 程度以下であるのに対し，年間蒸発散量は2 000 mm を超える。また，降雨は雨季の短期間に集中し，小河川は乾季には干上がってワジとなる。このようなところで地表ダムを建設しても，蒸発損失が大きいため貯水効率が悪く，しかも貯水の塩分濃度が高くなる。また，地表ダムの場合，マラリア，住血吸虫症など水中で繁殖する生物が媒介する病気の発生も懸念される。深井戸による揚水の場合は，再生不可能な地下水を過剰取水してしまう傾向が強いという問題がある。したがって，これらの問題を解決する手段として，地下ダムが有効と考えられる。サヘル地域の緑化・砂漠化防止構想として，建設会社数社によるサヘル・グリーンベルト計画があるが，この計画は地下ダムによる水資源開発を基盤としている。前述のように，ワジ河床部が透水性で周辺に帯水層が存在する場合，地下水涵養ダムと併用することにより，より効率のよいシステムを構築することが可能である。

【宮古島の地下ダムの事例】

　宮古島は，サンゴの遺骸が固まってできた琉球石灰岩とよばれる孔隙の多い地層でできている。この地層は水はけがよすぎるため，年間2 200 mm に達する降雨の40％は直ちに浸透してしまう。また，琉球石灰岩の下位には不透水性の泥岩層（島尻層）があるため，浸透水はこの層に沿って海へ流下する。降水の50％は蒸発散として消費され，地表流出はわずか10％である。したがって，降水のほとんどが有効利用できないため，干ばつ被害が恒常的に発生していた。この問題を解消するため，地下ダム構想が提案された。

　1974年に調査が開始され，上述のように1979年には実験地下ダムとして皆福ダムが完成している。この皆福ダムの成功を受けて，1988年世界でも最大級の地下ダムである福里ダム（1 050万 m^3）と砂川ダム（950万 m^3）が農業用水確保のために建設されている。

　両ダムの止水壁の工法は，地層を掘削破砕後セメントと混練してソイルセメント壁を造成する地中連続壁工法が主として採用されている。施工深が浅

3.2 地下水の利用

く止水壁高が低い部分には，ボーリング孔からセメントを地層の空隙に充填する注入工法が採用されている。また，豪雨時に地表が洪水になるのを防ぐため，地下十数mまで止水壁を造らず越流水が止水壁上端から下流側に流下するようにしている。

図 3.9 に地下ダムの概念図を示す[41]。**図 3.10** に宮古島の地下谷の形成状況を示す[41]。**図 3.11** に群井による取水とその利用の仕方を示す[41]。

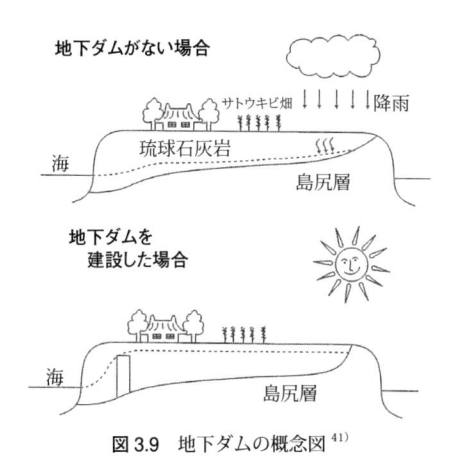

図 3.9 地下ダムの概念図 [41]

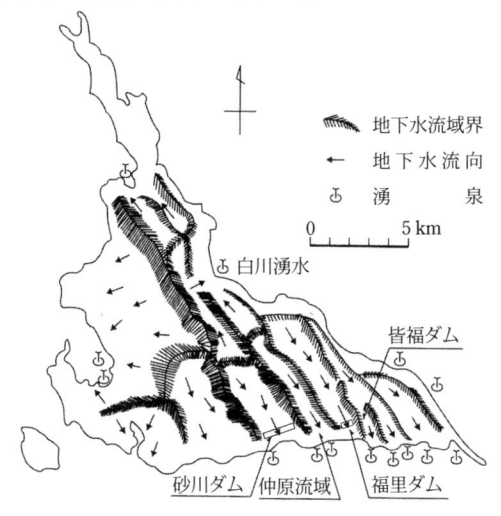

図 3.10 宮古島の地下谷と地下ダム [41]

(3) 地表水と地下水の複合利用
(Conjunctive use of surface water and groundwater)

地表水と地下水の複合的な利用形態は，インダス川，ガンジス川沿岸，中国北部平原，アメリカなどの乾燥地域で広く行われている。特に，インダス平原においては，大規模な地表灌漑に加えて，チューブウェル（Tube well

65

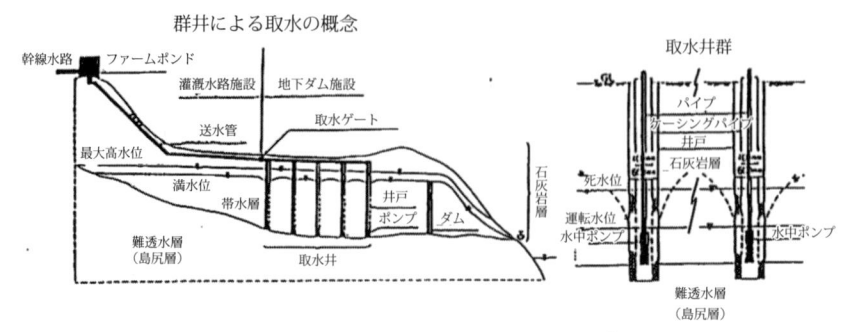

図3.11 群井による取水とその利用の仕方[41]

以下，管井）による垂直排水を組み合わせた複合灌漑が特徴的である。

　地表水と地下水の複合利用は，一般に以下に示す目的を達成するために行われる[42]。①大量の水供給，②帯水層の貯留能力を活用した供給システムの調整，③水供給あるいは灌漑計画の段階的開発（計画初期の段階では地下水を利用し，計画の進展に応じて地表水を導入する），④地表水の蒸発損失の節約，⑤需要量に応じた柔軟な水供給（河川からの導水を平滑化し，不足分は地下水揚水で補う），⑥水質の異なる水の混合利用（水供給システムかあるいは帯水層内のどちらかで，塩分濃度を減らすために良質水と混合する），⑦資本投資額と運転経費の節減（地表水の搬送距離を短縮する），⑧人工的に地下水涵養を行うことによる基底流量の増強。

　パキスタン，エジプトなどでは，大規模地表灌漑の実施に伴う地下水位の上昇が湛水害や塩害を誘引していることから，管井を用いた垂直排水で地下水位をコントロールし，かつ揚水した水を水質に応じて灌漑，リーチングなどに利用している。事例を以下に示す。

【パキスタン・インダス平原の複合灌漑】

　パキスタンのインダス川流域では，英領インド時代から独立後にかけての1世紀にわたり大規模な灌漑事業が展開された。用水路網が拡大し，農地への供給水量が急速に増加したため，1950年代後半から湛水害と塩害が顕在化してきた。この問題は，用水路系および末端圃場からの漏水が大量に地下に還元され，流域全体の地下水位を大幅に上昇させたことに起因する。湛水害による被害が大きいとされている耕地（地下水深が1.5 m以内）は，1989

年にはパンジャブ州で47万ha（6.5%），シンド州で160万ha（27.9%）であった[43]。

　湛水害と塩害の問題に対処するため，政府は1958年水利電力開発公社（WAPDA）を創設し，翌年塩害対策計画（SCARP）を発足させた。この計画は，地域内に多数の大型管井を据え付けて地下水を汲み上げ，地下水位を下げて湛水害と塩害から農地を守ることを目的としている。同時に揚水した地下水のうち，良質水（塩分1 000 mg/L以下）は灌漑，または土壌塩分の溶脱のために利用し，中程度の水（1 000 ～ 3 000 mg/L）は用水路の水と混合して利用することとしている。なお，悪質水（3 000 mg/L以上）については，利用しないで排水路に排水する。

　事業完了地区においては，地下水位が徐々に低下し耕作が可能となっている。モナ地区では，揚水開始後10年間で0.9 ～ 1.8 mの地下水位低下が記録されている[44]。この水利用形態は，湛水害と塩害を短期間に解決するうえでかなり有効なことが実証されている。しかし，この複合利用システムは，予算上の問題，水質低下の問題，設計・管理上の問題，地域環境への影響の問題などを抱えており，これらに留意してその持続可能性を慎重に確認したうえで計画すべきである[45]。

【エジプトにおける複合灌漑】

　ナイルバレー，デルタ周辺の砂漠では，ナイル川の水をベースとした灌漑開発が進められている。1960年代に始められ，1990年ごろまでに約42万haが開発されていた。開拓地での地表水を用いた灌漑は，地下水涵養を生じ，隣接する既耕地であるナイルの氾濫原への地下水流入量を増加させた。このため，既耕地では湛水害と塩害が顕在化し，4 000 ha以上の既耕地が影響を受けていた[46]。この問題を解決する有効手段として，管井を用いた複合灌漑が推奨された。すなわち，既耕地の外縁部に管井を設置し，流入地下水を揚水（垂直排水）して地下水位を制御するとともに，良質水は既耕地への補助灌漑として利用する方法である（図3.12）[47]。また，開拓地においては，夏期のピーク用水量を地下水補給で賄い，冬期の余剰水は地下水涵養に回すことができる。このため，砂漠開発において複合灌漑を導入すれば，水路系の施設規模をかなり小さくすることができる。

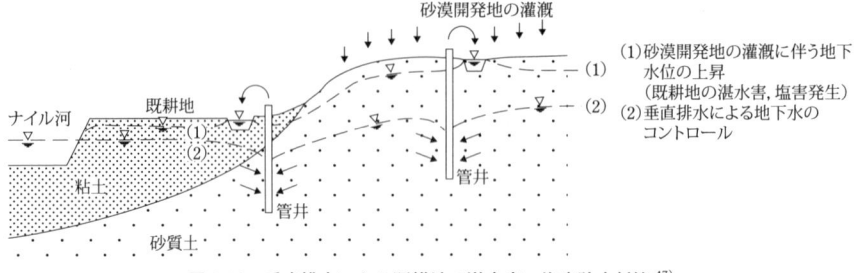

図3.12 垂直排水による既耕地の湛水害・塩害防止対策[47]

《引用文献》

1) 北村義信(2009)：沙漠の事典(分担)，洪水，日本沙漠学会編，丸善，東京，pp.190-191
2) Prinz, D.(2002): The role of water harvesting in alleviating water scarcity in arid areas. Keynote Lecture, Proceedings, International Conference on Water Resources Management in Arid Regions. 23-27 March, 2002, Kuwait Institute for Scientific Research, Kuwait (Vol. Ⅲ, pp.107-122).
3) Beckers, B., Berking, J. and Schutt, B. (2013): Ancient water harvesting methods in the drylands of the Mediterranean and Western Asia. Journal for Ancient Studies, Volume 2 (2012/2013), pp.145-164.
4) Centre for Science and Environment: Rainwater harvesting in dry lands. http://www.rainwaterharvesting.org/international/dryland.htm
(参照 2013 年 11 月 13 日)
5) Garduno, M.A. (1999): Ancient and contemporary water catchment systems in Mexico.9th International Rainwater Catchment Systems Conference "Rainwater Catchment: An Answer to the Water Scarcity of the Next Millennium. Petrolina, Brazil.
6) Ouessar, M. (2007): Hydrological impacts of rainwater harvesting in wadi Oum Zrssar watershed (Southern Tunisia). Ph.D. thesis, Faculty of Bioscience Engineering, Ghent University, Ghent, Belgium, 154p.
7) Ben Ouezdou, H., Hassen, M., Mamou, A. (1999): Water laws and hydraulicmanagement in southern Ifrikia in the middle ages (in Arabic) based on the manuscript 'Land rights' of Abi El Abbes Naffoussi (died in 1110). Centre de publication universitaire, Tunis.
8) El-Amami, S. (1984): Les amenagements hydrauliques traditionels en Tunisie, Center de Recherch du Genie Rural, Tunis, Tunisie.
9) Chahbani, B. (1990): Contribuition a l'etude de la destruction des jessour dans le sud tunisien. Revue des Regions Arides, 1: pp.137-172.
10) IHP, UNESCO and IRTCES (2004): Warping dams-construction and its effects on environment, economy, and society in Loess Plateau Region of China.

11) Kolarkar, A. S. (1990): Khadin- A sound traditional method of runoff farming in Indian desert. Workshop on "Water: A scarce resource -A cultural symbol" at Max Mueller Bhawan Goethe Institute, Bombay.
12) Kolarkar, A. S., Murthy, K. N. K. and Singh, N. (1983): Khadin- A method of harvesting water for agriculture in the Thar Desert. Journal of Arid Environments, 6, pp.59-66, London.
13) Pacey, A. and Cullis, A. (1986): Rainwater harvesting: the collection of rainfall and runoff in rural areas, IT Publication, London, UK.
14) Kolarkar, A. S., Murthy, K. N. K. and Singh, N. (1980): Water harvesting and runoff farming in arid Rajasthan. Indian Journal of Soil Conservation, 8(2), pp.113-119.
15) Satya Path ホームページ
16) Sharma, S.S.P. and Kumar, U.H. (2013): Revisiting the traditional irrigation system for sustainability of farm production: evidences from Bihar (India).
http://ageconsearch.umn.edu/bitstream/158861/2/Shyam%20Sunder_Prasad_AES-Full%20Paper%202013.pdf
17) Koul, D. N., Singh, S. Neelam, G. and Shukla, G. (2012): Traditional water management systems – An overview of Ahar-pyne system in South Bihar plains of India and need for its revival. Indian Journal of Traditional Knowledge, pp.266-272.
18) Pant, N. and Verma, R. K. (2010): Tanks in Eastern India: a study in exploration. IWMI Tata Water Policy Research Program (ITP).
19) Pant, N. (2004): Indigenous irrigation in South Bihar: A case of congruence of boundaries 2004. http://www.indiana.edu/～iascp/ Final/pant.pdf.
20) Singh, S. : Traditional water management systems and need for its revival: A study of Ahar-pyne system in South Bihar, India. Disaster Management and Risk Reduction, pp.245-257.
https://www.google.co.jp/webhp?sourceid=chrome-w&rlz=1C1EODB_enJP595JP595&ion=1&espv=2&ie=UTF-8#q=%22Disaster+Management+and+Risk+Reduction%22+%26+%22Ahar-pyne%22（2014年10月26日確認）
21) Nawaz, M. and Han, M. : Hill torrents management for increasing agricultural activity in Pakistan. http://www.iwahq.org/contentsuite/upload/iwa/Document/P19.pdf.
22) Johnson, B. L. C. (1979)：南アジアの国土と経済第3巻パキスタン(山中一郎・松本絹代・佐藤　宏・押川文子共訳)，二宮書店，東京，222p.
23) Kitamura, Y., Yang, S.L. and Shimizu, K. (2013) : Restoration and development of the degraded Loess Plateau, China (分担), ISBN978-4-431-54481-4, Chapter 15 Secondary salinization and its countermeasures, DOI 0.1007/918-4-431-54481-4_15, Edited by Tsunekawa, A., Liu, G., Yamanaka, N. and Du, S., Springer, Tokyo, Japan, pp.199-213.
24) Hamid, M. H. and Malla, M. M. (1987): The River Gash Irrigation Scheme, Eastern Sudan, Spate Irrigation, UNDP/FAO.
25) Tuijl, W. V. (1993): Improving water use in agriculture – experience in the Middle East and North Africa, World Bank Technical Paper 201.

26) 福田仁志(1973)：世界の灌漑，東京大学出版会，東京
27) 国際灌漑排水委員会日本国内委員会(1983)：灌漑排水多国語技術用語事典
28) DRI (2001): Subsurface drainage research on design, technology and management. Final Report of Drainage Research Project I & II, Cairo, Egypt.
29) 国際協力機構(2000)：平成12年度経済協力評価報告書，第3章特定テーマ評価，V 我が国の対カンボジア援助と貧困問題，国際協力政府開発援助 ODA ホームページ http://www.mofa.go.jp/mofaj/gaiko/oda/shiryo/hyouka/kunibetu/gai/h12gai/index.html
30) FAO Investigation Center (1986): Irrigation in Africa south of the Sahara, Technical Paper 5, FAO, Rome.
31) 環境省(2010)：環境白書(平成21年版)
32) UNESCO (2012): Facts and figures: managing water under uncertainty and risk, UN World Water Assessment Programme (WWAP).
33) 農業土木学会(2002)：農業土木標準用語事典
34) Goudie, A. and Wilkinson, J. (1977)（日比野雅俊訳(1987)）: The warm desert environment（沙漠の環境科学），古今書院，東京，pp.93-95
35) 木本凱夫(1992)：新疆トルファン盆地の水源「カレーズ」，水利の風土性と近代化（志村博康編），東京大学出版会，東京，pp.249-258
36) Garbrecht, G. (1987): Irrigation throughout history--problems and solutions, International Symposium on Water for the Future, Rome.
37) 赤木祥彦(1992)：沙漠の自然と生活，地人書房，東京，pp.152-153
38) Wilkinson, J. C. (1977): Water and tribal settlement in Southeast Arabia — a study of the Aflaj of Oman, Clarendon Press, Oxford.
39) 北村義信(2000)：乾燥地研究の展望，世紀を拓く砂丘研究―砂丘から世界の沙漠へ―（日本砂丘学会編），農林統計協会，東京，pp.288-321
40) Nilsson, A. (1988): Groundwater dams for small-scale water supply. IT Publications, London, UK.
41) 農用地整備公団(1993)：宮古区域農用地保全事業概要書
42) UN Publication (1988): Water resources planning to meet long term demand-guidelines for developing countries-, Natural Resources/ Water Series No.21, 117p.
43) Sheikh, I. B. (1991): Construction and management of drainage system in the Lower Indus Basin of Pakistan. ICID 8th A-A Regional Conference Bangkok.
44) 佐藤一郎(1990)：地球砂漠化の現状―乾燥地農業と緑化対策を中心として―，清文社，大阪，224p
45) 北村義信(1993)：乾燥地における灌漑農業と塩害対策，農土誌，Vol.61, No.1, pp.37-40
46) Samir, M. et al. (1991): Managerial schematization of the Nile Delta groundwater system, ICID 8th Regional Conference Bangkok.
47) 北村義信(1993)：アフリカの砂漠化と開発・緑化，砂漠緑化の最前線(真木太一・中井信・高畑　滋・北村義信・遠山柾雄著)，新日本出版社，東京，pp.141-184

第4章
非従来型水資源の利用と管理

　近年従来型の水資源のひっ迫に伴い都市排水，海水，塩水も貴重な水資源とみなされ，それぞれ再生利用と，淡水化利用が積極的に推進されている。ここではこのような非従来型の水資源の利用と管理について紹介する。

4.1　下水・排水の再生と再利用

　下水・排水の再生と再利用には，さまざまな方法が取られている。アメリカ・カリフォルニア州の場合，州内の下水処理水の再生利用プロジェクトは1989年時点で約210を数え，施設容量は約90万 m^3/d で年間約3.3億 m^3 が灌漑用水（63％），地下水涵養（14％），修景用水（13％）として利用されていた[1]。2010年時点では250プラントを超え，再利用される処理水も年間5.5～7.2億 m^3 にまで増加している[2]。処理水の用途は，約65％が灌漑用水，21％が修景用水，14％が地下水涵養である[2]。地下水の人工涵養に下水処理水を利用することについては，地下水汚染の心配もあるので，1990年に州水資源局と公衆衛生局を中心とする委員会でガイドラインを作成している。特に，同州オレンジ郡の水管理区（OCWD: Orange County Water District）の「Water Factory-21」は，地下水人工涵養と逆浸透法を組み入れた都市下水の高度処理とその循環再利用を含む先進的・先端的な計画である[1]。ここではこの「Water Factory-21」とイスラエルの「シャフダン排水処理プラント」，それにエジプト・ナイルデルタで行われている農地からの排水の再利用の事例を紹介する。

4.1.1 アメリカ・カリフォルニア州オレンジ郡の Water Factory-21 とその後継計画

(1) 背 景

　カリフォルニア州オレンジ郡は年降水量 375 mm の乾燥地帯であり，水資源は乏しい。特に乾季の自然流量は乏しく，雨季の洪水流出と河川に流入する下水処理水が主要な流量を構成している。したがって，主水源は地下水である。水需要は増大する一方で，過剰な揚水は地盤沈下や地下水位の低下を招き，海水が 6 km 以上も内陸部に侵入した。

　この地域の地下水資源を管理しているオレンジ郡水管理区（OCWD）は，海水の侵入防止対策として，海岸に平行に配置した 23 本の井戸群に下水の高度処理水を注入して水理的な地下水壁を構築し，地下水源を保全・強化する計画を立てた。地下水源涵養対策としては，高度下水処理水の再生循環利用による方法を採用した。「Water Factory-21（WF-21）」として知られる高度処理システムの建設は 1972 年に着手され，1976 年から実証プラントが稼働し，処理水の地下注入も開始された。この計画は，21 世紀に向けて再生水から飲料水に適した水を生産するために，膜分離技術を導入した画期的なものである。2008 年からは後継の地下水涵養システム（GWRS）に引き継がれ着実に処理能力を高めている。

(2) 高度下水処理の処理工程

　高度処理のための原水は，隣接する二次（活性汚泥）下水処理場から塩素が注入されていない処理水を受けている。WF-21 の給水能力（1976 ～ 2008 年）は 57 000 m^3/d で，うち 40％は活性炭吸着処理から塩素消毒までの高度処理（AWT）を行い，残りの 60％は原水の全溶解塩（TDS）の濃度が 1 000 mg/L と高いため，低圧型の逆浸透膜（RO 膜）による脱塩処理までを行う。そしてこれら 2 種類の処理水をブレンドし，水質基準に合うように混合した後，地下に涵養する。これは地下水涵養システム（Groundwater Replenishment System: GWRS）という世界最大級の飲料用水再利用施設であり，オレンジ郡の帯水層に地下水を涵養するために現在 265 000 m^3/d の高純度水を

4.1 下水・排水の再生と再利用

写真 4.1 アナハイム涵養池（提供：オレンジ郡水管理区（OCWD））

生産している[3]。最終的には，地下水涵養に加えて海水の侵入から帯水層を守るための直接注水のために 492 000 m^3/d の能力を持つ予定である[3]。**写真 4.1** は処理水を帯水層に涵養するための施設であるアナハイム（Anaheim）涵養池を示す。**図 4.1** は，高度処理工程のフローを示す。

この低圧型の逆浸透膜の処理により，最大全溶解塩の 90％を除去し，回収率は 85％と高い。地下に涵養される直前の注入水の水質は，州政府指定の水質基準よりよい結果を示している。高度処理水は pH，TDS，硫酸塩，塩化物を除いて環境保護局（EPA）の第一次，第二次飲料水基準に達し，逆浸透膜による処理水はほぼ全項目がその基準に達している。**表 4.1** に各処理段階の水質を示す。なお，逆浸透膜は地下水汚染で大きな問題となっている発癌性物質トリハロメタンの除去にも，大きな効果があることが確認されている。

注入井の目詰まり問題は，井戸の逆洗浄（揚水）を定期的に繰り返すことにより，具体的な解決を図っている。

●第 4 章● 非従来型水資源の利用と管理

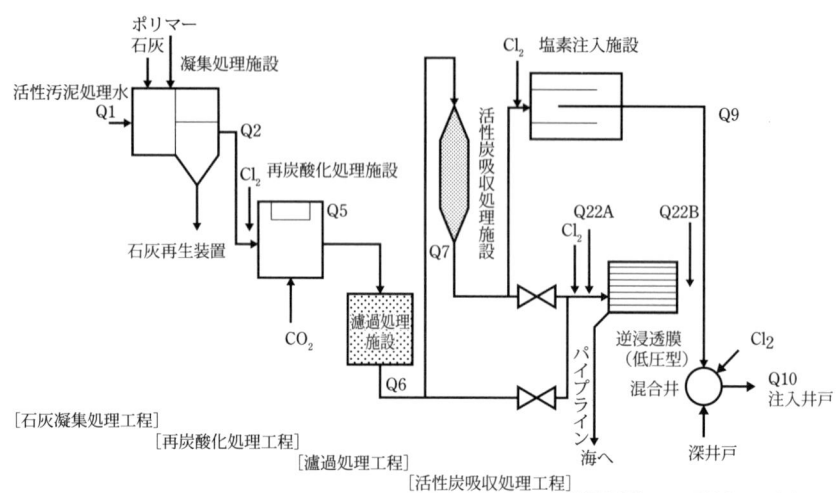

図中のラベル(読み取り):
- ポリマー、石灰
- 活性汚泥処理水 Q1
- 凝集処理施設
- Cl₂
- 再炭酸化処理施設
- Q2, Q5
- 石灰再生装置
- CO₂
- 濾過処理施設
- Q6
- 活性炭吸収処理施設
- Q7
- Cl₂ 塩素注入施設
- Q9
- Q22A, Q22B
- Cl₂
- 逆浸透膜（低圧型）混合井
- Cl₂
- Q10 注入井戸
- パイプライン 海へ
- 深井戸

[石灰凝集処理工程]　[再炭酸化処理工程]　[濾過処理工程]　[活性炭吸収処理工程]　[逆浸透膜による脱塩処理工程]

注1．Q1〜Q10，Q22A，Q22B：水質モニタリング箇所
注2．石灰，ポリマー，Cl₂：石灰投入，凝集剤注入，塩素注入

図 4.1　Water Factory-21 処理工程のフロー[1]

表 4.1　各処理段階における水質の比較[1]

水質項目	2 次処理水 Q1	化学処理後 Q2	濾過処理後 Q6	塩素処理後 Q9	RO 処理後 Q22B
TDS (mg/L)	940	1 010	997	921	90
Ca (mg/L)	86	90	85	85	1.3
Mg (mg/L)	23	2	2	4	0.0
Na (mg/L)	178	231	225	194	22
K (mg/L)	14	14	14	14	1.1
B (mg/L)	0.79	0.63	0.63	0.59	0.52
F (mg/L)	1.3	0.9	0.9	0.74	0.15
Cl (mg/L)	236	263	279	299	28
Alkalinity (mg/L)	204	253	154	50	17
SO₄ (mg/L)	269	261	285	258	3
全大腸菌数 /100 mL	4.2×10^5	0.3	<0.3	<0.3	1.4
糞便性大腸菌数 /100 mL	4.3×10^4	0.03	<0.3	<0.3	<0.3
COD (mg/L)	47	27	25	8.4	0.9
TOC (mg/L)	14	11	11	5	1.0
Gross Alpha, pci/L	1	0.8	0.8	0.6	0.8
Gross Beta, pci/L	21	16	13	14	

注）Q1〜Q22B：水質テストのサンプリング地点

4.1.2 イスラエル・シャフダン排水処理プラント

(1) 概　要

　イスラエルは水資源の乏しい国であり，非従来型の水資源である排水を再生処理し，再利用することに国を挙げて積極的に取り組んでいる。2010年時点で年間約4億m^3もの再生処理水が主に農業用水を中心に再利用されている[4]。特に，テルアビブ都市圏（22市町を含むイスラエル中部）からの排水は100％再生処理され，灌漑用水として利用されている。イスラエルでは，農業用水に占める処理排水の使用割合は，2003年時点で約17％であり，2020年までに50％を占める計画である[4]。イスラエル国内に120基の排水処理プラントがあるが，その中で最大の規模を誇るのが，シャフダン（Shafdan）排水処理プラントである。**写真4.2**はシャフダン排水処理プラントの空撮写真である。

写真4.2　シャフダン排水処理プラント（2015年）（提供：イスラエル・ダン地域環境インフラ協会（IGUDAN））

(2) 処理内容

シャフダン排水処理プラントは，年間1.3億m^3（380 000 m^3/d）もの処理能力を有し，国内の総処理能力の32.5％を占める[4),5)]。この排水処理プラント（WWTP: Wastewater Treatment Plant）で処理された再生水は，最近15年間にわたりネゲブ砂漠西部の灌漑に用いられてきた。現在では約750 haの灌漑に用いられている。極端な水不足が生じている時期には，再生水は飲み水として利用することができる。

シャフダン排水処理施設は，周辺の自然環境をうまく活用して造られている。例えば，近くのリション・レジオン（Rishon Letzion）およびヤブネ（Yavne）の砂質地帯は浄化過程において，天然のフィルターとして使われる。この施設は，Dan地域の200万人分の年間1.3億m^3の下水（178 L/人/d）を処理している[5)]。イスラエルの国営水公社（Mekorot）は，シャフダンの施設とその揚水機場を管理運用している。シャフダンプラントからの高度処理水は，上述の砂質地帯に導水し，そこで砂層に浸透させる。これらの地域から帯水層へ涵養された高度処理水は，そこで400日間放置され自然の持つ物理的，化学的，生物的浄化作用を受けて水質は一層良好になり，貯留機能も高まる。この再生水の水質は非常に良好であらゆる形態の灌漑にも適している。イスラエル政府は，幾つかのインセンティブ（割り当て水量の増加，水利費の減額，水供給保証）を設けて，再生水の灌漑利用を奨励している。ネゲブ砂漠西部では再生水を用いて，柑橘，ダイコン，ジャガイモ，レタス，小麦，花卉などが栽培されている[5)]。

4.1.3　エジプトの排水再利用

(1) 概　要

ナイルデルタにおける排水の再利用は排水計画の実施に並行して，1930年代から行われてきた。現在までに，デルタの南部を中心に約30億m^3/yの排水が灌漑用に利用されている。目下，三つの大きな排水再利用計画が進められている。すなわち，東部デルタのエルサラーム（El Salaam）水路，中部デルタのバティタ（Batita）ポンプ場，西部デルタのオモーム（Omoum）排水計画である。これらの計画によって，約27.5億m^3/yの排水

が新規に灌漑用に利用される見込みである。

さらに近い将来，デルタの各地で約3億 m^3/y の排水再利用が計画されている。これには，二次用水路の用水と二次排水路の排水との混合利用など，末端レベルでの排水再利用が含まれる。したがって，すでに利用されている30億 m^3/y の排水に，計画分約30億 m^3/y を加えれば，近い将来に再利用される排水の総計は約60億 m^3/y となる。海への流出分は約80億 m^3/y に減少する。

(2) 将来的に再利用の可能な排水量の試算

現在，約140億 m^3/y がデルタの農業用排水システムから地中海へ排水されている。この排水を塩分濃度別に分類すれば，**表4.2** のようになる[6]。一方，USDA の水質基準では，灌漑水の塩分濃度水準に応じた栽培上の注意事項を **表4.3** のように整理している[7]。

エジプトで栽培される綿以外の主な作物は，普通の耐塩性である。したがって，大半の作物は，塩分濃度が1 000 mg/L を超えると，何らかの悪影響を被る。このことは，塩分濃度が1 000 mg/L 以下であれば，灌漑用水として

表4.2 ナイルデルタから海への排水の塩分濃度別内訳[6]

塩分濃度 （mg/L）	排水量 （億 m^3/y）
＜ 1,000	10.78
1 000 – 1 500	62.61
1 500 – 2 000	24.70
2 000 – 3 000	5.31
＞ 3 000	33.20
合計	136.63

表4.3 灌漑水の塩分濃度と栽培上の注意事項[7]

塩分濃度 （mg/L）	EC （dS/m）	摘　要
＜ 500	＜ 0.75	・作物に害はない
500 - 1 000	0.75 - 1.50	・弱塩性作物には有害
1 000 - 2 000	1.50 - 3.00	・多くの作物に有害，注意深い管理必要
2 000 - 5 000	3.00 - 7.50	・透水性土壌と注意深い管理のもとで，限られた耐塩性の作物のみ栽培可

表4.4 排水と真水との混合比基準（DRI）[7]

排水の塩分濃度 TDS（mg/L）(DW)	混合比 （排水：用水）	混合後の目標塩分濃度 TDS（mg/L）*
＜1 000	直接使用（混合しない）	
1 000 – 1 500	1:1	875（when DW=1 500）
1 500 – 2 000	1:2	835（when DW=2 000）
2 000 – 3 000	1:3	938（when DW=3 000）
＞3 000	使用不可	

*灌漑水（ナイル川の水）の塩分濃度は250mg/Lと仮定している。

使えることを意味する。

　排水研究所（DRI）が提案している塩分濃度の高い排水と用水路の真水との混合利用の基準を**表4.4**に示す[7]。この混合比率は，用水路の真水の塩分濃度を約250 mg/Lとして求めた。このような混合比率にすれば，混合後の塩分濃度を1 000 mg/L以下に抑えることができ，灌漑水として使用可能となる。

　表4.4のDRIの基準によれば，排水の塩分濃度が3 000 mg/L以下であれば，希釈利用が可能である。したがって，**表4.2**から約100億m^3/yの排水が再利用可能と計算される。

　また，ナイルバレー，デルタにおける塩類収支を考慮して試算した結果からは，現在地中海へ排水している水量140億m^3/yのうち，90億m^3/yは再利用可能と推定されている[8]。しかしながら，このような排水再利用が土壌，作物および地下水に及ぼす長期的影響については，今後慎重に検討する必要がある。

（3）Khandak El-Gharby 排水路における排水再利用の例

　この地区は西部デルタに位置し，1975年から排水再利用が行われている。Khandak El-Gharby排水路の排水をポンプにより，Khandak El-Sharaki水路のAbu-Diab El-Ausat支線へ揚水し，希釈利用するものである。ポンプ場には揚水量2.5 m^3/sのポンプが4基据えられている。実際に稼動するのは3台までで，1台は非常時の予備である。したがって，排水の揚水量は最大7.5 m^3/sとなる。

表 4.5 Khandak El-Gharby 地区の排水再利用量と塩分濃度の経年変化[8]

項目	1980	1984	1985	1986	1987	平均
排水の再利用量（百万 m^3/y）	95	96	66	74	81	82
塩分濃度（mg/L）	901	721	775	709	624	750

この地区では，排水の希釈率は 10 〜 22％の範囲で管理されている。

ポンプ機場は排水局で管理されるが，日々の排水の揚水量は，灌漑局や機械電気局の三者で協議しながら決定する。原則としてポンプの運転は，排水路水位が＋ 1.4 m 以上になったとき，および用水量が不足するときである。したがって，この地区の場合，排水路水位の管理をも併せて行っていることになる。ポンプの稼動時間は，普通 8 h/d であるが，最盛期には 24 h/d となる。

表 4.5 は，本地区の 1980 〜 1987 年における再利用した排水の量とその塩分濃度の変化を示す[8]。

4.2　海水・塩水の淡水化利用

淡水資源が極端に不足する乾燥地域に位置する国々では，湾岸産油国などの高所得国を中心に，水資源を補うため脱塩処理プラントへの依存度が高まっている。脱塩処理装置利用の最初の例として，アメリカの船舶ですでに 100 年以上も前に蒸留式脱塩装置を装備していたとの報告がある。陸上での水供給に脱塩処理が適用されはじめたのは 1960 年代の後半になってからのことである。日生産量が 100 m^3 を超える処理プラントの数は 1980 年代に急増し，1986 年末に 3 527 カ所であったものが，1989 年末には 120 カ国 7 536 カ所で稼働するまでになった[9]。現在では，世界 150 カ国以上で約 1 万 5 000 のプラントが稼動しており，約 3 億人に脱塩処理水が供給されている[10]。

地球全体の脱塩処理能力についてみれば，1970 年に日量約 100 万 m^3/d であったものが，1989 年には約 1 330 万 m^3/d と一挙に約 13 倍に伸び[9]，さ

らに2008年では4 760万 $m^3/d^{11)}$，2013年で7 840万 $m^3/d^{12)}$ と猛烈な勢いで拡大している。最近5年間で年間平均10.5%という驚異的な伸び率で普及したことになる。ここ当分，年間平均9.6%という高い伸び率での普及が続くと予想されており[10]，2020年には1億5 000万 m^3/d に近づくと推定される。淡水化市場は急拡大の一途をたどっている。

　世界の脱塩処理能力の半分以上は中東と北アフリカの石油産油国に集中している。地域別に処理能力をみれば，中東が45%，北アメリカ17%，ヨーロッパ13%，アジア13%，北アフリカ7%，カリブ海地域2%，豪州・太平洋地域1%である[13]。伝統的に湾岸地域が圧倒的に多く，すべての国が給水の60%以上を淡水化技術に依存している[14]。国別でみれば，2008年時点で世界最大の淡水生産国はサウジアラビアで17%を占め，次いでUAEが14%で2位，アメリカが3位で14%，以下スペイン9%，中国4%となっている[15]。

　今日使用されている主な脱塩処理方式には，蒸留式（Distillation），逆浸透式（Reverse-osmosis），電気透析式（Electrodialysis，逆電気透析式（Electrodialysis reversal）を含む）の3方式がある[16]。蒸留式は熱分離法であり，逆浸透式と電気透析式は膜分離法である。これらの処理方式で対象とする原料水の全可溶性塩類（TDS）の濃度は，蒸留式が一般に30 000～100 000 mg/L，逆浸透式が1 000～45 000 mg/L以下，電気透析式および逆電気透析式が100～3 000 mg/L以下である[17]。

　上記の主要な3方式の世界の普及状況を処理能力ベースでみれば，1990年代では蒸留式が全体の70%を占め，逆浸透式が25%，電気透析式が5%であったが，2003年には蒸留式は43%に後退，逆浸透式が51%と急伸し，電気透析式は5%であった[18]。さらに，2010年には逆浸透式が60%，蒸留式が35%，電気透析式が4%と逆浸透式の普及が著しい[19]。

　表4.6に各脱塩処理方式の運転特性を一覧にして示す[16),20)]。脱塩対象水の内訳は，海水が約60%で，鹹水が約40%である[10]。

　図4.2に世界の海水淡水化プラント新規契約予測[21]を示すが，今後は圧倒的に膜分離法，とりわけ逆浸透式プラントが採用される傾向が強い。

表 4.6 脱塩処理方式別運転特性の比較 [17),20)]

項　目	単位	MSF	MED	RO	ED
前処理		不要	不要	必要	必要
熱エネルギー消費量	kWh/m^3	80.6	80.6	0	0
電気エネルギー消費量	kWh/m^3	2.5 - 3.5	1.5 - 2.5	3.5 - 5.0	1.5 - 4.0
運転温度	℃	90 - 110	70	室温	室温
原水の塩濃度 (TDS)	mg/L	30 000 - 100 000	30 000 - 100 000	1 000 - 45 000	100 - 3 000
脱塩後の塩濃度（TDS）	mg/L	＜ 10	＜ 10	＜ 500	＜ 500
処理コスト	US$/m³	1.0-2.0 (大規模プラントの場合は 0.5)		エネルギーコストとプラントの位置に大きく依存	
市場占有率（2010）	%	27	8	60	4

MSF：多段フラッシュ蒸留式
MED：多重効用蒸留式
RO　：逆浸透膜式
ED　：電気透析式

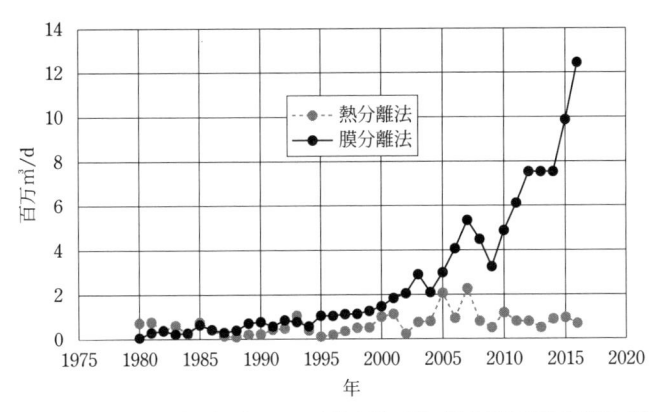

図 4.2 世界の海水淡水化プラントの新規契約予測（膜分離法対熱分離法）[21)]

4.2.1　蒸留式

　サウジアラビアのアル・ジュベイル（Al Jubail）淡水化プラント（**写真 4.3**）のように日生産量が 100 万 m³ という大規模プラントでは，通常，蒸留式を利用する[9)]。蒸留式は，塩水を熱して発生した蒸気を凝縮して淡水を取り出す方法（熱分離法）である。なかでも主に多段フラッシュ蒸留式（MSF: Multi Stage Flash Distillation）が採用されており，この方式だけで脱塩処理全体に占める割合は，1984 年に 67％，1989 年に 56％，2003 年に 43％，2008 年に

●第4章●非従来型水資源の利用と管理

写真 4.3 アル・ジュベイル淡水化プラント（サウジアラビア）（提供：株式会社ササクラ）

は27%と減少傾向にあるものの，巨大プラントや発電も兼ね備えたプラントは，まだ重要な役割を果たしている [9),18),19)]。また，最近はMSFよりもエネルギー使用効率のよい多重効用蒸留式（MED: Multi Effect Distillation）が2008年に世界シェアの8%を占めており普及しつつある [19)]。

(1) 多段フラッシュ方式（MSF）の概要

　MSFは，海水を熱して蒸発（フラッシュ）させた後，冷却して真水にする（海水を蒸留して真水をつくる）方式である。熱効率をよくするため大気圧より低い圧力下で蒸留（減圧蒸留）される。実用プラントでは多数の減圧室を連続的に組み合わせているので，この名でよばれている。生成水の塩分濃度は5 mg/L未満程度と低い [22)]。生活用水用の淡水製造方式として最も安全で信頼性が高いが，飲料水用にはミネラル分を添加する必要がある。大量の淡水を作り出すことができ，原水である海水の品質に影響されない（前処理不要）というメリットがあるが，デメリットとして熱効率が悪く，多量のエ

ネルギーを投入する必要がある（**表 4.6** 参照）ので，近年逆浸透式にその座を奪われてしまった。

MSFは，大量のエネルギーを必要とするため，エネルギー資源に余裕のある湾岸産油国に多く採用されている。そこでは飲用水のほとんどをこれら脱塩プラントで生産している。日本からはササクラ，三菱重工，IHI，日立造船などのメーカーのプラントが輸出されている[22]。熱源としては火力発電所の復水や油井から発生する随伴ガスや精製時に発生する排ガスが利用され，冷却には海水が使用される。このためMSF式海水淡水化プラントは，海岸沿いの適地に精油所や火力発電所と併設される場合が多い[22]。

すなわち，発電プラントと脱塩プラントを同時に建設し，発電の余熱を利用して脱塩処理を行う方法が多く採用されている。湾岸諸国の脱塩プラントは発電も兼ね備えたMSFが伝統的に多く1990年ごろには97％以上を占めていた[16]。

サウジアラビアの海水淡水化公団（SWCC）ではMSFの大型海水淡水化プラントを多数稼動させている。例えば，2009年現在の世界最大の海水淡水化プラントは，同公団がアル・ジュベイル（**写真 4.3**）に持つMSFプラント46基であり，日量100万 m^3 の能力を有する[13]。サウジアラビアではこれらを工業用水や一般家庭用水の主水源としており，さらに余剰の淡水を農

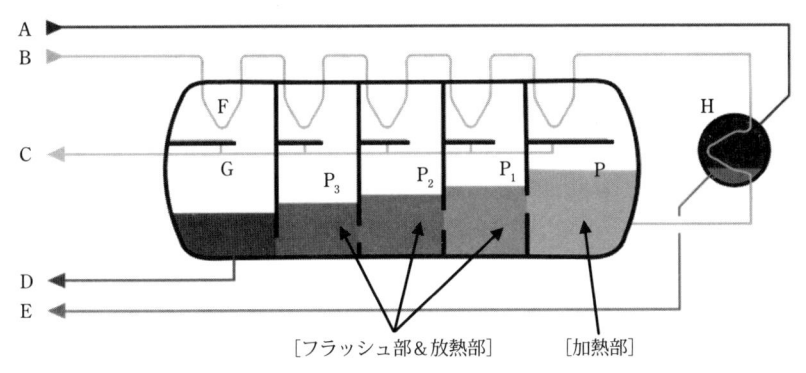

A - 水蒸気入口，B - 海水入口，C - 淡水出口，D - 濃縮水出口，E - 水蒸気出口，F - 熱交換，G - 濃縮水貯槽，H - 海水加熱器，P,P1,P2,P3–各スラージの圧力: P>P1>P2>P3>–

図 4.3 多段フラッシュ蒸留式（MSF）の概念図 [23]
（ウィキペディアを北村改変）

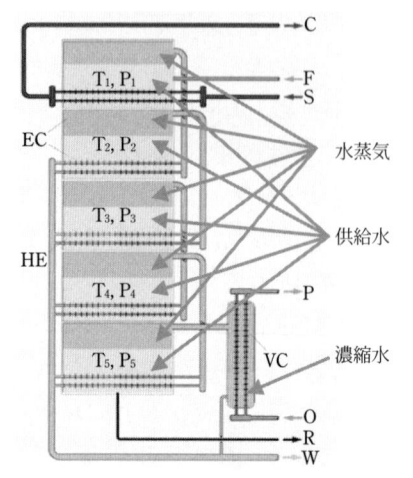

図4.4 多重効用蒸留式（MED）の概念図 [25]
（ウィキペディアを北村改変）

図中凡例：
第1段は最上部
F：給水（海水）入口
S：加熱水蒸気入口
C：加熱水蒸気出口
W：淡水（凝縮）
R：塩水出口
O：冷却水入口
P：冷却水出口
VC：最終段のクーラー

T_i：上からi番目の蒸発室の温度
P_i：上からi番目の蒸発室の圧力
$T_1>T_2>T_3>T_4>T_5$, $P_1>P_2>P_3>P_4>P_5$

業用水としても利用している。図4.3にMSFの概念図を示す[23]。

(2) 多重効用方式の概要 [24]

多重効用蒸留式（MED）は，蒸発室（効用缶）を多数並べて，最初の効用缶中の海水を加熱する。ここで蒸発した蒸気を次の効用缶の過熱蒸気として使用し，これを順次繰り返して蒸発させる方法である。MSFに比較して，よりエネルギー使用効率がよいので，環境負荷が低い。図4.4に多重効用蒸留式（MED）の概念図を示す[25]。

4.2.2 逆浸透式

逆浸透式（RO）は塩水に高圧をかけて水分だけ膜を通過させ，浮遊あるいは溶解している物質を取り除く方法である。当初高い圧力範囲での操作に高コストがかかっていたが，近年海水で55～65kg/cm^{2}の，鹹水で10～15kg/cm^{2}前後の低圧力で運転可能となり[17]，運転コストの節減と高水準の水質を得ることに成功している。逆浸透法は，幅広い水質条件に柔軟に対応できるので，脱塩処理全体に占める割合は2010年に60％を占め，さらに増加傾向にある。

4.2 海水・塩水の淡水化利用

逆浸透式の場合，原水が RO 膜を通過する前の前処理が必要である。前処理は原水の懸濁物質や有機物などをあらかじめ除去することにより，RO 膜を目つまりなどから守るもので，精密除濁膜（精密ろ過（MF）膜，限外ろ過（UF）膜）が使われる。脱塩処理コストは大規模な海水プラントの場合 0.50～1.55 US\$/m^3，鹹水の場合 0.2～0.3 US\$/m^3 であり，まだほかの水資源に比べて割高であるが，従来型水資源はひっ迫気味でコストは上昇傾向にあるのに対し，脱塩プラントは技術革新によるコストダウンが期待できるので，今後の伸びが期待される。海水の淡水化に要する逆浸透式脱塩プラントの全運転経費の構成比率は次のとおりであり，エネルギー経費と建設費（償還費）が 81％と大部分を占めている。建設費（償還費）37％，エネルギー経費 44％，維持管理費 7％，逆浸透膜経費 5％，人件費 4％，薬品費 3％である[17]。

我が国は，RO 膜の開発技術で世界をリードしており，海水淡水化用の RO 膜については，日本のメーカーが世界市場の 60％以上を占め，前処理用の精密除濁膜についても，日本のメーカーが 40％を占めている[10]。膜処理技術は我が国が世界に誇れる水処理技術であり，さらなる高性能化，低コス

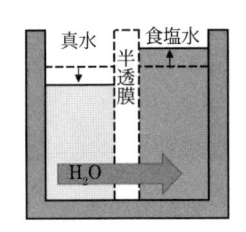

塩濃度別の浸透圧
1 000 mg/L…0.7 kg/cm^2＝0.68気圧＝7 mH$_2$O
2 000 mg/L…1.6 kg/cm^2＝1.44気圧＝16 mH$_2$O
35 000 mg/L…27.7 kg/cm^2＝26.8気圧＝277 mH$_2$O

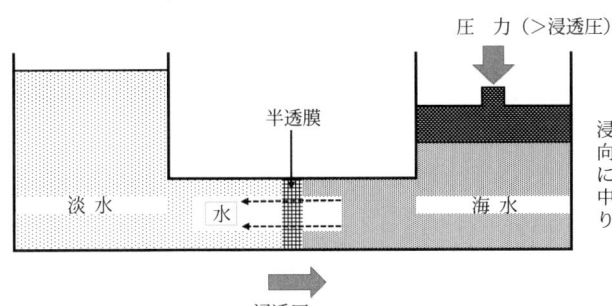

浸透圧より大きな力を逆方向（海水側）に加えることにより，半透膜を経て海水中の真水のみを淡水側に取り出すことができる。

浸透圧
（同じ濃度になろうとする力）

図 4.5　逆浸透膜の原理

図4.6 逆浸透膜モジュールの構造[26)]
(出典:東レ(株)(二次使用は禁止))

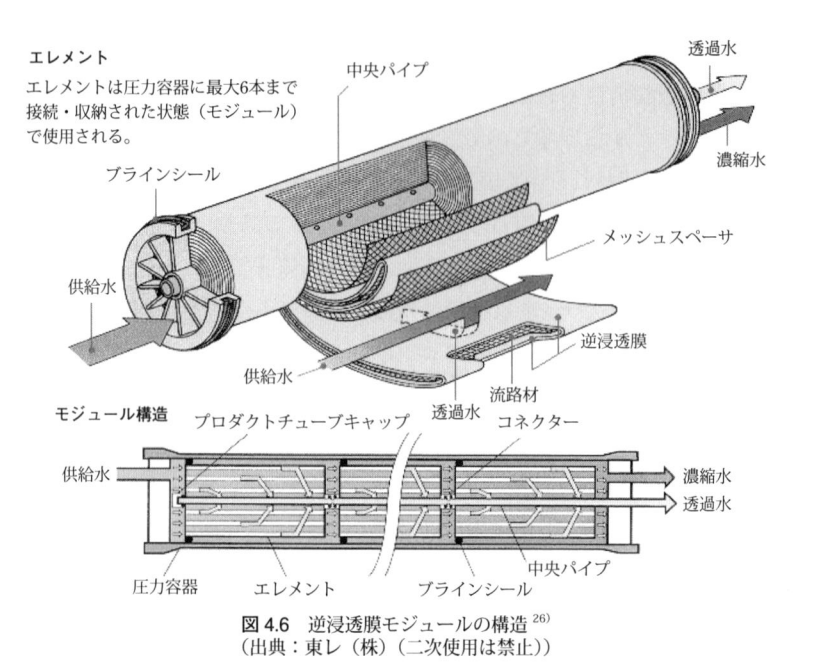

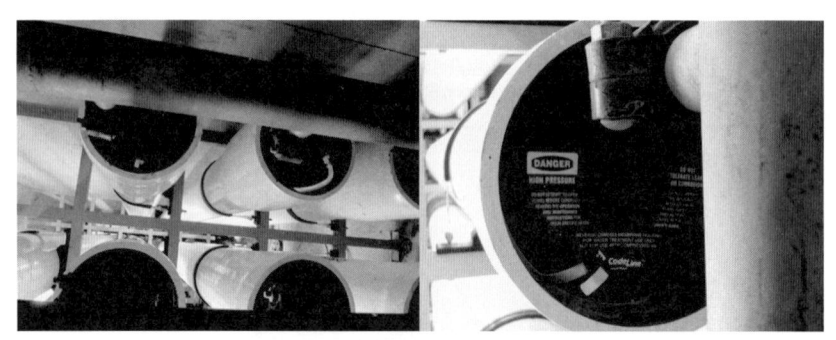

写真4.4 パレスチナ自治区で塩分濃度の高い地下水を逆浸透膜法により淡水化している小規模なプラント(2013年8月27日,撮影:北村義信)

ト化が期待される。

　図4.5に逆浸透膜の原理を示す。図4.6に逆浸透膜モジュールの構造を示す[26)]。**写真4.4**にパレスチナ自治区に導入された小規模な逆浸透膜プラントを示す。

4.2 海水・塩水の淡水化利用

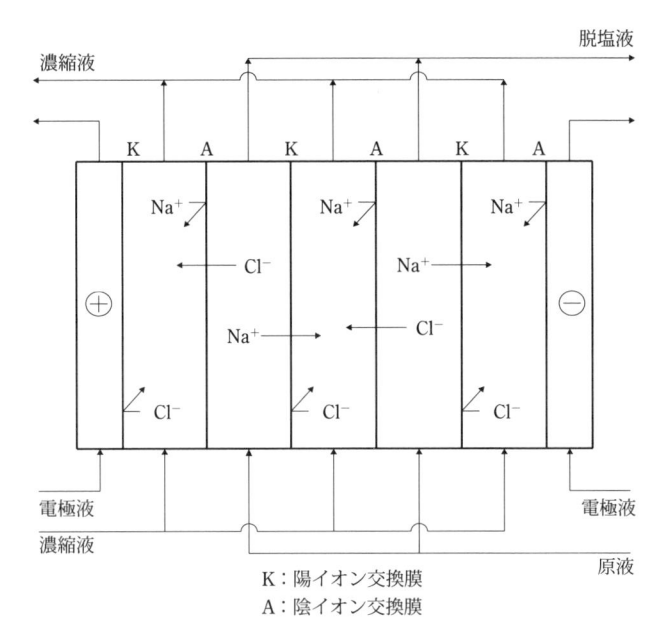

図 4.7 電気透析式の原理

K：陽イオン交換膜
A：陰イオン交換膜

写真 4.5 イオン交換膜電気透析槽（このプラントでは海水を6〜7倍に濃縮するために使用されている）[27]
（提供：ダイヤソルト株式会社）

4.2.3 電気透析式

膜分離法の一つで,膜を使って,主に塩水,汽水を淡水化するのに用いられる方法が電気透析式(ED)である。

塩分が水に溶けると,陽イオンと陰イオンに分かれる。陽イオンのみを通す陽イオン交換膜と,陰イオンのみを通す陰イオン交換膜で隔離された間に塩水,汽水を入れイオン交換膜の外側を陽極に,陽イオン交換膜の外側を陰極にして直流電圧をかける。

すると,陰陽両イオンはおのおの膜の外側に引き抜かれ,膜と膜の間に淡水が残るので,この淡水を取り出す。この方法は,溶液中のイオン濃度が高くなるとそれだけ電力,すなわちエネルギーが必要となるため,主に塩分濃度の低い(10 000 mg/L 以下の)塩水,汽水の淡水化に用いられている。

図 4.7 に電気透析式の原理を示す。**写真 4.5** には,イオン交換膜電気透析法を用いて,海水を濃縮し,製塩する装置を示す[27]。

《引用文献》

1) 村上雅博(1994):膜分離技術を組み込んだ解放系循環水利用計画のシナリオ―米国サンタナ水系 OCWD Water Factory-21 の再生水/地下水涵養プロジェクト―, 河川, No.574, pp.67-78
2) ACWA(Association of California Water Agencies)(2010):Water recycling. www.acwa.com
3) Markus, M. and Deshmukh, S. (2010): An innovative approach to water supply—The groundwater replenishment system. World Environmental and Water Resources Congress 2010, pp.3624-3639. doi: 10.1061/41114(371)369.
4) Wikipedia (2014): Water supply and sanitation in Israel.
   http://en.wikipedia.org/wiki/Water_supply_and_sanitation_in_Israel
   (参照:2014 年 1 月 6 日)
5) Duke (Nicholas School of the Environment): Shafdan Wastewater Treatment.
   http://sites.nicholas.duke.edu/eos406/projects/shafdan/(参照:2014 年 1 月 16 日)
6) Ministry of Public Works and Water Resources, Egypt (1988): Rehabilitation and improvement of water delivery systems in old lands (Final Report).
7) DRI (1985): Criteria for mixing saline drainage and fresh canal water.
8) El-Quosy, D. D. (1988): The reuse of drainage water projects in the Nile Delta (the past, the present and the future), Water Science, No.4, pp.70-78.
9) The World Resources Institute (1992): Freshwater, World resources 1992-93, Oxford

10) 吉村和就（2015）：世界の海水淡水化市場の現状．ENECO 2015-10, pp.1-2. http://gwaterjapan.com/writings/1511current.pdf
11) IDA (International Desalination Association) and GWI (Global Water Intelligence) (2008) : Worldwide Desalting Plant Inventory
12) IDA and GWI (2013) : Worldwide Desalting Plant Inventory
13) 平井光芳（2009）：海水淡水化技術の普及と課題．中国科学技術月報，第 33 号 http://www.spc.jst.go.jp/hottopics/0907water/r0907_hirai.html
14) JETRO（日本貿易振興機構）(2010)：湾岸協力会議（GCC）加盟国における水事業（海水淡水化、給水、廃水処理）に関する調査報告書
https://www.jetro.go.jp/ext_images/jfile/report/07000384/GCC_mizujigyou.pdf
15) Koschikowski, J., 2011, Water Desalination: When and Where Will it Make Sense?, presentation at the 2011 Annual meeting of the American Association for the Advancement of Science, Fraunhofer Institute for Solar Energy Systems (ISE).
16) Murakami, M. (1995) : Reverse-osmosis desalination, Managing water for peace in the Middle East, United Nations University Press, pp.251-266.
17) Fritzmann, C., Lowenberg, J., Wintgens, T. and Melin, T. (2007) : State-of-the art of reverse osmosis desalination. Desalination, 216: pp.1-76.
18) （社）日本原子力産業協会・海水の淡水化に関する検討会（2006）：海水淡水化の現状と原子力利用の課題—世界的不足の解消をめざして—
19) IDA (2011) : Year book 2010-2011.
20) IEA-ETSAP and IRENA (2012) : Water desalination using renewable energy: technology brief.
https://www.irena.org/DocumentDownloads/Publications/IRENA-ETSAP%20Tech%20Brief%20I12%20Water-Desalination.pdf （参照：2016 年 3 月 5 日）
21) Global Water Intelligence (2010): The desalination market 2010.
http://desaldata.com/marketprofile/desalination-market-2010
（参照：2014 年 1 月 18 日）
22) Wikipedia (2014)：海水淡水化とは
https://www.wikipedia.atpedia.jp/wiki/海水淡水化（参照：2014 年 1 月 18 日）
23) Wikipedia (2014): Desalination.
http://en.wikipedia.org/wiki/Desalination（参照：2014 年 1 月 18 日）
24) 伊坪徳宏・原田幸明（2010）：環境エネルギー材料に関わる LCA に関する文献のレビュー作成報告書，独立行政法人物質・材料研究機構元素戦略センター，pp.177-182
25) Wikipedia (2014): Multiple-effect distillation.
http://en.wikipedia.org/wiki/Multiple-effect_distillation（参照：2014 年 1 月 18 日）
26) 東レ株式会社（2016）：東レ逆浸透膜エレメント
http://www.rist.or.jp/atomica/data/pict/01/01040303/07.gif（参照：2014 年 1 月 18 日）
27) ダイヤソルト株式会社（2016）：イオン交換膜電気透析槽
http://www.diasalt.co.jp/ja/business/ionkookanmaku.html（参照：2016 年 2 月 25 日）

第5章
乾燥地の灌漑農業と環境問題

　世界の農地面積 15 億 ha の約 20％が灌漑農地で，世界の食料生産量の約 40％を生産しており，食料需要を満たすうえで，灌漑が大きな貢献をしてきたことは広く知られている。しかしながら，灌漑を基軸にした集約的農業への投資は，環境コストの増大と水土の劣化をもたらした。本章では大規模灌漑農業と環境問題について述べる。

5.1　地表水に依存した灌漑農業

　灌漑農地の世界的な分布は非常に偏っており，その3分の2は中国，インド，パキスタン，ロシア，アメリカに集中している。特に，前三者で灌漑農地の食料生産量の 50％以上を占める。最近，灌漑事業は先進国を中心に停滞気味であるが，1961～1980 年の 20 年間は灌漑事業の最盛期で，世界各地で大規模な灌漑事業が展開された。ここでは，河川水に依存した代表的な大規模灌漑農業を例示し，環境に及ぼす影響などの問題点とその改善案について概観する。

5.1.1　中央アジア・アラル海流域の大規模灌漑による水環境災害

　アラル海は天山山脈とパミール高原をそれぞれ源流とするシルダリア川とアムダリア川が流入する世界第4位の水面積 67 000 km^2（貯水量 1 050～1 100 km^3）を誇る陸封塩湖であった。第二次大戦後，旧ソ連はその2流入河川の中・下流域に広がる広大な乾燥地帯を，綿花を中心とする農業地帯に

変革させる大灌漑事業を展開してきた。特に1959年のアムダリア川からトルクメニスタンのカラクーム水路への導水を皮切りに，以降，八つの主要灌漑システムへの給水のため，両河川からの大量取水が継続して行われた。カラクーム水路は延長1 400 kmを有し，世界最長である。両河川からの取水量は少なくともカラクーム水路が13 km^3/y，アムバカール水路とカルシンスキー水路がそれぞれ5 km^3/yの計23 km^3/yである[1]。灌漑面積は，1960年の約450万haから1980年にはほぼ700万haへと大幅な伸びを示した。この間に，人口は1 400万人から2 700万人へ，取水量は年64.7 km^{3}から120 km^3（90％以上は農業用）へとそれぞれほぼ倍増している。1999年にはこの地域の灌漑農地面積は，790万haに達し，取水量は年110〜117 km^{3}の範囲で変動している。

　両河川からのアラル海への流入水量は，1960年以前には55 km^3/yでアラル海からの年間水面蒸発量を若干上回っていた。しかし，1970〜85年の河川流入量は16.5 km^3/yと年間水面蒸発量の35.2％にまで減少した。さらに1980〜90年の10年間には，わずか7.1 km^3/yまで減少している[2]。1960年のアラル海水位は標高53.4 mであったが，2006年の大アラルの水位標高は30.4 mと46年間で23 mも低下（図5.1参照）し，水面積は16 500 km^{2}と4分の1に，貯水量は105 km^{3}と10分の1にそれぞれ大幅に減少している[3]。塩分濃度も60年に10 g/Lであったものが，2007年に大アラルでは100 g/L

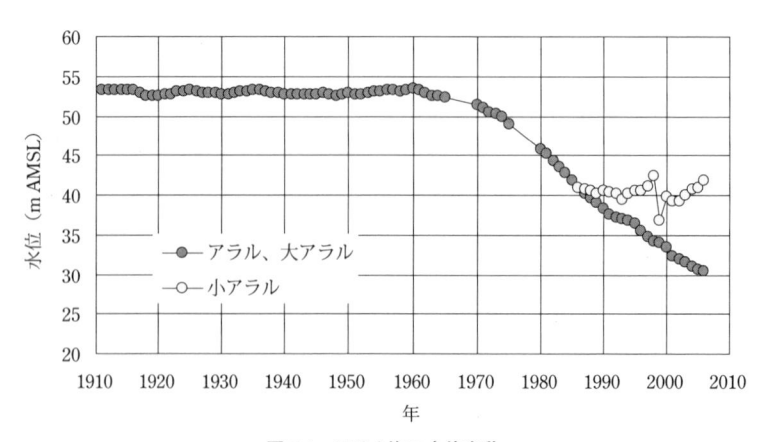

図5.1　アラル海の水位変動

写真 5.1 塩類集積により耕作放棄された圃場（カザフスタン・クジルオルダ州シャメーノフ農場サルタバン灌漑区）（撮影：北村義信）

を超えるまでに増加している[4]。

　主な栽培作物は，水消費量の多い綿花，水稲に加え，小麦，トウモロコシ，牧草である。この灌漑面積の拡大に伴う取水量の大幅な増大が，アラル海への流入水量を激減させたため，湖面蒸発量との水収支が崩れ，湖面積の大幅な縮小と塩類濃度の急激な上昇をもたらした。アラル海は北の小アラルと南の大アラルに1987年に分断され，その縮小は大アラルにおいては猛烈な勢いで現在も進行している。この一連のプロセスにより，アラル海での漁業の消滅，農薬の流域汚染，周辺住民の深刻な健康被害，流域環境・生態系の劣化をはじめとするさまざまな問題を誘発してきたことは周知のとおりである。加えて不適切な水管理により，灌漑農地においてウォーターロギング（waterlogging：湛水・過湿状態，以下，WL）と塩類集積（salinization）が深刻な問題となっていることはあまりにも有名である。この流域の灌漑農地の半分近くが塩類集積の影響を受けているといわれ，そのため耕作放棄が進んでいる（**写真 5.1** 参照）。

【灌漑農地の塩性化の事例】
（カザフスタン・クジルオルダ州シャメーノフ農場）

　農地における塩類集積問題に着目し，シルダリア川下流域に位置する，カ

ザフスタン共和国クジルオルダ州の灌漑農地を対象に，二次的塩類集積の発生原因を解明し，それを防止するために必要な対策について検討を行った。

1）灌漑農地の概要と塩類集積の現状

研究対象としたシャメーノフ農場は，シルダリア川の河口から約350 km上流の右岸に位置する旧ソ連時代の集団農場で，現在は民営化されている。その全体面積は19 200 ha で，このうち，農地は10％に当たる1 900 ha であり，分散的に分布している。農地の分布状況から，農地開発は主に灌漑水の供給が容易で，かつ低平な地形のところにおいて優先的に行われてきたと推測される。起伏があり，水供給が困難なところは開発されないで，放置されている。同農場では，農地の2.5割強の約500 ha が，強烈な塩類集積のため耕作されないで放棄されている（図5.2，図5.3，写真5.1）。

クジルオルダ地域では，水稲作を中心とする八年輪作体系が普及している。特に，灌漑区を8区に分け輪作を行う方式が一般的である。ここでは，その方式を八圃式輪作体系とよぶ。この体系の作付の順番は，1～2年目：水稲，3年目：休閑，4～5年目：水稲，6年目：小麦＋被覆作物としてアルファ

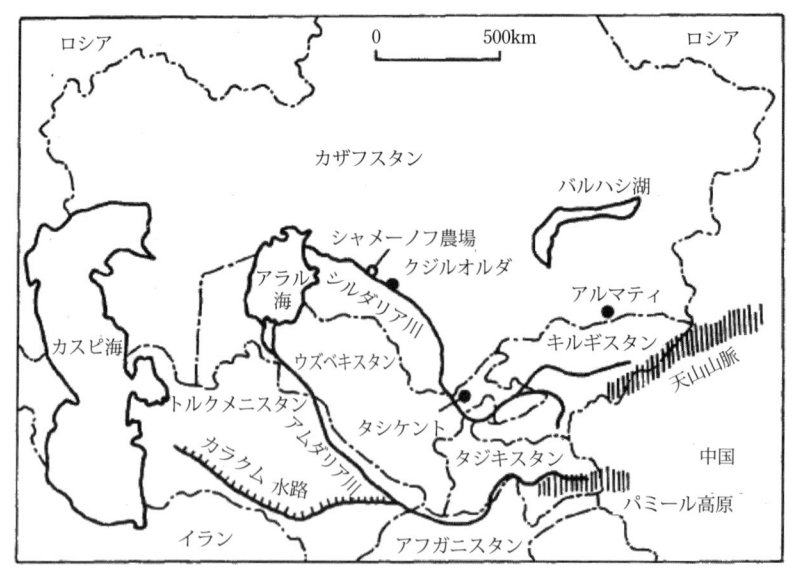

図5.2 アラル海流域と事例農場（シャメーノフ農場）の位置図

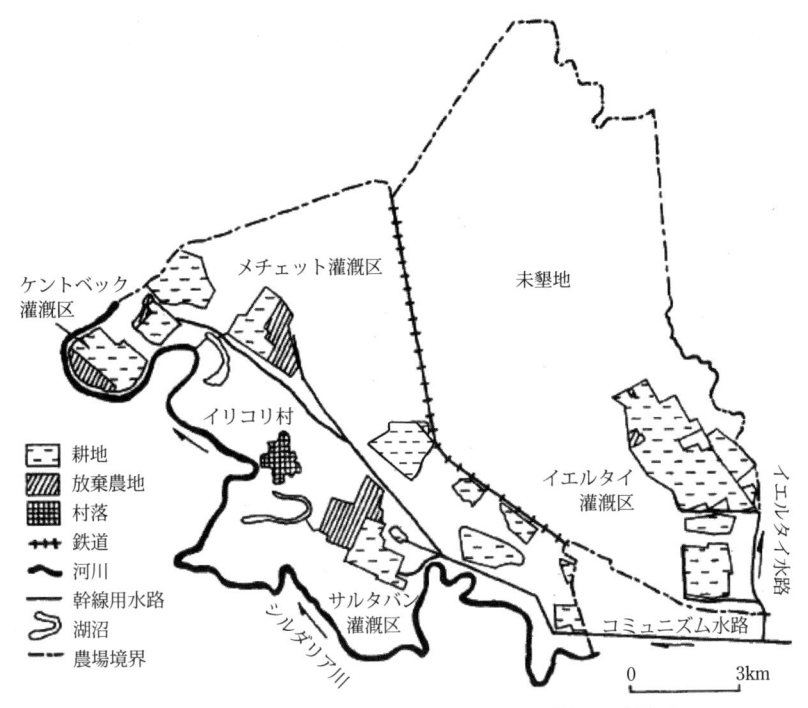

図5.3 事例農場(シャメーノフ農場)における灌漑区の配置図

ルファ,7〜8年目:アルファルファである。

表5.1は農場およびその周辺の地表水,地下水の水質について整理したものである[5]。電気伝導度(EC)は地表水が1.4〜3.8 dS/m(平均2.6 dS/m)であるのに対し,地下水は4.1〜73 dS/m(平均22.9 dS/m)と約10倍高くなっている。特に,放棄農地の地下水のECは異常に高い傾向を示す。放棄農地における土壌の飽和抽出液のEC(EC_e)は,極端に高くて100 dS/m程度にもなる。耕作されている農地でも放棄農地と隣接した農地では,20 dS/m程度のEC_e値を示している。このように,現在栽培を行っている農地でも,塩類土壌の指標である4 dS/mを大幅に超える塩類の集積がみられる。

ある灌漑区での塩類収支の調査結果を**表5.2**に示す[5]が,かなりの塩類が地区内およびその周辺に年々残留することが確認された。また,塩類集積はある特定の部分に集中する傾向がみられた。塩類集積が作物生産の可能な範

表5.1 シルダリア下流域における水質特性[5]

項目	単位	シャメーノフ農場およびその周辺の水質				灌漑使用可能範囲[6]
		地表水			地下水	
		河川水・水路流下水	水稲区湛水	排水路水	栽培農地・放棄農地	
EC	dS/m	1.31 - 2.88 (1.78)	1.84 - 3.06	2.63 - 4.40 (3.42)	4.13 - 73.00 (22.9)	0 - 3
TDS	mg/L	955 - 2 151 (1 285)	1 384 - 2 337	2 053 - 4 143 (2 620)	2 765 - 86 360	0 - 2000
Ca^{2+}	me/L	4.6 - 9.3	6.2 - 9.1	8.4 - 19.2	20.3 - 29.1	0 - 20
Mg^{2+}	me/L	5.6 - 11.3	7.3 - 12.7	11.6 - 18.3	20.8 - 437.0	0 - 5
Na^+	me/L	5.9 - 17.0	7.7 - 15.1	13.1 - 20.9	17.3 - 982.6	0 - 40
CO_3^{2-}	me/L	0	0	0	0	0 - 0.1
HCO_3^-	me/L	0	0	0	0	0 - 10
Cl^-	me/L	4.5 - 12.2	6.0 - 13.1	12.6 - 25.1	26.0 - 795.9	0 - 30
SO_4^{2-}	me/L	11.2 - 22.4	14.0 - 24.9	23.7 - 43.7	13.6 - 633.5	0 - 20
K^+	me/L	0.1 - 0.3	0.2 - 0.3	0.2 - 0.5	0.6 - 3.2	0 - 2
pH		7.6 - 8.14	7.75 - 7.94	7.62 - 8.10	7.42 - 8.14	6.0 - 8.5
SAR		2.46 - 6.08	2.70 - 5.36	4.13 - 5.04	3.68 - 129.36	0 - 15
Mg^{2+}/Ca^{2+}		1.05 - 1.44	1.10 - 1.72	0.95 - 1.63	0.90 - 15.90	0 - 1

表5.2 対象灌漑区(716 ha)の塩類収支[5]　　　　　　　　　　(単位：t)

年	流入量①	水路溶出②	周辺部集積③	水稲区溶出④	ブロック内集積⑤	流出量⑥
1997	-33,508	-945	+4 643	-1 972	+2 691	+29 091
1998	-24,923	-703	+3 452	-4 165	+1 825	+24 514

注）負値：ブロック内の塩類源；正値：ブロック内および周辺部への集積塩類と流出塩類
ブロック内および周辺部における集積塩類の増分（残留塩類量）
＝②＋③＋④＋⑤＝－（①＋⑥）
1997年：4 417 t（6.169 t/ha, 48.2 kg/ha/d）；　1998年：409 t（0.571 t/ha, 4.6 kg/ha/d）

囲以上になれば，その農地は耕作されないで放棄される．

2）塩類集積の起こる原因

一連の研究から[5),7),8)]，シルダリア川下流域で普及している水稲を基本とした作付体系における，二次的塩類集積の形成機構が明らかになった．その根本的な原因のほとんどは，水・土壌管理に関することで，次のように要約できる．

① 用水路からの大量の漏水

表 5.3　対象灌漑区（716 ha）内の水稲作付区における水収支[5]　　　（単位：mm）

年	水稲区面積	水稲区用取水量	水路損失	水稲区給水量	有効使用水量*	排水量
1997	384 ha	6 136 (2.32 m^3/s)	1 700	4 436	1 216 (9.5 mm/d)	3 220 (25.2 mm/d)
1998	537 ha	3 990 (2.23 m^3/s)	1 105	2 885	1 117 (9.1 mm/d)	1 768 (14.4 mm/d)

注）*有効使用水量＝蒸発散量＋降下浸透量

　この地域の水路は，一般に無舗装で施工もよくないため，搬送損失が多い。典型的な土水路での搬送損失の実測値は約 5.8%/km であった[5]。このような高い搬送損失は水路周辺の WL と塩類集積の原因となる。

② 用水路の低機能に起因する大量の用水管理損失

　ある灌漑区での水収支調査の結果より[5]，農地への灌漑水量は作物の必要水量に関わらず，水路の送水能力一杯の状態で取水されていることが判明した（**表 5.3**）。この理由として，1）極端に平坦な地形に加え，末端耕区内の劣悪な均平状況のもとで重力灌漑に必要な水頭を確保するため，2）水稲区の深水を確保するため，3）搬送損失分を補充するため，4）水価が約 0.7 US\$/1 000 m^3 と極端に安く農民の節水意識が希薄なため，などが挙げられる。

③ 排水路系の機能と管理の劣悪さ

　圃場排水路は十分な地下排水機能を有していないため，水稲区と畑作区間の水理的連続性の断続，および水稲区の余剰塩類の排除という本来の役割を果たしていない。このことは排水路水の塩類濃度が水稲区の土中水のそれよりはるかに低いことからも明らかである（**図 5.4**）[5]。水稲区からの浸透水は排水路の下方を経て移動し，隣接する畑作区の地下水位を上昇させ塩類集積を加速する。

④ 水稲作付区への過剰灌漑

　灌漑期を通じて水稲区へは大量の水が灌漑されている（**表 5.3**）[5]。これは水稲区湛水の塩類濃度の上昇を抑えるなどのためである。このことが隣接畑地の WL と塩類集積をさらに助長する。

⑤ 八圃式輪作体系の運用

　この地域で普及している八圃式輪作体系は，一つの灌漑区内に水稲区と畑作区を混在させることになる。このため，水稲区から畑作区への水移動，塩

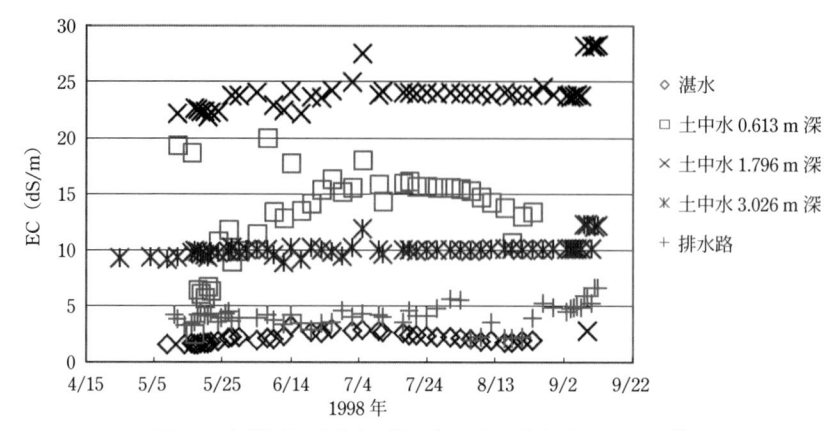

図5.4 水稲作付区土中水と排水路の電気伝導度（EC）の変化[5]

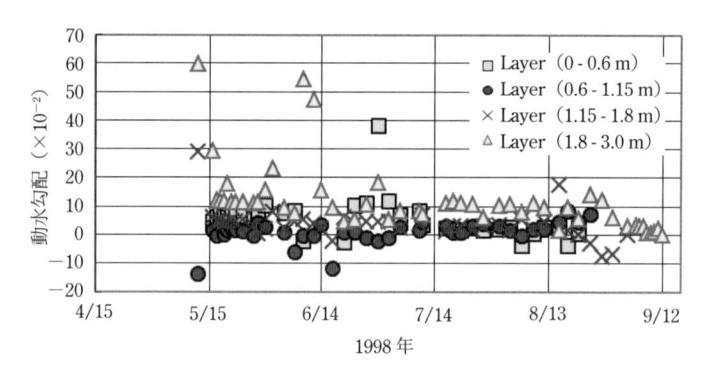

図5.5 水稲作付区土中水の動水勾配の変化（下向き：＋，上向き：－）[5]

移動が活発化し，畑作区において塩類集積が促進される[5]。
⑥ 粗雑な圃場均平と圃場水管理

　水田区の均平度は極めて劣悪である。例えば，ある耕区（2.4ha）の高低差は－15.4～＋14.9cmであり，別の耕区（1.8ha）では－17.9～＋16.6cmであった[5]。このような均平状況のもとでは，各耕区の最高位部を冠水するために湛水位を高く維持しなければならない。深水湛水は上記④の傾向を助長し，隣接畑地のWL，塩類集積に拍車をかける。
⑦ TDSが1 000 mg/Lを超える河川水の常時取水

　水源であるシルダリア川の塩類濃度は比較的高く，灌漑期間のECは1.3

図中:
$EC_D = 1.2346\, EC_U$
$(R^2 = 0.6745)$

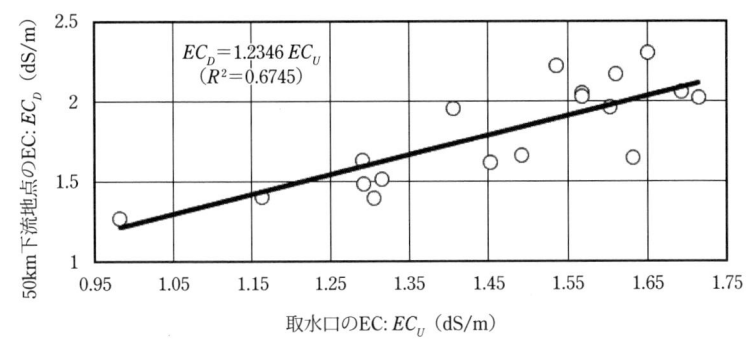

縦軸: 50km下流地点のEC: EC_D (dS/m)
横軸: 取水口のEC: EC_U (dS/m)

図 5.6　水路内塩類溶出に伴う下流側の電気伝導度の増加

～2.9 dS/m（平均 1.8 dS/m），TDS は 955～2 150 mg/L（平均 1 285 mg/L）であった（表 5.1）[5]。このような塩性水の大量取水は，塩類収支不均衡の最大の原因である。

⑧ 水路周辺部の集積塩類の溶出

　水路沿いに集積していた塩類は灌漑開始とともに水路中に溶出し，塩類濃度を高める。図 5.6 は幹線水路の取水地点とその 50 km 下流の地点における EC を比較したものであるが，下流側で EC が 1.23 倍高くなっている。このことも灌漑農地における二次的塩類集積の原因の一つと考えられる[5]。

3）水管理の改善に向けての提案 [5],[8]

　上記 2）で述べた原因を解決することが，そのまま二次的塩類集積防止対策となる。これらの原因は，互いに関連していたり，その背景には自然環境の制約に起因する場合が多いので，総合的な対策が基本となる。

① 水路損失の軽減，塩類の溶出防止および WL 対策

　水路からの大量の漏水，水路への塩類の溶出の問題は，土水路という構造上の特性に加えて，一般に長い水路延長を有するという点にも起因する。これは平坦な地形条件下で重力灌漑を行う以上，避けられない点である。また，シルダリア川は緩やかな河床勾配と大きな河状係数を持つため，非常に蛇行しやすい特性を有している。このため，水路延長が長くなっても，流況が安定した箇所に取水施設を設置せざるを得ないという制約も加わる。これらの対策としては，次のような施設の改良など投資を伴うものが中心となるので，

投資効率を前提とした評価が必要である。
◎ ポンプ灌漑を導入し，より近いところに水源を確保して，水路延長を可能な限り短くする。
◎ 重力灌漑を適用する場合は，目的地にできるだけ近く，かつ安定的な取水ができるよう取水施設を整備する。
◎ 土水路のライニングもしくはパイプライン化
◎ ライニングが経済的に困難な場合は，施工時に破砕転圧工法など漏水を抑制する工法を採用する。
◎ 定期的な水路管理を徹底して水路粗度を低く維持し，通水能力を確保する。
◎ 水路からの漏水に伴うWLを抑止する方法として，バイオ排水を導入する。すなわち，水路沿いに植林して緩衝帯を設け，樹木に漏水を吸収させて地下水位を下げる。この方法は地域の環境改善効果も期待できる。対象樹木としては，ポプラなどが考えられる。

② 用水路の水理制御施設の整備と管理技術の高度化

用水路の制御機能の低さに起因する用水管理損失の問題は，上記①とも密接に関わっており，一体的に対策を検討する必要がある。最大の問題は，水路中の流水を調整・制御するためのゲートが，分岐点，分水点など最低限必要なところに設置されていないか，もしくは設置されていても，老朽化してほとんど機能していないことである。調査対象農場でも，水路の止水は大変な作業であり，その都度重機で周辺の土砂を流水中に投入・盛土して行っていた。このことが，水路中の堆砂の原因となり，水路損失を増加させる一因となっている。また，ゲートがないことにより，圃場への給水に必要な水頭を得るために，管理用水を上乗せして送水しており，灌漑効率を著しく低くしている。この実態は，上述の灌漑区での水収支調査の結果からも確認されている。この問題は，適切な箇所に堅固な水位制御用ゲートを設置し，適正に管理することにより，大幅に改善できると考えられる。また，適正な管理を行うには，農民の理解と組織的な体制の整備が前提となる。

③ 排水路系の機能，管理体制の改善

排水路系の機能と管理の劣悪さは，灌漑区での塩類収支の均衡を崩し，塩類を灌漑区内に集積させることになる。二次的塩類集積を防止するもっとも

基本的な概念は，流入塩類量に相当する塩類量を灌漑区から排除し，全体的な均衡を保つことである．そのためには，排水路系の機能を向上させ，その機能を維持する適正な管理が必要である．特に，現在の排水路は堆砂がひどく，機能低下が著しい．圃場排水路の底標高は，圃場面標高より約 1.8 m 低くなっているが，非灌漑期の地下水位は圃場面から約 2.5 m であることを考えると，水路底標高をさらに 0.7 m 程度下げるのが望ましい．また，排水路の両岸が農道として利用され，締固めが進んでいることも，水稲区からの浸透水を遮断するため，地下排水の機能を大きく損ねている．この改善のためには，両岸（農道）の下に適度な間隔でパイプを埋設するなどして，圃場浸透水の排水路への排出を促進する必要がある．

暗渠排水の採用は，土壌中の塩類を効率的に除去できる点で有効であるが，この地域の経済力から考えてコスト的に問題がある．また，塩類が大量に集積した土層に暗渠を敷設する場合には，大量の塩類が流出して下流域の水質を悪化させることになるので，十分な注意が必要である．排水対策は下流域への影響を十分に検討したうえで，決定すべきであり，各灌漑区の排出口の管理が重要になる．将来的に，灌漑区単位でしっかりとした排水管理池を排水路系の末端に整備し，河川へ還元する際の水質基準を定めるなどの対策を，流域（関係国）全体で検討していく必要がある．

各排水末端（蒸発池）を適正に管理することにより，灌漑区における地下水位を適正に制御することが可能となる．シルダリア川沿いに散在する浅い三日月湖に蒸発池としての機能を持たせ，サリコルニアなどの塩生植物を植栽して排水処理能力を高めることも検討の余地がある．

④ 圃場管理（水・土壌管理）の改善

上記 2) の④～⑥は，互いに関連した問題であり，一体的に対策を検討する必要がある．これらを解決するためには，次のような対策が考えられる．

◎ 現行の八圃式輪作体系を，灌漑区単位の八年輪作体系に変更する．同一灌漑区内では，水稲（湛水）作か畑作のいずれかに統一して作付を行うことが望ましい．

◎ 圃場の均平度を極力高めること．一般に，この地域では水稲区の湛水深を深く管理する傾向がある．深水管理は，倒伏防止，夜間の保温など栽

培上の必要性からきている面もあろうが，各圃場の均平度の劣悪さに起因する面が大きい。均平作業の精度が上がれば，湛水深を低く抑えることが可能となり，圃場での適用効率は向上する。また，その結果，水路の維持すべき水頭を少し下げることが可能となり，水路損失も軽減される。

◎ 塩類濃度の高い土壌で水稲作を行う場合，拡散による塩類上昇はそれほど早くはないが，圃場レベルの水管理（特に再湛水するときのような圃場への急激な引水）により，下層から上方への移流が起こり，可溶性塩類を上層に移動させる。**図 5.4**, **図 5.5** は灌漑期間中の土中水の動きと水質を監視するため，さまざまな深さに設置したピエゾメータ（土中水ポテンシャル観測用の先端のみ開いた井戸）のデータを整理したものである。**図 5.4** は深さごとの土壌間隙水の EC の変化を示し，**図 5.5** は深さごとの動水勾配の変化を示す。この二つの図から，**図 5.5** で時々発生する上向きのフラックスに応じて，**図 5.4** で浅い土層の EC が上昇している。すなわち，圃場水管理に起因して発生する下方よりの上向きの移流（もちろん若干の拡散の影響もある）によって，湛水の塩類濃度が高くなってしまう。これを防ぐためには，掛流しと深水の状態を維持する必要があり，必然的に水稲区への過剰灌漑を誘発することになる。この地域には，もともと塩類集積土層が存在していたと考えられるため，基本的には水稲作は好ましくない。しかし，この地域の経済においてコメは重要な位置を占めており，農民のコメに対する執着は非常に強いため，即座に水稲作を否定することは，非現実的であろう。しかしながら，将来的には水稲作からの脱却を志向していかなければならないと考えられる。当面，水稲作を継続するにしても，節水管理を徹底していく必要がある。また，下層に塩類が集積している圃場で，部分的に透水性のよい土性が表面から塩類集積層まで連続的に存在する場合，可溶性塩類がそこから溶出するため，湛水状態にあっても作物に直接被害を及ぼす（**写真 5.2**）。このようなところでは，その土壌を粘質土と置換あるいは混合して，透水性を下げるなどの対策が必要である。

◎ 農民の水に対する価値観を是正する必要がある。現行の水価はあまりにも安価過ぎるので，農民の節水努力を促す適正な水価に改正すべきである。

写真 5.2 周辺部（植壌土）よりも透水性のよい部分（砂壌土）への集中的な塩類溶出による水稲の生育障害（収穫直前落水期）（撮影：北村義信）

⑤ 流域関係国の取水，排水に関する協定の締結

　この対策がもっとも重要で急を要する。TDS が 1 000 mg/L を超える河川水を大量に灌漑農地へ供給することは，そのまま大量の塩類を農地へ供給することにほかならない。河川水は上流側から繰り返し反復利用されているため，その塩類濃度は下流側ほど高くなっている。上流側での取水が大量であるほど，また排水量が多くその塩類濃度が高いほど，下流側の水質は劣悪になる。したがって，流域関係国が共存していくためには，早急に取水と排水についての細かい規定を協議して，協定を取り交わし，それに基づいた適切な流域水資源管理を行う必要がある。

4）事例研究のまとめ

　シルダリア川下流域の灌漑農地の塩類化の実態，塩類集積土壌の特徴，二次的塩類集積形成機構，二次的塩類集積防止のための水管理などについて，分析・解明・提案を行った。灌漑農地の二次的塩類集積は，不適切な水管理・土壌管理に由来する部分が大半であり，灌漑損失が多く，効率の悪い灌漑システムほど生起しやすい。この事例研究で対象とした農場では，まさにこのことを実感させる粗放な灌漑農業が実施されていた。そこでの一連の研究を通して，二次的な塩類の集積機構がかなり鮮明になった。特に，「乾燥地に

おける水稲作には，その持続可能性において根本的な問題があること」，そして，「そのあり方を根本的に考え直す必要があること」が明らかになった。これらの成果は中・長期的な改善対策を進めていくうえで基本となるものであり，問題解決に向けて貢献できると期待される。その中でもとりわけ，「下層土に集積した塩類の湛水条件化での上方移動は，拡散によるのではなく，圃場湛水管理上の急激な給排水操作に伴い下層土で一時的に生ずる上向きのフラックスによる」という点の解明は，乾燥地における水稲作付圃場の設計と，作付時の湛水管理の適正化を図るうえで，極めて重要な知見といえる。また，安い水価設定が大量取水の一因であり，そのことが農地だけではなく周辺地域も巻き込んだ，中下流域全体のWL・塩類集積を拡大しているという指摘は，適正な水価の設定等，水をめぐる制度上の問題は国レベルだけではなく，流域レベルでの調整の必要性も示唆しており，波及効果は大きいと考えられる。

　以上は，シルダリア川下流域（クジルオルダ州）における水稲作を基幹とする灌漑地域の事例であるが，地域によってWLの原因とその対処方法は異なるので，費用対効果を考えながら，適正な対策を立てる必要がある。

　なお，アラル海流域では，1991年にソ連が崩壊し，流域内の各共和国が独立したことに伴い，両河川流域においては水使用をめぐって上下流間で熾烈な対立が見られるようになった。この紛争については第6章第4節で詳述する。

5.1.2　インド・インディラ・ガンジー水路プロジェクト（IGNP：タール砂漠地域の灌漑農業を基軸とした総合地域開発事業）のウォーターロギング問題，塩類集積問題とその解決法（バイオ排水）

　インディラ・ガンジー水路プロジェクト（IGNP: Indira Gandhi Nahar (Canal) Project）は，ラジャスタン州西部の砂漠地帯（タール砂漠）を緑の農村空間として開発するインドの代表的大規模灌漑計画である。この計画は，約196万haの灌漑農地を創設整備し，年間9.36 km^{3}の水をサトラジ川から取水することによって，対象地域の干ばつ被害を軽減し，飲料水の確保，

環境の改善，緑化，雇用促進などを図るものである．この計画は北東部をカバーするⅠ期と南西部をカバーするⅡ期の二つのステージからなる（**図 5.7**，**表 5.4** 参照）．

図 5.7 は IGNP の灌漑システムを

表 5.4 IGNP 地区における灌漑実施面積

年	灌漑面積（× 10^3 ha）		
	Ⅰ期	Ⅱ期	合計
1975 - 76	289	—	289
1985 - 86	463	2	465
1995 - 96	664	137	801
1998 - 99	699	221	920

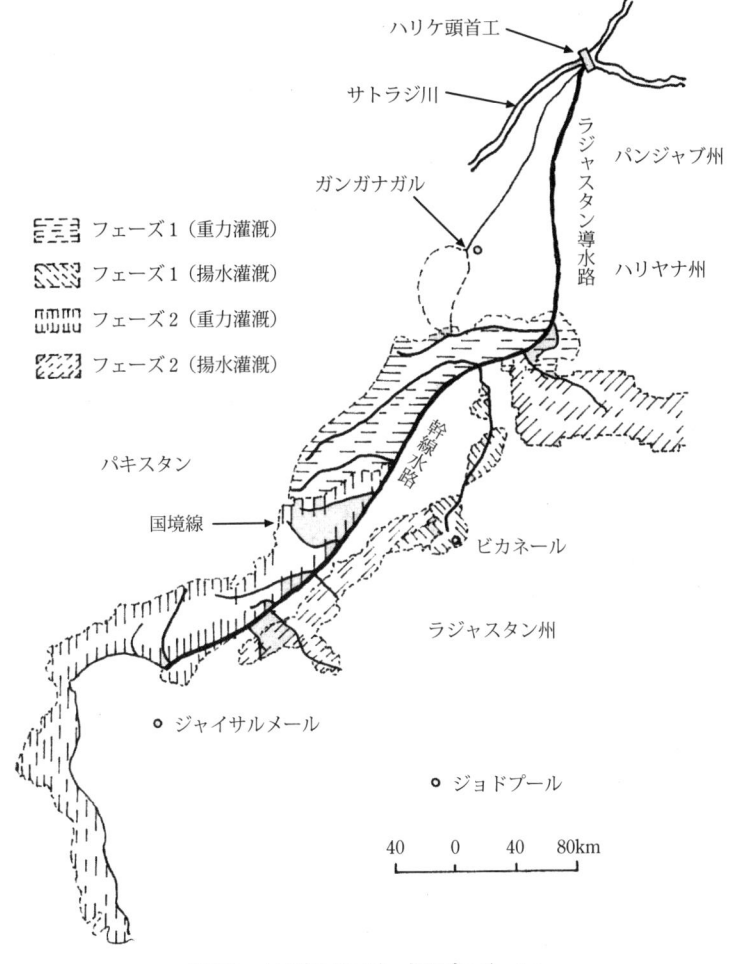

図 5.7 インデラガンジー水路プロジェクト

示す。灌漑水はインダス川の支流サトラジ川のハリケ頭首工で取水され、ラジャスタン導水路（延長204 km, 能力460 m^3/s）により、ラジャスタンの州境まで送水される。その地点からは、幹線水路（延長445 km）で送水され、総延長9 060 kmの二次、三次水路システムに分水される。灌漑水は約1 500 kmという長距離を経て灌漑供給地域の末端まで到達することとなる。水路の舗装は基本的にプロジェクトにより行われるが、末端の圃場用水路については農民に委ねられる。水路舗装はセメントモルタルと粘土タイルを用いて行われる。当初は一層舗装であったが、13％もの漏水損失が確認されたため、基本的に二層舗装が行われている[9]。

IGNP地区に最初の灌漑が行われて間もなく、幹線水路沿いの広大な地域が水浸しの状態になった。比較的透水性のよい浅い土層が存在することもあって、水路からの漏水が浅い地下水層を形成した[10]。**表5.5**は、IGNP受益地区全域の1992年以降のWLによる被害面積の変化を示す。1991年6月の調査により、完成後間もない幹線水路の228～416 km区間において、周辺に生じた地表湛水は127地点で900 haにも及んでいることが確認された。

Ⅰ期の受益地区の地下水位は、1952年には地表面下40～50 mであったが、灌漑の開始とともに上昇しはじめた。1981～1992年において、地下水位は平均0.92 m/yの割合で上昇した。Ⅱ期地区でも灌漑開始とともに上昇したが、Ⅰ期地区ほどの急激な上昇率は示さなかった。Ⅰ期地区の急激な地下水位上昇は主に次の理由に帰すると考えられる[9),11)]。

① Ⅰ期地区への過剰灌漑（計画粗用水量560 mmに対し、実際の平均粗用

表5.5 IGNP受益地区におけるWL（過湿状態）面積 [12]

	年					
	1992-93	1993-94	1994-95	1995-96	1996-97	1997-98
Ⅰ期地区	(ha)					
地表湛水面積	13 750	9 680	10 192	14 750	17 220	22 008
地下水位が地表面下1.5 m以浅の面積	22 000	17 760	18 970	20 670	24 140	28 760
Ⅱ期地区	(ha)					
地表湛水面積	1 000	526	1 000	800	1 243	1 242
地下水位が地表面下1.5 m以浅の面積	4 062	NA	4 500	5 470	4 500	3 790

水量は 1 260 mm）
② 水路網からの過剰な漏水
③ 灌漑損失水の低地への湛水
④ 受益地区 12 万 ha の浅い層に存在する硬盤層（hardpan layer）による深層への浸透抑制

特に，表 5.4 に示すように，2000 年ごろまで II 期地区の灌漑は部分的にしか始まっていなかったため，I 期地区への水供給は過剰気味に供給された。このように先行して開発された地域への暫定的過剰給水は，WL の大きな原因となるだけでなく，農民の節水灌漑に対する認識を希薄にする結果を招くことにもなるので，厳に慎むべきである。

WL を軽減する対策として，インド農業研究院[11]は，①灌漑供給量の減少と適用効率の向上，②水路の舗装損傷部の補修，③水路沿いの承水路（interceptor drains）設置，④地下水と地表水の複合利用（管井による垂直排水との併用，第 3 章 3.2.2(3) 参照），⑤ガガール窪地の溜水の管理，⑥バイオ排水の導入，⑦暗渠排水の導入，などを提案した[9]。

この中で，特にバイオ排水が積極的に取り入れられ，樹木の植栽が水路沿いと湛水した地域の周囲で進められた。植栽 6 年後には湛水がみられなくなり，地下水位は約 15 m 低下した。詳細な調査が水路の 1.5 km 区間で行われ，樹木の植栽による排水改良効果が実証された[12]。

この IGNP 計画の最大の欠点は，自然の地表排水系が存在しないタール砂漠をその対象としたことである。今後同地域で灌漑を続ける限り，WL と塩類集積問題の対応に苦慮し続けることになるであろう。年間 9.36 km^3 もの水を灌漑地区に給水することは，灌漑水の塩類濃度を 200 mg/L と仮定した場合，年間 187.2 万トンもの塩類が灌漑地区にもたらされることになる。これらは灌漑地区周辺の砂漠の低地に投棄するか，多額の経費をかけて新たにインド洋に至る排水路を開削して，排水システムを整えるしかない。今後は，節水栽培を普及させ，灌漑方法を地表灌漑（surface irrigation）からスプリンクラー灌漑（springkler irrigation）やドリップ灌漑（drip irrigation）へ徐々に転換させることにより，排水負荷量を減少させることも考えていく必要がある。

[トピックス 1]
水利事業が引き金となった生物媒介感染症（風土病）の蔓延

　アフリカや中東地域において灌漑，発電，洪水調節のためダムなど水利施設の整備を行う場合，周辺地域の水環境を改変してしまい，疾病の発生を誘引する危険性があるため，慎重な対策が必要である。水利施設の建設に伴い蔓延のおそれのある疾病としては，住血吸虫症（Schistosomiasis），河川盲目症（オンコセルカ症：Onchocerciasis），マラリア（Malaria），黄熱病（Yellow fever）などがある。住血吸虫症は住血吸虫属（*Schistosoma*）の寄生虫による感染症，オンコセルカ症は回旋糸状虫（*Onchocerca volvulus*）という寄生虫の感染症，マラリアはマラリア原虫の感染症，黄熱病は黄熱ウイルスによる感染症である。これらの病気は，灌漑水路，河川，湖沼の中で生息し繁殖する巻貝やブヨ，蚊などの中間宿主あるいは媒介生物が存在することによって伝染する。したがって，過去において上記の感染症の大流行を誘発した主な原因として，水利施設の整備が結果的に中間宿主，媒介生物の生息に適した水環境を作り出してしまったことが指摘されている。

【ガーナのアコソンボダムの場合】
　ボルタ（Volta）川にダムが築造されてボルタ湖が出現したことにより，浅いところに水草が繁茂しはじめた。それに伴い，住血吸虫の中間宿主で水草を餌とする巻貝の個体数が急増した。ダム湖で漁業が盛んになると漁師が増え，住血吸虫症の感染者（漁師）が出漁して湖で排便することにより，便に含まれる虫卵が水中に放出され，その後孵化した幼虫（ミラシジウム）は中間宿主の巻貝に寄生する。巻貝の体内でミラシジウムはスポロシストに変態して，貝の中で2世代を過ごす。2世代目のスポロシストは，セルカリアという姿に成熟した後，貝から水中に出て水面付近を遊泳し，ヒトなどの終宿主に接触する機会を待つ。健康な漁師の体の一部が水中に浸かったりすれば，セルカリアは素早く皮膚を溶かしながら体内に侵入（経皮感染）し，血液に乗って体内を移動する。心臓から肺に行き，それから再び心臓にかえり大循環によって門脈に達した後，そこで成虫になるまで過ごす。セルカリアがヒトに侵入してから成虫になるまで，大体40日ほどかかる。成虫は門脈系の細い血管に行き，そこで産卵を行う。産卵された虫卵は体内の様々なと

ころに運ばれ，一部は糞尿と一緒に体外へ排出される。こうして住血吸虫のライフサイクルが形成されてしまい，患者数は漁師，子供を中心に急激に増加した。

住血吸虫には大きく分けてビルハルツ住血吸虫，マンソン住血吸虫，日本住血吸虫の3種類（厳密には5種類）に分類される。ビルハルツ住血吸虫は泌尿生殖器に寄生する住血吸虫であり，マンソンおよび日本住血吸虫は消化管に寄生する住血吸虫である。ボルタ湖で流行した感染症は，ビルハルツ住血吸虫によるもので，泌尿生殖器に寄生するので，虫卵は尿を経て体外へ排出される。

図1はアコソンボダム（Akosombo dam，1965年完成：水力発電用）の下流域のある農村（Mepe/Battor）における住血吸虫症，オンコセルカ症，マラリアの患者の割合を事業実施の前後で比較した結果を示す。3つの感染症ともに事業の実施に伴い顕著に増加している。

住血吸虫症はエジプトでも，アスワンハイダムおよび灌漑用水路開発に伴って，ビルハルツ住血吸虫症，マンソン住血吸虫症が発生している。過去において，灌漑事業の導入後3年間に，ある集落では住血吸虫症の罹患率が人口の10％から44％に上昇したとの報告もある。

オンコセルカ症は，ブユに繰り返し刺されることで回旋糸状虫に感染する寄生虫症である。ブユは流れの速い河川で繁殖し，ほとんどは人間が農業を営む肥沃な土地の近くにある僻村に生息している。人の体内で，回旋糸状虫の成虫はミクロフィラリア（被鞘幼虫）を産みだし，そのミクロフィラリア

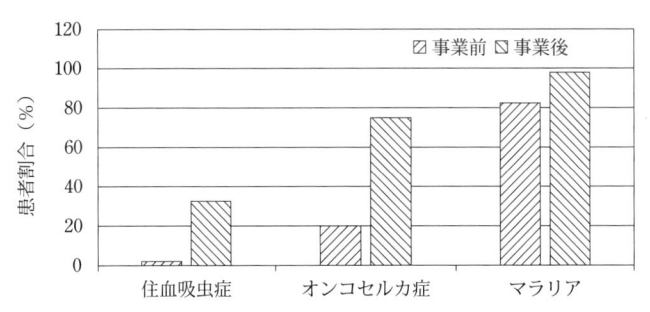

図1　アコソンボダム下流域住民の事業前後の健康状態の比較
（出典：Gyau-Boakye, P., 2001）

は，皮膚，眼，その他の臓器に移行していく。メスのブユは，感染者の血を吸う際にミクロフィラリアを同時に吸い込み，体内で回旋糸状虫を成長させ，次に健康者を刺して感染させる。この病気は寄生虫が体内を移動する際に視神経を損傷させ失明に至ることも多い怖い悲惨な病気である。

　上述のアコソンボダム下流域では，事業後にオンコセルカ症の患者割合の増加がみられたが，ダム湖の背水末端付近ではその減少が確認されている。それはダム湖の出現以前はボルタ川の流れがブユの生息に適した環境を形成していたが，ダム湖により流れがなくなりブユの発生が抑圧されたためである。しかし，ダム湖の出現は新たに巻貝の生息を促し，住血吸虫症の増加を招いた。

　住血吸虫症の患者は2013年時点で2億6100万人，マラリアは2億700万人が感染し，約62万7000人が死亡している。黄熱病は年間発生数が約20万人で，3万人が死亡している（WHO, 2015；厚生労働省検疫所，2015）。オンコセルカ症の患者数は2000万～4000万人と推定され，約30万人が失明し，約50万人に視力障害を患っているといわれるが，2015年ノーベル医学・生理学賞を受賞した大村智氏が治療薬として実用化した「イベルメクチン」が無償供与され年間3億人もの人を失明の恐怖から救っている。

　この問題の解決には，中間宿主，媒介生物の生息に適さない水利施設の設計技術と，そのライフサイクルを断ち切る水管理技術を確立することが重要であり，世界保健機関（WHO）と連携したさらなる研究が求められる。

《出典》
・厚生労働省検疫所（FORTHホームページ）：
　http://www.forth.go.jp/moreinfo/topics/2013/03181150.html,
　http://www.forth.go.jp/moreinfo/topics/2015/05221343.html
・WHO（世界保健機関）：
　http://www.who.int/mediacentre/factsheets/fs115/en/,
　http://www.who.int/mediacentre/factsheets/fs374/en/
・Gyau-Boakye, P. (2001): EnvironmentalimpactsoftheAkosomboDamandeffectsofclimatechangeonthelakelevels. Environment, DevelopmentandSustainability, 3:17-29.

[トピックス 2]
ナセル湖からの導水を利用した砂漠緑化の挑戦：エジプトの大規模砂漠開発プロジェクト（トシュカ計画，ニューバレー地域農業総合開発計画）

　トシュカ（Toshka）計画は，エジプト政府の居住区域拡大政策の一部として西方砂漠において進められている。現行の計画は，ナセル湖の近くに22万6 800 ha の灌漑農地を整備（砂漠開発）することである（図1参照）。当初の計画ではこれをフェーズ1とし，引き続きフェーズ2として，2017年までに全体で84万 ha の砂漠を灌漑農地に整備する予定であった。しかし，政府は2005年にフェーズ2を全面的に中止とし，事業の完成も2022年に延長する声明を発表した。

　この計画の必要水量は 40 ～ 50 億 m^3/ 年になるが，それはナセル湖からポンプ揚水して賄われる。ナセル湖の水位変動は海抜 147.5 ～ 178.5 m と大きいことから，最低水位でも取水できるように，取水口は海抜約 140 m の位置に設定されている。取水口からポンプ場（ムバラク揚水機場：Mubarak Pumping Station）へは水路で導水し，ポンプ場の周りには深く広い貯水槽が設けられた（**写真 1**）。水は海抜約 200 m の高さまで揚水され，幹線水路の始点へ送水される。ポンプ場の送水能力は $300m^3/s$ である。幹線水路はシェイク・ザイード水路（Sheikh Zaid Canal）とよばれる。幹線水路の延長は約 70 km，支線水路の延長は約 256 km である。

　技術的な問題として，西方砂漠対象地域の土壌塩類濃度が高いことと，地下帯水層が存在することが挙げられる。このようなところで灌漑を行えば，塩類が溶脱されて帯水層と混合し，飲料水として利用できなくなる。もう一点は土壌中に存在する粘土鉱物である。水を含めば膨潤になり，乾けば固く固結する性質を有するため，自走式の大型灌水器の走行性を著しく低下させる可能性がある。周辺の既存のオアシスへの環境影響も気になるところである。

　本計画は，過密状態になったナイル川沿い人口を吸収するための砂漠開発計画で，エジプトの推進している水平拡大（Horizontal expansion）政策の一翼を担うメガプロジェクトでもあるので，今後の進展に注目したい。

●第 5 章●乾燥地の灌漑農業と環境問題

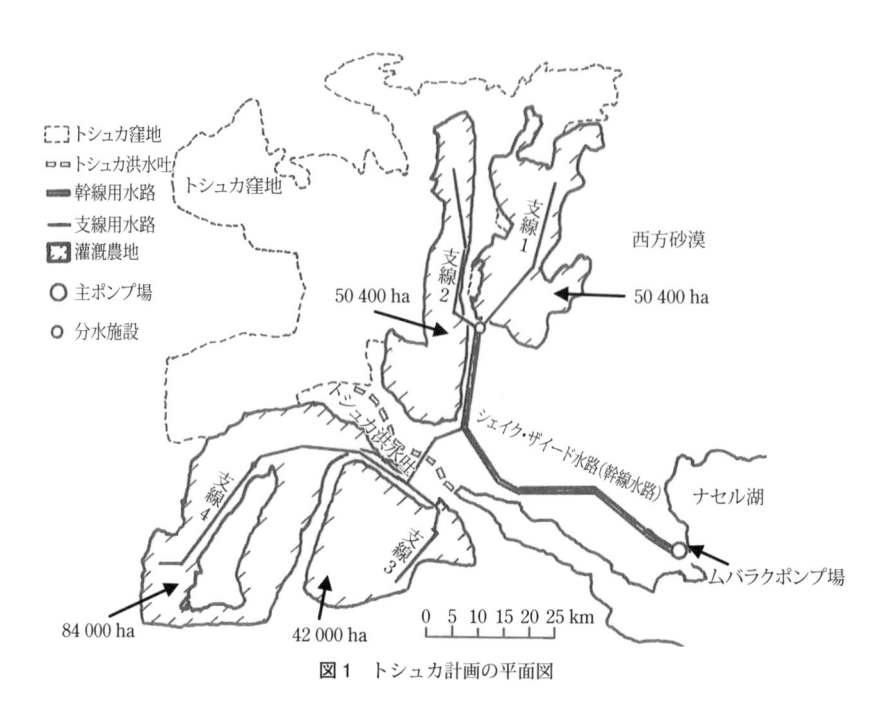

図1 トシュカ計画の平面図

写真1 ムバラクポンプ場（容量：16.7m³/s/基×24基＝400 m³/s）
（2015年12月16日，撮影：猪迫耕二氏）

写真2　砂漠開拓地で始まった農業会社による大規模農場経営
（ブドウの点滴灌漑）（2015年12月16日，撮影：猪迫耕二氏）

《出典》
・Arab Republic of Egypt (Ministry of Water Resources and Irrigation) (2005): Water for the future: National water resources plan 2017. NWRP Project.

5.2　地下水に依存した大規模灌漑農業

　中東やアメリカでは巨大な帯水層から地下水を揚水することにより，大規模な灌漑農業が行われている。その代表的なものは，アメリカ中西部のオガララ帯水層と，サハラ砂漠北東部からアラビア半島に広がるヌビア帯水層における地下水開発と灌漑農業である。地下水に依存した大規模灌漑では，帯水層への地下水の涵養速度（滞留速度）を上回る揚水が行われると，地下水位の低下・水質の劣化ひいては枯渇へとつながる不可逆的な現象を引き起こすおそれがあるので，注意が必要である。ここではアメリカ・オガララ帯水層とリビアにおけるヌビア帯水層に依拠した灌漑農業の抱える問題について述べる。

5.2.1 アメリカ・ハイプレーンズのセンターピボット灌漑による過剰開発とオガララ帯水層の枯渇問題

(1) オガララ帯水層の特性

アメリカ中部グレートプレーンズ（Great Plains）は，小麦をはじめ大豆やトウモロコシの生産が盛んで，「アメリカのパンかご」とよばれるアメリカ有数の穀倉地帯である。オガララ帯水層（Ogallala Aquifer）はこのグレートプレーンズ南部のハイプレーンズ（High Plains）の地下に分布する世界最大級の浅層地下水層でハイプレーンズ帯水層（High Plains Aquifer）ともよばれる。総面積は約45万km^2（日本国土面積の1.25倍に相当）にも及び，同国中西部・南西部8州（サウスダコタ，ネブラスカ，ワイオミング，コロラド，カンサス，オクラホマ，ニューメキシコ，テキサス）にまたがる（図5.8参照）[13),14)]。

この地域に帯水層が形成されたのは中新世後期（約600万年前）から鮮新

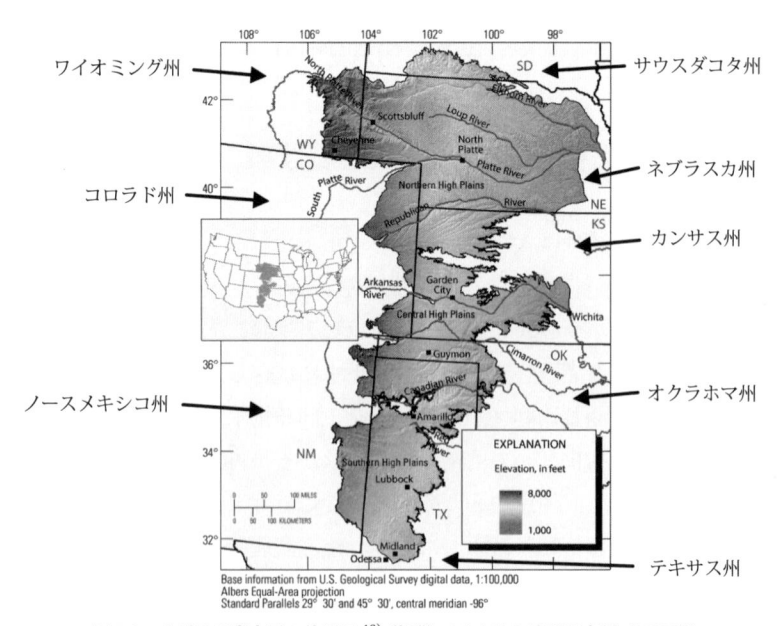

図5.8 オガララ帯水層の位置図 [13)]（提供：アメリカ地質調査所（USGS））

世初期(約200万年前)にかけてのことである[15]。この時期,南部ロッキー山脈の地殻変動はまだ活発で,東方向あるいは南東方向に向かって大小の河川が形成された。ロッキー山脈の隆起部で生じた侵食土砂は,河川や風で運ばれてこの地域に堆積して旧流路を埋め,大量の地下水を含む帯水層を生み出した。この帯水層の深さは形成前の地形によって異なり,旧地形が谷間だったところは,帯水層が地下深くまで形成されている。この帯水層の下部は主に粗粒堆積岩であるが,上部は細粒材となっている。帯水層中に存在する地下水の大部分は,氷河起源の古い水が数百万年かけて涵養された化石水であると推察される[15]。表5.6にオガララ帯水層の地質状況,表5.7に州別分布面積,帯水層の厚さ,賦存量などの特性を示す[14]。アメリカ地質調査所(USGS)の試算によれば,1980年時点の地下水賦存量は全体で4 010 km^{3}であり,その65.5%はネブラスカ州に集中している。次いでテキサス州に12.0%,カンザス州に9.8%,以下コロラド州3.7%,オクラホマ州3.4%,ワイオミング州2.2%,サウスダコタ州1.8%,ニューメキシコ州1.5%という分布状況である[16]。

帯水層の厚さは個々の観測井の観測結果からみれば,場所によって大きく

表5.6 オガララ帯水層の地質状況[14]

帯水層を構成する地質単元	系(統),ハイプレーンズ帯水層が形成された時期(100万年前)	構造	州　名						
			コロラド	カンザス	ネブラスカ	Nメキシコ	オクラホマ	Sダコタ	テキサス	WYミング
渓谷堆積物,沖積堆積物	第四系(完新統および更新統),1.8〜現代	A		○	○	○	○			
砂丘砂	第四系(完新統),0.008〜0.0015	B			○	○				
オガララ累層	第四系(中新統),19〜5前	C	○	○	○	○	○	○	○	○
アルカリ一層群	第四系(中新統および漸新統),29〜19	D		○				○		○
ブルール累層	第四系(漸新統),31〜29	E	○							

構造
A = 粘土,シルト,砂,砂礫,未固結
B = 砂(極細粒度〜中粒度,風塵)
C = 粘土,シルト,砂,砂礫,一般に未固結;
　　固結しているところは炭酸カルシウムによる固結,モルタル層が形成
D = 極細粒〜細粒砂岩,火山灰層,シルト質砂岩,砂質粘土層を伴う
E = 大きくて固いシルト岩,砂岩,火山灰,粘土などの層を含む

表5.7 オガララ帯水層の特性 [14]

項目	単位	コロラド	カンサス	ネブラスカ	Nメキシコ	オクラホマ	Sダコタ	テキサス	Wヨミング	全体
帯水層の分布面積	km²	38 591	78 995	164 853	24 475	19 036	12 302	91 815	20 720	450 787
全体に占める割合	%	8.6	17.5	36.6	5.4	4.2	2.7	20.4	4.6	100.0
州面積に占める割合	%	14.0	38.0	83.0	8.0	11.0	7.0	13.0	8.0	20.0
1980年の帯水層の飽和厚さ（面積加重平均値）	m	24.08	30.78	104.24	15.54	39.62	63.09	33.53	55.47	57.91
1980年の帯水層の地下水賦存量	km³	148	395	2 628	62	136	74	481	86	4 010
賦存量の州別割合	%	3.7	9.8	65.5	1.5	3.4	1.8	12.0	2.2	100.0

異なり，15 m 未満から約 365 m 程度まで大幅な差がある [17]。しかし，観測結果を州別に面積で加重平均してみれば，**表5.7** のように整理でき，ネブラスカ州で 104 m，サウスダコタ州で 63 m，ワイオミング州で 55 m と厚いのに対し，テキサスで 34 m，ニューメキシコ州で 16 m と薄く，概して北部ほど厚く南部ほど薄く分布している [14]。地表面から地下水面までの深さは北部では 120 m ほど，南部では 30〜60 m ほどである [15]。オガララ帯水層内では，地下水は動水勾配に基づきほぼ西から東の方向に約 30 cm/d の速度で流動している [16]。

オガララ帯水層の水質面で懸念されるのはフッ素濃度で，2 mg/L を超える箇所が散見される点である。コロラド，カンサス，ネブラスカ，ニューメキシコ，オクラホマ，テキサス各州の一部地域では上水道の基準値を超えており，飲用水として適さない場合がある [16]。しかしながら，フッ素濃度は灌漑水として用いる場合には問題とならない。オガララ帯水層の地下水の塩分濃度はほとんど（85％）が 500 mg/L 以下で，250 mg/L 以下の良質水が約 27％を占める。500 mg/L を超すものは 15％で，1 000 mg/L 以上のものはわずか 3％である。塩水に汚染されて最も塩分濃度の高いところでも 3 000 mg/L 以下である [16]。コロラド，カンサス，ネブラスカ，ワイオミングの各州では，地下水の塩分濃度は 250 mg/L 以下と良好である。特に，ネブラスカ州とコロラド州の大部分は砂質土および砂丘砂で覆われており，降

水の涵養量が比較的多く，浸透の過程で塩分が溶解することがないためである。一般にオガララ帯水層では，塩分濃度が 250 mg/L 以下の場合は重炭酸カルシウム型の地下水であり，ナトリウム塩や硫酸塩が卓越すると塩分濃度も 250 から 500 mg/L に高くなる[16]。

(2) オガララ帯水層の灌漑利用と地下水位の低下

オガララ帯水層の地下水利用は 19 世紀終わりにさかのぼるが，風力に頼る揚水技術ではごく浅い地下水の利用に限られていた。第一次世界大戦後の穀物需要の高まりから，小麦栽培のためにこの地域の開拓が積極的に行われたが，1930 年代に厳しい干ばつと同時にダストボールとよばれる強烈な砂嵐に見舞われて農業が崩壊し，1940 年には 350 万人の難民がこの地域に見切りをつけてカリフォルニア州など西部に移住したといわれる[18]。しかし

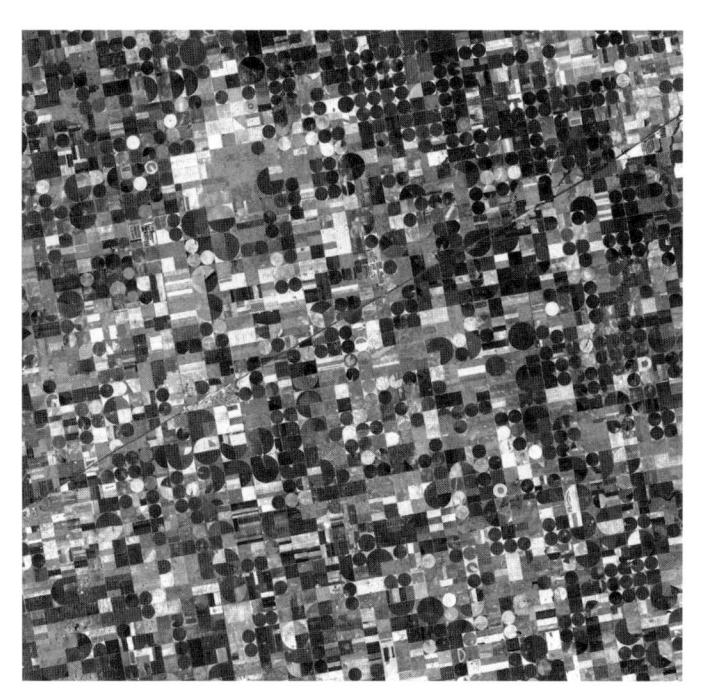

写真 5.3 ハイプレーンズのセンターピボット灌漑（カンサス州南西部）（2001 年 6 月 24 日）円の直径は 800 m もしくは 1 600 m
（出典：NASA/GSFC/METI/Japan Space Systems, and U.S./Japan ASTER Science Team）

ながら，この後，高容量ポンプとセンターピボット灌漑システムが開発されたことにより，ハイプレーンズは大規模灌漑農業地域へと大きく変貌を遂げた（**写真**5.3 参照）。第二次世界大戦後には，電気に加えて近くの天然ガス田地帯から安価な天然ガスが供給されるようになり，揚水灌漑の増大に拍車をかけた[16]。オガララ帯水層から揚水された地下水の94％は灌漑に使用されており，1日当たりの使用量は約6 000万 m^3/d にものぼる。この量はアメリカ国全土における灌漑用水としての地下水利用量の30％に相当する。なお，残り6％の内訳は，生活用水2.5％，鉱業用水1.3％，畜産用水1.3％，工業用水0.9％である[19]。

灌漑農地面積は1949年に85万ha，1980年には555万ha，2005年には約630万haと拡大してきた[20]。州別にみれば，ネブラスカ州が46％を占め，次いでテキサス州が30％，カンサス州が14％と3州で90％を占めている[21]。それに伴い揚水量も1975年ごろまでに飛躍的に増加した。オガララ帯水層での灌漑のための揚水量はほぼ5年ごとに整理され，USGSにより報告されている。それによれば，年間揚水量は1949年には49.3億 m^3 であったが，1974年には234.4億 m^3 と25年間で5倍近くに増加した。その後，1980年，1985年，1990年，1995年には若干減少し192〜225億 m^3 の間で変動しており，帯水層を保全するために節水の重要性が広く認識されはじめたことがうかがえる。2000年には259.0億 m^3 に増加したが，2005年には234.4億 m^3 と1974年の水準まで減少している[20]。

用水量で見れば，1949年が580 mm，1980年ごろが480 mm，2005年が370 mmと減少しており，灌漑効率が向上している。しかしながら，同帯水層の過剰揚水は深刻であり，地下水位の低下傾向は継続している。地下水利用が本格的に行われはじめた1950年ごろから2013年までの地下水位観測井3 349カ所の観測結果から，63年間の地下水位低下量の最大値は−78.0 m（−1.24 m/y）であり，逆に上昇量の最大値は＋25.9 m（＋0.41 m/y）であった[20]。**図**5.9は，州ごとの平均地下水位の変化量と帯水層全域の平均地下水位の変化量を示している[20]。これによれば，オガララ帯水層全体では63年間に平均4.69 m（7.5 cm/y）低下している。州別にみれば，テキサス州の低下量が−12.56 m（−19.9 cm/y）と最も大きく，次いでカンサス州の低下

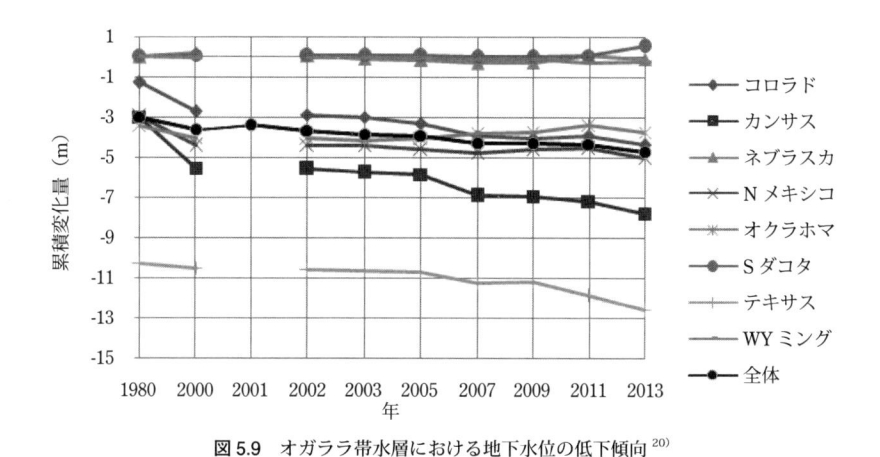

量が -7.77 m（-12.3 cm/y）であり，灌漑農業の盛んな両州の低下量が顕著である．以下，ニューメキシコ州は -5.03 m（-8.0 cm/y），コロラド州は -4.36 m（-6.9 cm/y），オクラホマ州は -3.75 m（-6.0 cm/y），ワイオミング州は -0.24 m（-0.4 cm/y），ネブラスカ州は -0.09 m（-0.1 cm/y）と低下している．サウスダコタ州では $+0.55$ m（$+0.9$ cm/y）の上

図 5.9 オガララ帯水層における地下水位の低下傾向 [20]

表 5.8 オガララ帯水層の貯留量変化（km^3）[20]

州／年	1950	2000	2011	2013	減少割合（％）
コロラド	0.00	-13.57	-19.49	-23.19	7.0
カンサス	0.00	-57.97	-73.02	-83.26	25.3
ネブラスカ	0.00	4.93	9.37	-2.47	0.8
N メキシコ	0.00	-9.87	-11.59	-11.96	3.6
オクラホマ	0.00	-13.57	-10.98	-12.95	3.9
S ダコタ	0.00	0.00	0.49	0.49	-0.1
テキサス	0.00	-152.95	-178.86	-195.14	59.3
WY ミング	0.00	0.00	-0.49	-0.49	0.1
全体	0.00	-243.00	-284.56	-328.97	100.0
変化割合（km^3/y）		-4.86	-3.78	-22.21	
		-4.86	-6.61		
		-5.22			

注）1950 年（揚水の本格的開始前）を起点としている．

昇が確認されている[20]。一方，8州の中で灌漑農業が最も盛んなネブラスカ州では低下量はごくわずかである。

　表5.8は，1950年を起点とする貯留量の変化量を各州別に示したものである[20]。これによれば，2013年時点で，オガララ帯水層の地下水量は63年間に329 km^{3}減少（減少速度：5.22 km^3/y）している。注目すべきは，地下水の減少速度が最近速くなっている点である。2000～2013年の平均減少速度は6.61 km^3/yであり，その前の1950～2000年の平均減少速度4.86 km^3/yに比べて著しく速くなっている。2011～2013年では22.21 km^3/yとさらに加速している。州別にみれば，**図5.9**の地下水位の低下と同様に，テキサス州の地下水減少量が際立っており，全減少量の59.3％を占めている。次いで，カンサス州の25.3％であるが，ハイプレーンズの灌漑面積の44％を擁するこの2州でオガララ帯水層が揚水利用されはじめて以来63年間の減少量の84.6％を占めていることになる。一方，ハイプレーンズ最大の灌漑州で灌漑面積46％をも占めるネブラスカ州の同期間の減少量はわずかに全体の0.8％である。これはネブラスカ州では比較的降水量が多く，かつ帯水層の大部分は砂質土および砂丘砂で覆われており，降水の涵養量が多いことによる。加えて，テキサス州，カンサス州では，帯水層の厚さが30 m程度と薄く賦存量はそれぞれ全体の10％程度しかないのに対し，ネブラスカ州では帯水層の厚さが104 mと厚く賦存量は全体の2/3をも占めており，地下水が豊富なことによると考えられる。

　オガララ帯水層は主に春季と夏季の降水によって涵養される。同帯水層の南西部には年間平均350 mm，北東部には年間平均500 mmの降雨があるが，その大半が降る春季と夏季には蒸発散量が最大になるため，降水量のごく少量のみしか帯水層へ浸透しない。涵養源としては降水のほかには，灌漑水の降下浸透，河川・湖沼・水路からの浸透などもあるが，帯水層の上部の土層は粒子の細かい土壌で構成され透水性が低く，かつ乾燥気候下にあるため，土壌表層に難透水性の炭酸カルシウムの硬盤層が発達しやすいことも涵養を大幅に妨げている[22]。オガララ帯水層の涵養率については多くの試算が報告されているが，気候，土壌，地理的条件，分析期間によって大幅に異なる。1984年時点での38編の報告によれば，最小値はテキサス州で得られた0.61

mm/y, 最大値はカンサス州中南部で得られた 152.4 mm/y であり変動幅は極めて大きい[16]。これらを単純平均したオガララ帯水層の平均涵養率は 30.97 mm/y であった。また, ある文献では USGS が 1966 年に報告したオガララ帯水層の平均涵養率として 21.59 mm/y を提示している[23]。いずれにしても, オガララ帯水層の涵養率は小さく, 南部に位置するテキサス州で特に小さい傾向がある。

(3) オガララ帯水層の保全と持続的灌漑農業—テキサス州の取組み

上述のように, テキサス州では帯水層の地下水位の低下と貯留量の減少が際立って大きい。テキサス州だけで 63 年間に貯留量が 195 km^3 も減少しており, これは同州の賦存量の 41% にも相当する。賦存量の減少もさることながら, 地下水位の低下は揚水をより困難にし, エネルギーコストの著しい上昇を招くため, 灌漑農業が経済的に立ち行かなくなってしまう。このような危機的な状況を回避するためには, 灌漑効率のさらなる向上と水生産性の改善が大前提となる。

テキサス州では, オガララ帯水層に位置する州内北西部 16 郡の地下水の保全・保護を所掌する行政機関として 1951 年に「ハイプレーンズ地下水保全区 (HPWD: High Plains Underground Water Conservation District)」を設立した。同州では帯水層に存在する地下水は公共の資源とみなされるが, 悪意ある理由もしくは意図的浪費のための揚水でない限り, 地下水は揚水した地主に帰することとなっている。実際に同州では, 地主が自分の土地から使いたいだけの水を揚水することを基本的に認めるという「捕獲の法則 (rule of capture)」に基づいて灌漑が行われてきた[24]。

HPWD は揚水許可を規制して, 揚水量を調整することができる権限を有することから, 2012 年に新たな規則を交付した。それは, 「許容可能な揚水率」を超過する揚水は違法と定めたことである[24]。HPWD の新しい揚水規則は, 地下水枯渇の現実的な脅威に対処していく過程でのまさに第一歩といえる。この規則は HPWD が立てた「管理目標 50/50 (50/50 Management Goal：50 年間にオガララ帯水層の地下水の少なくとも 50% は確実に残すという目標)」を達成するために定められた[24]。この目標は低く設定されてい

るようであるが，最新の USGS の研究で，オガララ帯水層のテキサス州分の 29％はすでに減少してしまっているという報告をみれば，決してたやすい目標ではない。

　1951 年以降，HPWD 地域の灌漑農業は急速に効率を高めてきた。この間，古い型の地表灌漑からより効率の高いスプリンクラー灌漑（センターピボット灌漑）に完全に移行した。HPWD は灌漑効率の向上に積極的に取り組み，1970 年代半ばに 50％であったものを 1990 年までには 75％まで高めている。その後，従来の高圧で空中に噴霧する型のものから，作物により近いところに低圧で給水できる吊り下げ型スプリンクラーを普及させた。この灌漑システムに加えて，土壌面の流去損失をなくすための土壌面整備を施す「低エネルギー精密灌水（LEPA: Low Energy Precision Application）」では，灌漑効率を 95％まで高めることができる（**写真 5.4**）。また，ある綿農家は地中ドリップシステムを適用して，必要最小限の水を直接作物根に供給することにより，灌漑効率 100％を達成している。

　最近のテキサス州の干ばつは，厳しさを増しており，安定した収穫を得るために多くの作物が灌漑を必要としている。このため，HPWD は揚水量に

写真 5.4 LEPA 灌漑システムと圃場面の適正な整備を組み合わせることによる灌漑効率の改善（提供：TRAXCO）

上限値を定めて，帯水層の保全と灌漑農業の両立に向けて取り組んでいる。2012年と2013年には，揚水可能上限を533.4 mm/yに設定した。そして，2014年と2015年には14％引き下げて，457.2 mm/yに改定した。さらに，2016年には17％削減して，381.0 mm/yに設定することになっている[24]。揚水可能上限がより厳しく設定されるので，灌漑農家にとって水生産性を最大化する作物の選択と灌漑方法の適用がより重要になる。灌漑農家が水生産性を高めたいという強い意欲を持つことにより，技術者，農学者，関連企業もそれを実現できる灌漑システムの開発に一層傾注していくことが期待される。

(4) テキサス州ハイプレーンズにおける
　　センターピボット灌漑技術発展の経緯

センターピボット灌漑は，ノズルを取り付けた長い給水管（平均400m）を数基の車輪付きタワーで支え，給水管の一端を圃場の中心部で固定し，そこから地下水を給水管へ圧送して円形に自走しながら散水する灌漑方法である。

テキサス州におけるセンターピボットの導入は1950年代で，ハイプレーンズの砂質土壌地域で最初に適用された。最初のタイプは，給水管に圧送される水の圧力で車輪を回転させる水圧駆動式のもので，エネルギー効率，灌漑効率ともに満足のいくものではなかった。各車輪にはピストン式シリンダーが取り付けられ，給水管の水がパイプで送水される仕組みになっていた。当初給水管の直径は中心軸側から外側端まで一様に15 cmであり，約690 kPa（690 kN m^{-2}，6.8 atm，100 psi）程度の圧力で操作された[25]。給水管の水がピストン式シリンダーに流入し，満水になると車輪が16.5 cm動く仕組みになっており，7本のタワーの一番外側のものを最初に前進させ，順次内側のタワーを前進させてシステム全体を移動させる形式であった[26]。一番外側のタワーが16.5 cm動くのに約10秒要しており，給水管が圃場を1周するのに42時間を要した[26]。給水管は軸側よりも外側のほうで移動速度が速く，灌漑する面積が広いため，外側ほどノズルの設置間隔は短く設計された[26]。なお，最初のタイプは当初給水管の径を一様としたため，下流側（外側）で流量が減少すると水圧が保てなくなる欠点を有したので，給水管の径

を外側に向かうにつれて徐々に細くし，水圧を維持できるよう改良された[26]。最初のタイプでは，高圧ノズルを広間隔に給水管に据え付け，空中高く噴霧していたので，蒸発損失が多く，かつ散水ムラが顕著であった[25]。

1970年代初頭に新たに電動油圧駆動式モデルが考案されると，従来の水圧駆動式に比べて燃料効率が格段に向上した。水圧駆動式では，2.8～3.8 m^3/minの揚水が必要であったが，電動駆動式の登場により1.9～2.8 m^3/minの揚水で間に合うようになった[26]。このモデルは，散水灌漑技術とエネルギー保全の面では，大きく躍進したといえるが，まだ高圧ノズルを広間隔で高位置に据え付けたものが使われていた。さらなる改善を追求するため，土壌保全局（現在の自然資源保全局，NRCS）とHPWD，それに地元の水土保全地区が共同して，灌漑効率の評価を実施した結果，メーカーによるよりよいモデルおよび噴射ノズルの設計の重要性が明確になった[25]。このメーカー，灌漑農家，州政府普及員の連携のもとに進められた取組みは，テキサス州のハイプレーンズで今日大いに普及している低圧ノズルを狭間隔に配置した高効率の最新モデルの開発を促す原動力となり，散水灌漑技術のこの上ない発展をもたらした。

地元の灌漑農家は新しく開発されたシステムを帯水層保全のための解決法の一つとして積極的に導入した。1980年代，1990年代に地下水位の低下と労賃の高騰は継続し一層深刻化したため，数千haの地表灌漑農地がこれら高効率の最新センターピボット灌漑に切り替えられた。今日では，テキサス・ハイプレーンズにおいては極めて効率の高い低圧センターピボット（LPCP: Low Pressure Center Pivot）システムが用いられている。LPCPシステムは，綿，アルファルファをはじめとする家畜飼料，トウガラシ，トウモロコシ，その他非果樹作物などの栽培農家で一般的に用いられている。テキサス・ハイプレーンズの灌漑農家は，おそらく世界で最も効率の高い灌漑管理を実践しているといわれている[25]。彼らは水保全の第一歩は，灌漑適用量の正確な制御が可能な効率の高い灌漑システムを活用することであり，さらにオガララ帯水層の将来は自分たちの土地の管理にかかっていることをしっかりと認識している[25]。

この観点から，近代的なLPCPを積極的に導入し，灌漑効率を改善しかつ

表 5.9 近代的 LPCP（低圧センターピボット）4 システムの概要[25)~27)]

システム	LEPA	LESA	LPIC	MESA
給水方法	ノズルに気泡パッドを取り付けて散水するか，ドラッグホースで地表面に給水	地表面近くで低圧で散水	低圧で作物キャノピーに散水	作物キャノピーの上から低圧で散水
水圧	40 - 70 kPa (6 - 10 psi)	70 - 200 kPa (10 - 30 psi)	70 - 200 kPa (10 - 30 psi)	70 - 200 kPa (10 - 30 psi)
必要な均等係数	94%	94%	94%	90%
ノズル間隔	条間の2倍以下	条間の2倍以下	条間の2倍が最適（305cm以下）	条間の2倍が最適（305cm以下）
ノズルの高さ	LEPAヘッド・気泡モードでは20～46cm。ドラッグホース使用の場合は地表面まで。	地表面～46cm	作物キャノピーの高さ	作物キャノピーの上（作物の草丈によるが，土壌面から90～215cm）
畦立ての仕方	環状畦	環状畦が最適（あらゆる畦でも可）	環状畦が最適（あらゆる畦でも可）	あらゆる畦でも可
圃場の傾斜	1%以下	3%以下	3%以下	3%以下

環境への悪影響を最小限にしようとする試み（BMPs: Beneficial Management Practices）が進められている。その代表的なものが LEPA（低エネルギー精密灌水：Low Energy Precision Application），LESA（低位噴霧灌水：Low Elevation Spray Application），LPIC（低圧キャノピー灌水：Low Pressure In Canopy），MESA（中位噴霧灌水 Mid-Elevation Spray Application）の4システムである。これらのシステムはその概要を表 5.9 に示すように，水圧は給水管の下流端で 69～172.5 kPa（69～172.5 kN/m^2，0.68～1.7 atm，10～25 psi）と低圧で管理し，作物用水量，土壌の透水性，保水能力を考慮し，かつ畦を整備して土壌面流去損失を抑えることにより，高い灌漑効率を確保することができる。

5.2.2 ヌビア帯水層を利用したリビアの大人造河川計画

2011 年の初頭にチュニジアで起こった民主化運動「アラブの春」は，隣国リビアへも飛び火し，翌年 8 月に反政府勢力によってトリポリが陥落した。カダフィ政権は崩壊し，同年 10 月 20 日にカダフィは出身地にて殺害された。リビアの前最高指導者ムアンマル・カダフィ大佐が，政権の座にあった 42

年間にもっとも意欲的に取り組んできた非軍事的開発事業は,「大人造河川計画」(Great Man-Made River Project) であった。彼の夢は,淡水をすべての国民に供給し,砂漠を緑にして,リビアで食料の自給を達成することであった。ここでは,カダフィ大佐が野心的に取り組んできた大規模な砂漠の地下水開発プロジェクトについて紹介する。

(1) リビアの地形・水文環境の概要

リビアはサハラ砂漠の北部に位置する地中海に面した国で,地中海沿岸を除き国土のほとんどは不毛の岩漠,砂丘,塩水湿地,それに南西部の標高1 200 m および南東部の標高 1 800 m の山々からなる。気候上,リビアは地中海気候とサハラ気候の両方の影響を受ける。沿岸部は地中海気候であり,年降水量 250〜400 mm で,冬季は穏やかな気候であるが,夏季は暑く乾燥する。内陸砂漠の状況は,極端に暑くて乾燥しており,年降水量は 0〜120 mm である。地表水はワジを流れる水だけであり,流出量は年間 0.200 km^3 と見積もられる。地表ダムは 16 基(総貯水量 0.387 km^3)あるものの,ダムでコントロールできる水量はせいぜい 0.06 km^3 であることから,これらのダムは湿潤年にのみ機能すると考えられる[28]。このようにリビアは地表水が極端に乏しい砂漠の国であり,地下水がその生命線であるといえる。人口の集中している地中海沿岸では,地下水涵養量 0.5 km^3/y を大幅に超える過剰な揚水(4.7 km^3/y)が行われ,海水の侵入を誘発することとなった。このためトリポリ周辺では地下水の塩類濃度は 7 000 mg/L にも達している[29]。

(2) リビアの地下水資源:ヌビア帯水層

幸いなことに,リビアの砂漠地帯の地下には豊富な地下水が存在する。それはヌビア砂岩帯水層(Nubian sandstone aquifer)とよばれ,リビア,チャド,スーダン,エジプトにまたがる約 200 万 km^2 の広がりを有する非常に大きな帯水層である。その水は TDS(全溶解物質)が普通 500 mg/L 以下の良好な水質である[30]。この帯水層は 1960 年代初頭に発見され,潜在賦存量は約 60 000 km^3 といわれる[28]。地下水は不圧状態の浅層から被圧状態の深いところ(1 800 m)まで分布する。リビア国内にはクフラ(推定賦存量

20 000 km^3),シルト(同 10 000 km^3),ムルズク(同 4 800 km^3),ハマダー(同 4 000 km^3)の四つの地下水盆(同計 38 800 km^3)がある[29]。放射性同位元素年代測定法によれば,この地域の地下水はサハラ砂漠が湿地で,湿潤気候下にあった後期更新世後半の 25 000 ～ 40 000 年前に封じ込められた化石水である[31]。この帯水層の存在する地域は極乾燥地域で,年平均降水量は 5mm 以下であることから,この地域からの直接降水による地下水涵養は皆無と考えられる。地下水涵養のほとんどは南部のチャドやスーダンにまたがるティベスティ山地からの地下水流入による。この地下水流入量は毎秒 80 m^3/s にものぼるという説[32]や 5 m^3/s 程度とする説[33]があり,正確な見積りが得られていない。

(3) 大人造河川計画(GMRP)

リビアはこの地下水資源の開発を指導者カダフィ大佐の主導のもと,「大人造河川計画(GMRP)」として,1983 年に着手した(図 5.10 参照)。GMRP 計画には,石油で得た資金がつぎ込まれた。この計画を実施・管理する大人造河川公社(GMRA)は,先述の四つの地下水盆の地下水賦存量の 26 ～ 31%に当たる 10 000 ～ 12 000 km^3 は経済的に利用可能と見積もっている[29]。GMRP 事業完成のあかつきには,1 300 基の井戸により日量 600 万 m^3(69.5 m^3/s;2.2 km^3/y)の地下水を内陸砂漠地帯の豊富な帯水層から揚水し,それを全長 4 000 km のパイプラインで地中海沿岸の人口集中地域へ送水する世界最長のパイプライン網が形成される[29]。送水される水の 70%は,既存農地に加えて,新たに開発される農地 13 万 ha の灌漑用に割り当て,穀物と飼料作物の自給率を向上させて,食料の安全保障を確保するねらいである[29]。

計画はフェーズ 1 ～ 5 によって構成される。フェーズ 1 により,サリールおよびタゼルボからアジダビヤ貯水池を経てベンガジおよびシルトへ至る,直径 4 m のパイプライン 2 本からなる全長 1 600 km の東側システムが 1991 年に開通し,日量 200 万 m^3 の地下水が供給されるようになった[34]。フェーズ 2 では,南西部のフェザンからトリポリおよび肥沃なジェファラ平野へ至る,直径 4 m の西側パイプライン 895 km が 1996 年に開通し,日量 200

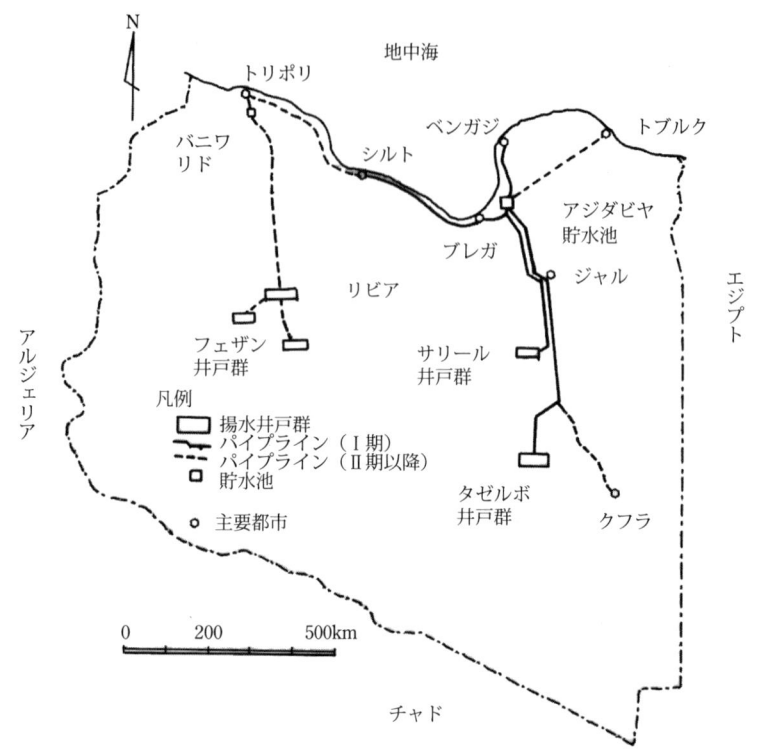

図5.10 GMRPプロジェクト（Murakami（1995）[31]より作成）

万m^3が供給されるようになった[35]。フェーズ3では，フェーズ1の東側システムの送水量を日量168万m^3増やして，368万m^3/dとする。そしてフェーズ4では，配水用パイプラインを整備し，フェーズ5では東西両システムをシルトでつなぎ単一システムとして機能させる計画である。地下水涵養速度を推定するデータが不十分なため，GMRP計画のもとでのヌビア帯水層の寿命は，20～200年と幅を持たせて予測されている[31]。このことからパイプライン網は，帯水層の寿命を50年と想定し，耐用年数50年として設計されているという。壮大な計画ではあるが，あまりにもプロジェクト寿命の短い計画といわざるを得ない。

　この計画の総事業費は2004年の見積で，270億米ドルとされている[34]が，今後さらに上昇していくことが考えられる。この事業は極めて高コストであ

5.2 地下水に依存した大規模灌漑農業

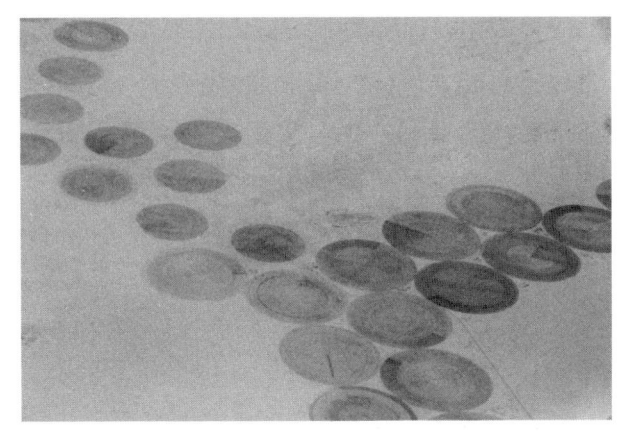

写真 5.5 ヌビア帯水層から地下水（化石水）を汲み上げ，砂漠の真ん中で，実施されているセンターピボット灌漑（クフラオアシス）（撮影：北村義信）

り，貴重なヌビア帯水層の地下水を使い切るかも知れないリスクを背負って，小麦などの穀物生産を行うという，費用対効果からみても，計画の持続可能性からみても，環境に及ぼす負荷からみても，次世代への負の遺産となりうる，非常に危険で疑問の残る計画である。一人当たり再生可能水資源量が2004年で106 m^3/y と極端に乏しいリビアにとって，石油で得た資金は小麦などの自国で消費する穀物の輸入に振り向けるほうが，バーチャルウォーター（仮想水：virtual water）の観点からも，はるかに経済的であると考えられる。

(4) カダフィ後の GMRP

アラブの春の内戦時には，NATOによるリビアへの軍事介入が2011年3月〜10月まで続き，7月にはGMRPのパイプラインとパイプの製造工場がブレガ（Brega）近郊でNATO軍により空爆され破壊された。NATOのパイプラインへの空爆により，このシステムに生活用水，灌漑用水を依存している人口の70％への給水が遮断されたといわれている[36]。本来，戦時での水への攻撃（飲料水，灌漑水に関連する施設・インフラへの攻撃）は文民の生存に対する攻撃とみなして，国際法で禁止されている（第6章の6.3.2項に

「戦時における水の保護規定」について記述している）。これが事実だとするとNATOは重大な過ちを犯したことになる。NATOの言い分は，パイプ工場が軍事貯蔵施設として使用されていたとの理由であるが，パイプラインを破壊して給水を遮断し，修理に必要な資材を調達する工場まで破壊したとあっては人道上許されることではない。その後GMRPが修理され機能が回復していることを祈りたい。

　カダフィ大佐が死去して3年を経過したが，リビアでは政府が二つ樹立されて，双方が互いを承認せず，それぞれを支持する武装民兵が政権をめぐる紛争を武力で決着させようとしている。このような状況では，GMRPの既存システムの維持管理は満足のいくものでないことは容易に推察される。一刻も早く国がまとまり，貴重な砂漠の地下水の真の有効利用について科学的に検討し，GMRPの将来像を見直し，持続可能なシステムに修正されることを強く望むものである。

5.3　まとめ

　灌漑農業は，世界の食料生産に多大なる貢献をしてきたが，一方でさまざまな環境問題を経験してきた。ある地域で作物栽培を行う場合，作物が健康的に生育していくうえで必要な水を他所から引水して作物に供給する行為が灌漑である。灌漑は自然の水の流れを利用して，栽培作物に適した新たな水の流れを構築する技術といえる。自然の水の流れの中にうまく同化するかたちで灌漑システムが形成されるのが理想である。湿潤地域での補給灌漑では，比較的それは実現可能である。しかし，乾燥地での灌漑はほとんど水のないところへ新たに水を供給することになるので，大幅な変化をもたらすことはいうまでもない。とりわけ大規模なシステムを構築し，経済性，利便性を性急に追求するほど変化量は大きくなり，環境に及ぼす影響が大きくなる傾向がある。

　地表水に依存した大規模灌漑においてはウォーターロギングと塩類集積の問題が最も深刻であり，圃場レベルから灌漑区レベル，流域レベルでの地下水位のコントロールを中心とした広域水管理の重要性が強調される。また，

水利事業が引き金となり得る住血吸虫症，オンコセルカ症，マラリアなどの昆虫媒介感染症（風土病）蔓延の可能性についても事前に影響を評価し，対処することが重要である。

地下水に依存した大規模灌漑においては，涵養速度を超える過剰揚水に伴う地下水位の低下・地下水質の劣化が最も懸念されるので，地下水位の監視体制を強化し，涵養速度の範囲内での揚水を徹底することがシステムを持続していくうえで基本となる。それを達成するために，灌漑効率の向上を図るとともに，場合によっては不足灌漑（9.2.6項参照）を採用して水生産性を追求するなど，節水に対する受益者の理解と協力を得ることが基本となる。

《引用文献》

1) [WRI] The World Resources Institute (1990): Freshwater, World resources 1990-91. New York: Oxford University Press, pp.161-178.
2) Zonn IS. (1995): Aral: from salvation of the sea to land restoration. In: Proceedings of the Tokyo Symposium on Sustainable Development, The Japanese Institute of Irrigation and Drainage and The United Nations University, Tokyo, pp.273-284.
3) [ICWC] Interstate Coordination Water Commission (2008): Database of the Aral Sea/ Key morphometric characteristics of the Aral Sea.
（available from: http://www.cawater-info.net/aral/data/morpho_e.htm）
4) Micklin P, Aladin NV (2008): Reclaiming the Aral Sea. Scientific American, April 2008 Issue, pp.64-71.
5) Kitamura Y, Yano T, Honna T, Yamamoto S, Inosako K. (2006): Causes of farmland salinization and remedial measures in the Aral Sea basin –research on water management to prevent secondary salinization in rice-based cropping system in arid land. Agricultural Water Management, 85(1-2), pp.1-14.
6) FAO(1997): Irrigation in the countries of the former Soviet Union in figures, FAO Water Report, 15, FAO, Rome, 236 p.
7) 矢野友久(1999)：塩類集積土壌の改良に関する研究，中央アジア塩類集積土壌の回復技術の確立に関する研究，環境庁地球環境研究総合推進費終了研究報告書，pp.8-19
8) 北村義信・矢野友久(2000)：中央アジア乾燥地における二次的塩類集積防止のための広域水管理研究，地球環境，Vol.5, No.1/2, pp.27-36
9) Kitamura Y, Murashima K, Ogino Y. (1997): Drainage in Asia (II): manifold drainage problems and their remedial measures in India. Rural and Environmental Engineering, No.32, pp.22-41.
10) Kapoor AS, Denecke HW (2001): Biodrainage and biodisposal: the Rajasthan experience. In GRID, IPTRID's network magazine No.17, pp.3-4.

11) [ICAR] Indian Council of Agricultural Research (1992): Report of the technical group on the problems of seepage and salinity in Indira Gandhi Nahar Pariyojna (IGNP). New Delhi: ICAR, 32p.
12) Heuperman AF, Kapoor AS, Denecke HW (2002): Biodrainage- principles, experiences and applications. IPTRID Knowledge Synthesis Report, No.6, 90p.
13) McMahon, Peter B., Dennehy, Kevin F., Bruce, Breton W., Gurdak, Jason J., and Qi, Sharon L. (2007): Water-quality assessment of the High Plains Aquifer, 1999–2004: U.S. Geological Survey Professional Paper 1749, 136 p.,
    [Available at http://pubs.usgs.gov/pp/1749/.] (Jan. 21, 2016)
14) USGS (2015): High Plains water-level monitoring study (groundwater resources program) [Available at http://ne.water.usgs.gov/ogw/hpwlms/] (May 2, 2015)
15) Wikipedia(2015): Ogallala Aquifer
    [Available at http://en.wikipedia.org/wiki/Ogallala_Aquifer] (May 2, 2015)
16) Gutentag, E.D., Heimes, F.J., Krothe, N.C., Luckey, R.R. and Weeks, J.B. (1984): Geohydrology of the High Plains Aquifer in Parts of Colorado, Kansas, Nebraska, New Mexico, Oklahoma, South Dakota, Texas, and Wyoming, High Plains Rasa Project, US Geological Survey Professional Paper 1400-B.
17) McGuire, V.L., Lund, K.D. and Densmore, B.K. (2012): Saturated thickness and water in storage in the High Plains aquifer, 2009, and water-level changes and changes in water in storage in the High Plains aquifer, 1980 to 1995, 1995 to 2000, 2000 to 2005, and 2005 to 2009: U.S. Geological Survey Scientific Investigations Report 2012-5177, 28p. [Available at http:// pubs.usgs.gov/sir/2012/5177/.] (May 2, 2015)
18) Wikipedia(2015)：Dust Bowl
    [Available at http://en.wikipedia.org/wiki/Dust_Bowl] (May 2, 2015)
19) USGS (2008): Water use in the United States: U.S. Geological Survey digital data [groundwater-use data by county for 1985, 1990, 1995, 2000 and 2005]: accessed December 2008 at http://water.usgs.gov/watuse/.
20) McGuire, V.L. (2014): Water-level changes and change in water in storage in the High Plains Aquifer, predevelopment to 2013 and 2011-13, U.S. Geological Survey Scientific Investigations Report 2014-5218, 14p.
    [Available at http:// pubs.usgs.gov/sir/2014/5218/pdf /sir2014_5218.pdf] (May 2, 2015)
21) Kromm, D. E. (2015): Ogallala Aquifer. Water Encyclopedia. accessed May 13, 2015 at http://www.waterencyclopedia.com/Oc-Po/Ogallala-Aquifer.html.
22) Nativ, R. (1992): Recharge into Southern High Plains - possible mechanisms, unresolved questions. Env. Geol. and Water Sci. 19, pp.21-32.
23) Massachusetts Institute of Technology (MIT) (2015): Mission 2012: clean water. accessed May 2015 at http://web.mit.edu/12.000/www/m2012/finalwebsite/about/cited. shtml.
24) Postel, S.(2012): Texas Water District Acts to slow depletion of the Ogallala Aquifer,

引用文献

National Geographic. accessed May 20, 2015 at http://voices.nationalgeographic.com/2012/02/07/texas-water-district-acts-to-slow-depletion-of-the-ogallala-aquifer/).
25) National Resources Conservation Service (NRCS), USDA (2015): Utilizing center pivot sprinkler irrigation systems to maximize water savings. accessed May 26, 2015 at http://cotton.tamu. edu/Irrigation/NRCS%20Center%20Pivot%20Irrigation.pdf).
26) 矢ケ崎典隆・斉藤　功(1999)：アメリカ合衆国ハイプレーンズにおける灌漑化と農業地域の変化—カンザス州南西部の事例—, 新地理, Vol.46, No.4, pp.14-31
27) Howell, T.A. (2006): Water losses associated with center pivot nozzle packages. In: Proc. Central Plains Irrigation Conf., Colby, KS., Feb. 21-22, 2006. Available from CPIA, 760 N.Thompson, Colby, KS., pp.12-24. Also at http://www.ksre.ksu.edu/irrigate/OOW/P06/Howell06.pdf
28) [ACSAD] Arab Center for the Study of Arid Zones and Dry Lands (2003): Management, protection and sustainable use of groundwater and soil resources in the Arab Region (Vol.6). Guideline for Sustainable Groundwater Resources Management. Damascus: ACSAD, 235p.
29) [GMRA] Great Man-Made River Authority (2009): GMRA Project Official Website. (available from: http://www.gmmra.org/en/)
30) Gischler EC (1979): Water resources in the Arab Middle East and North Africa. Unesco Working Document No.SC-76/CASTARAB/3. Paris: Unesco, 132p.
31) Murakami M. (1995): Managing water for peace in the Middle East: alternative strategies. Tokyo: United Nations University Press, pp.99-101.
32) Ahmad MU (1983): A quantitative model to predict a safe yield for well fields in Kufra and Sarir Basins, Libya. Ground Water, 21(1), pp.58-66.
33) Wright E. 1983. Discussion of "A quantitative model to predict a safe yield for well fields in Kufra and Sarir Basins, Libya," by Ahmed MU., Jan. -Feb. 1983 issue, 21(1), pp.58-66. Ground Water, 21(6), pp.764-766.
34) Water-Technology Net (2009): The website for the water and wastewater industry. (available from: http://www.water-technology.net/projects/gmr/)
35) Abdelrhem IM, Rashid K, Ismail A. (2008): Integrated groundwater management for Great Man-Made River Project in Libya. European Journal of Scientific Research, 22(4): 562-569.
36) Patoway, K. (2015): The Great Man-Made River of Libya. Amusing Planet. (available from: http://www.amusingplanet.com/2015/07/the-great-man-made-river-of-libya.html)

第 6 章
国際河川のはらむ問題と
その解決

「21世紀は水の世紀」といわれるが，これは1995年当時の世界銀行のイスマイル・セラゲルディン副総裁が「20世紀の戦争が石油をめぐって戦われたとすれば，21世紀の戦争は水をめぐって戦われるであろう」[1]と警告したことに由来する。取水をめぐる係争が，水戦争にまで発展する可能性は極めて低いものの否定はできない。本章では，幾つかの国際河川を取り上げ，上下流間で発生した係争の経緯と解決に向けた取組みなどについて論ずる。同時に国際的な慣習法として定着しつつあった「国際水路の非航行利用に関する条約（UN, 1997採択）」は，ようやく2014年8月に35カ国の批准を得て発効したが，この条約の果たす役割についても考察する。

6.1 国際河川の分布とその影響

地球上には263の国際河川がある[2]。地域別にみれば，ヨーロッパ（69河川），アフリカ（59河川），アジア（57河川），北アメリカ（40河川），南アメリカ（38河川）である。その流域面積は全陸地面積のほぼ半分を占め，地球上の再生可能淡水供給量の60％を流下させ，世界人口の約40％が生活を営んでいる[2]。国際河川流域にある国数は145カ国（世界の国数は195カ国であるので，その3/4弱が国際河川流域に含まれる）にも及び，各国の人口増加とも相まって，流域関係国間で取水をめぐるし烈な争奪戦が展開されつつある。過去において国際河川の利用をめぐって実際に戦争が発生したことはないとされているが[3]，1965〜67年のイスラエルによるシリア領内の

水利施設建設現場（アラブ側で進めていたアラブ転流計画の主要施設）への軍事攻撃はほかの要因とともに，第3次中東戦争（1967年）勃発の引き金となった。このことから，筆者は一連の紛争は「水戦争」の色彩の濃い武力紛争であったと認識している。

　今後は，セラゲルディン氏が警告したような，将来的に国際河川の利用をめぐる国家間のトラブルが「水戦争」まで進展することは確率的に極めて低いと考えられる。しかしながら，途上国を中心とする人口増や工業化・都市化の波に伴う急速な水需要の増加傾向，それに水資源の有限性とその地域的・時間的偏在性がより切実に認識されるようになり，国際河川の水問題が当事国間の係争の原因となる危険性は否定できない。

　これに地球温暖化問題が重くのしかかり，国際河川の水問題を一層深刻なものとしつつある。多くの大河川の源流では氷河が形成されていることが多いが，近年氷河に異変が起こっている。すなわち，氷河の融解時期が早期化・長期化し，かつ融解量が増えることにより，氷河の体積に顕著な縮小がみられる。このため，氷河が消滅するまでの洪水の頻発と消滅後の慢性的渇水が懸念される。

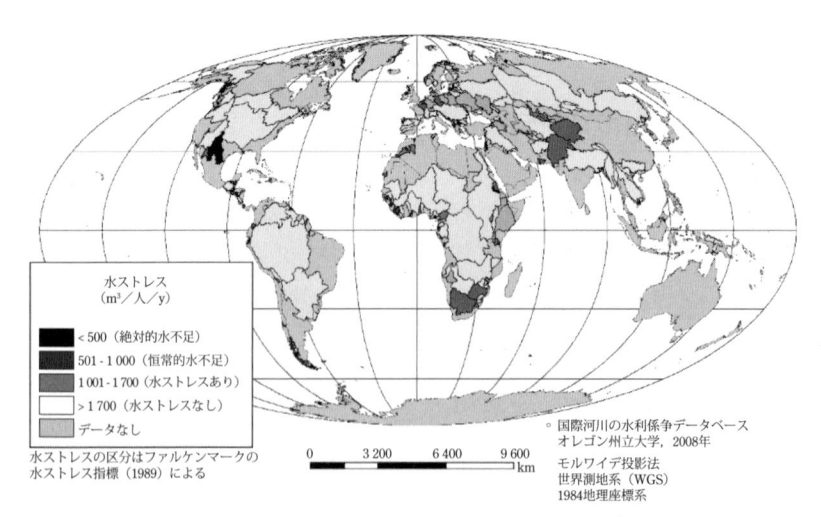

図 6.1　国際河川流域の分布と流域別水ストレス [4]

図6.1に国際河川流域の分布と流域別水ストレス状況を示す[4]。ヨーロッパには国際河川が多くかつ水ストレスが高い。サブサハラ・アフリカにも国際河川が多く，熱帯域を除いて水ストレスは高い傾向にある。中東，西アジアには国際河川流域の数は限られているが，高い水ストレスを示している。

6.2 国際河川における紛争の概要

S. ヨフェ（Yoffe）らは，1948年から1999年の間に国際河川流域において発生した，水に関する流域国間での出来事について，詳細な研究を実施している[5]ので，以下にその概要を紹介する。国際河川流域における水に関する流域国間の協力件数（条約調印も含む）は係争件数に比べはるかに多い。すなわち，この間の水に関する全出来事は1 831件発生したが，このうち係争事案は507件（28％）で，協力事案は1 228件（67％），どちらともいえない事案は96件（5％）であった。この間に，流域国が水をめぐって正式な宣戦布告をしたこともなければ，複数の流域国が協調の結果として統合したこともない。また，すべての案件のうち半分以上（57％）が外交の場での口頭による軽微な論争的もしくは協調的言及であった。協力的な事案の論点は，水量（水配分），水利施設，共同管理，水力発電，水質に関することが主であった。係争的事案の論点は，水量（水配分）と水利施設に関するものが多く，以下は水質，共同管理に関するものであった。係争的事案は概して軽微なものが多かったのに対し，協力的事案はより重要度の高いものが多かった。この間に国際水利条約が157件調印されており，そのうち二国間条約が49件で，平均すれば条約の構成国数は3カ国であった。多国間の水利条約の場合，経済開発，共同管理，水質関係を強調するものがほとんどであるが，二国間条約の場合，水量（水配分），水力発電を重視する傾向がみられた。多国間条約の場合，水量（水配分）に関して調印までこぎつけるのは至難の業といえるのかも知れない。また，この間，大規模な軍事行動が21件発生しているがいずれも二国間の係争である。地域別にみれば，水に関わる出来事は中東・北アフリカ地域が圧倒的に多く，次いでサブサハラ・アフリカ地域で多かった。また，協力的な出来事と係争的出来事のウエートについては，ほとんど

表 6.1　比較的高い紛争の可能性を秘めた河川流域

国際河川流域	流域国	抱える問題	関係流域機関・委員会等	
ヨルダン川	レバノン，シリア，イスラエル，パレスチナ，ヨルダン	水不足，水配分問題，下流域の水質悪化，死海の水位低下問題，死海-紅海運河計画（イスラエル，ヨルダン，パレスチナ）	・イスラエル-ヨルダン共同水委員会（IJJWC） ・イスラエル-パレスチナ共同水利委員会（JWC） ・ヨルダン-シリア共同高等委員会（ヤルムーク川委員会）	
アラル海（アムダリア）	タジキスタン，アフガニスタン，ウズベキスタン，トルクメニスタン	水不足，上下流問題（発電対灌漑），大アラル海の消滅，大アラル海周辺の環境劣化・健康被害，漁業消滅	・水資源調整委員会（ICWC） ・アラル救済国際基金（IFAS）	アムダリア流域水利調整機構
アラル海（シルダリア）	キルギスタン，ウズベキスタン，タジキスタン，カザフスタン	水不足，上下流問題（発電対灌漑），小アラル海の縮小，小アラル海周辺の環境劣化・健康被害，漁業衰退		シルダリア流域水利調整機構
ナイル川	ブルンジ，ルワンダ，タンザニア，コンゴ民主共和国，ケニア，ウガンダ，エリトリア，エチオピア，スーダン，エジプト	取水割当量をめぐる対立（上流域国エリトリアを除く7カ国対下流域国2カ国）	ナイル川流域イニシアチブ（NBI）－水問題担当閣僚協議会（NILE-COM），技術諮問委員会（NILE-TAC），ナイル流域事務局（Nile-SEC）からなる。	
チグリス-ユーフラテス川	トルコ，シリア，イラク，イラン（チグリス川のみ）	水不足，上下流問題（上流域国でのダム建設，トルコの「南東アナトリア開発計画」に対する下流域国の反対），ISによる重要水利施設攻撃・占領の脅威	共同技術委員会（JTC）があるが機能せず。	

の地域では協力的出来事が係争的出来事を上回っていたが，中東・北アフリカ地域だけは係争的出来事が協力的出来事を凌いでおり，この地域の危険性が最も懸念される。

表 6.1 は比較的高い紛争の可能性を秘めた国際河川流域と関係国，抱える問題などをリストアップしたものである。

6.3　国際水路の非航行利用に関する条約および戦時における水の保護規定成立の背景と現状

6.3.1　国際水路の非航行利用に関する条約

　国際河川の利用に関する条約は，もっぱら航行利用に関するものであった

が，ライン川などのヨーロッパの国際河川では，19世紀初めから航行利用以外の使用についても紛争の対象となってきた。このため，国際法学会（International Law Institute, IDI: L' Institute de Droit International）は1911年にマドリッド宣言を採択し，「国際河川は流域国すべての共有財産」として流域国の権利を認めた[6]。

この宣言を発展させて国際法協会（International Law Association: ILA）は1966年に「国際河川流域における水資源の合理的で公平な使用に関する包括的な規則ヘルシンキルール（Helsinki Rules）を採択している[6]。この規則はハーグの国際司法裁判所でも採用されるようになった。ただしこの規則は，流域の河川表流水，地下水は河口まで全体としてつながっているという概念に基づいており，下流域国の開発に有利（反面上流域国には不利）な考え方であるため，多くの国の反対する原因になった。1982年には同規則に「国際河川流域の汚染に関する事項」を補完する規則モントリオールルール（Montreal Rules）を，さらに1986年には同規則に「国際河川流域の地下水に関する事項」を補完する規則ソウルルールを採択した[6]。この国際法協会の一連の作業が，国際法委員会の「国際水路の非航行利用に関する条約」の草案に大きな影響を及ぼした。

国際法委員会（ILC：International Law Commission）は，国際法の漸進的発達と法典化を促進する目的で国連総会によって1947年に設置された。この委員会は，国家間の関係を規制する国際法の広範な事項を取り上げ，草案を作成することが主な役割であり，1949年以来，国際河川の問題を懸案の一つとしてきた。ILCは1970年国連総会決議「国際水路に関する国際法原則の漸進的改善と成文化」に従って，1974年に国際水路に関する事案に本格的に取りかかり，国連加盟国に対して，国際水路案件に関するさまざまな問題について，意見を聴取するため，アンケート調査を実施している。ILCは，1997年4月に国際水路の非航行的利用に関する条約の草案を作成し，採択した。条約草案の審議過程で，下流域国は国際水路流域という概念に賛同したが，上流国はこれに反対した。同年5月に国連総会は「国際水路の非航行利用に関する条約」（Convention on the Non-navigational Use of International Watercourses）を採択した。起草者は日本，アメリカを含む38カ国で，賛

成が106で，棄権が26，欠席31，反対はブルンジ，中国，トルコの3カ国（いずれも上流域国）であった。

この条約では，地下水を含む国際水路の航行以外の利用に関して関係国間の衡平な利用の原則と損害を与えない義務が締約国に規定され，水利用に関する国際的な規範としての方向性が示された[7]。またヘルシンキルールで採用された国際河川（International rivers）の概念は国際水路（International watercourses）に改められた。すなわち，水路（Watercourse）は「その地形等の物理特性により一つのまとまった統一体を構成し，かつ共通の終端へと流れる地表水と地下水からなるシステム」と規定され，国際水路は「その一部が複数の異なる国に所在する水路」と規定されている。条約は37カ条からなり，7部に整理されている。1部は序論（1〜4条），2部は基本原則（5〜10条），3部は計画的活動（11〜19条），4部は保護，保全と管理（20〜26条），5部は有害な状況と緊急事態（27〜28条），6部は雑則（29〜33条），7部は最終文節（34〜37条）である。条約の付属文書には，条約33条に関連して関係国が係争を仲裁に持ち込む際に取るべき四つの手続きが定められている[8]。

この条約の発効には，36条に基づき35カ国による批准が必要であるが，この要件を満たすのに，長年の歳月を要した。35番目の批准国ベトナムが批准した2014年5月19日から90日目の2014年8月17日に「国際水路の非航行利用に関する条約」は発効した。**表6.2**に「国際水路の非航行利用に

表6.2　「国際水路の非航行利用に関する条約」の国連総会採択と発効への道のり

- 1911年：マドリッド宣言（共通の河川流域を有する国家は相互に恒久的な地形上の依存関係にある。国際水法の権利義務に関して国家の相互性が最初に受け入れられた動きで，流域国の権利を認めたもの。）
- 1966年：ヘルシンキルール（国際河川水の利用に関するルール。国際流域の非航行利用に関する包括的なルール）―下流国の開発にとっては有利であるが，上下流国間に問題もたらすため，多くの国の反対あった。
- 1982年：モントリオールルール（国際河川流域水の汚染に関する規則）ヘルシンキルールを補完。
- 1982年：ソウルルール（国際河川流域の地下水に関するルール）ヘルシンキルールを補完。
- 1997年4月：「国際水路の非航行的利用の法に関する条約」草案の採択（ILC：International Law Commission）。条約草案の審議過程で，下流国は国際河川流域（International River Basin）という概念に賛同し，上流国はこれに反対した。
- 1997年5月：国連総会「国際水路の非航行利用に関する条約」を採択。
- 2014年8月：「国際水路の非航行的利用に関する条約」が発効。

関する条約」の発効にいたるまでの主な流れを示す。

この枠組み条約は，発効までに17年もの歳月を要したが，この間国際水路に関する各国の行動指針として，「衡平かつ合理的利用（5条）」および，「流域国に重大な危害を及ぼさない義務（7条）」という2大原則が尊重されており，国際的な慣習法として定着してきている。晴れてこの条約が発効したことから，取水をめぐる係争の抑止力・解決力として一層機能することを期待したい。

6.3.2 戦時における水の保護規定

なお，戦時における水利用の保護に関する国際的法秩序については，1977年に国際人道法会議で採択されたジュネーブ諸条約第一追加議定書（正式には1949年8月12日のジュネーブ諸条約の国際的な武力紛争の犠牲者の保護に関する追加議定書（議定書Ⅰ）で，国際紛争下における文民の保護について定めた人道法である。以下，第一追加議定書）の第54条第2項と第56条において規定されている[9]。

前者（第54条第2項）では，飲料水の施設および供給施設と灌漑施設への攻撃を禁止している。これは，第54条第1項で文民たる住民の生存に不可欠なものの保護に関して規定しており，水への攻撃（飲料水，灌漑水に関連する施設・インフラへの攻撃）は文民の生存に対する攻撃とみなして禁止したものである。

後者（第56条）は，攻撃や破壊によって周辺の文民たる住民に危険を及ぼすおそれのある力を内蔵する工作物および施設に対して，特別な保護を与えようとするものである。その対象施設として，ダム，堤防および原子力発電所がリストに挙げられており，原則として攻撃の対象としてはならないとしている。

この戦時における水の保護規定を含む第一追加議定書には多くの国が支持を表明し，2014年9月時点で，世界174カ国が加盟しており，戦時での水への攻撃禁止は国際規範となっている[9]。

しかしながら，2014年8月にチグリス川にかかるイラク最大のモスル（Mosul）ダムが，イスラム教スンニ派過激派組織「イスラム国（IS）」に制

圧され，洪水をおこす「兵器」として使用されるおそれがあると懸念されていたが，イラク軍とクルド人部隊によって奪還され，危険を避けることができた。この事件では国連の「水の保護規定」を無視して作戦を展開するテロリストの脅威が改めて世界に認識された[10]。

6.4 主要な水紛争の原因と解決（水利協定の締結状況）

6.4.1 ヨルダン川の水紛争の経緯と現状

（1）ヨルダン川の自然流況（本来の自然流況）

　ヨルダン（Jordan）川は，18 500 km^2 の流域を有し，レバノン（4%），シリア（10%），イスラエル（37%），ヨルダン（40%）および西岸地域（9%）にまたがって流れる延長250 km の国際河川である[11]（図6.2）。ヨルダン川の源流は，ダン川，ハスバニ川，バニアス川という比較的流況の安定した三つの湧泉が形成している。三つの源流のうち最も大きいダン川はイスラエル起源の湧泉で，年平均 245（173-285）MCM/y の流量を有する（1 MCM＝100万 m^3）。ハスバニ川はレバノンに発し，年平均 138（52-236）MCM/y の流量を有する。バニアス川は，ゴラン高原のヘルモン湧泉に源流を持ち，年平均 121（63-190）MCM/y の流量を有する[12),13)]。なお，3支川の平均流量は，それぞれ 250，125，125 MCM/y，合計 500 MCM/y と見積もられる場合が多い[14]。これら三つの支流はイスラエル領に入って 6 km のところで合流し，ティベリアス湖（標高−210 m：キンネレット湖，ガレリー湖ともよばれるが，以下「ティベリアス湖」とよぶ）へ向かって南流する。この間さらに流域から約 140 MCM/y の流入があり，ティベリアス湖への平均流入量は約640 MCM/y となる。

　ティベリアス湖では，雨水 65 MCM/y を含め，直接流域から 200 MCM/y の流入がある。ただし，このうち 65 MCM/y は塩水である。また，この間，湖からの蒸発損失が 270 MCM/y あるので，ティベリアス湖までのヨルダン川上流部の水資源は，470 MCM/y となる。なお，ティベリアス湖の貯水量は 4 000 MCM あるが，これはヨルダン川上流部からの自然な年間流入量の 6.25 倍に相当する。

6.4 主要な水紛争の原因と解決（水利協定の締結状況）

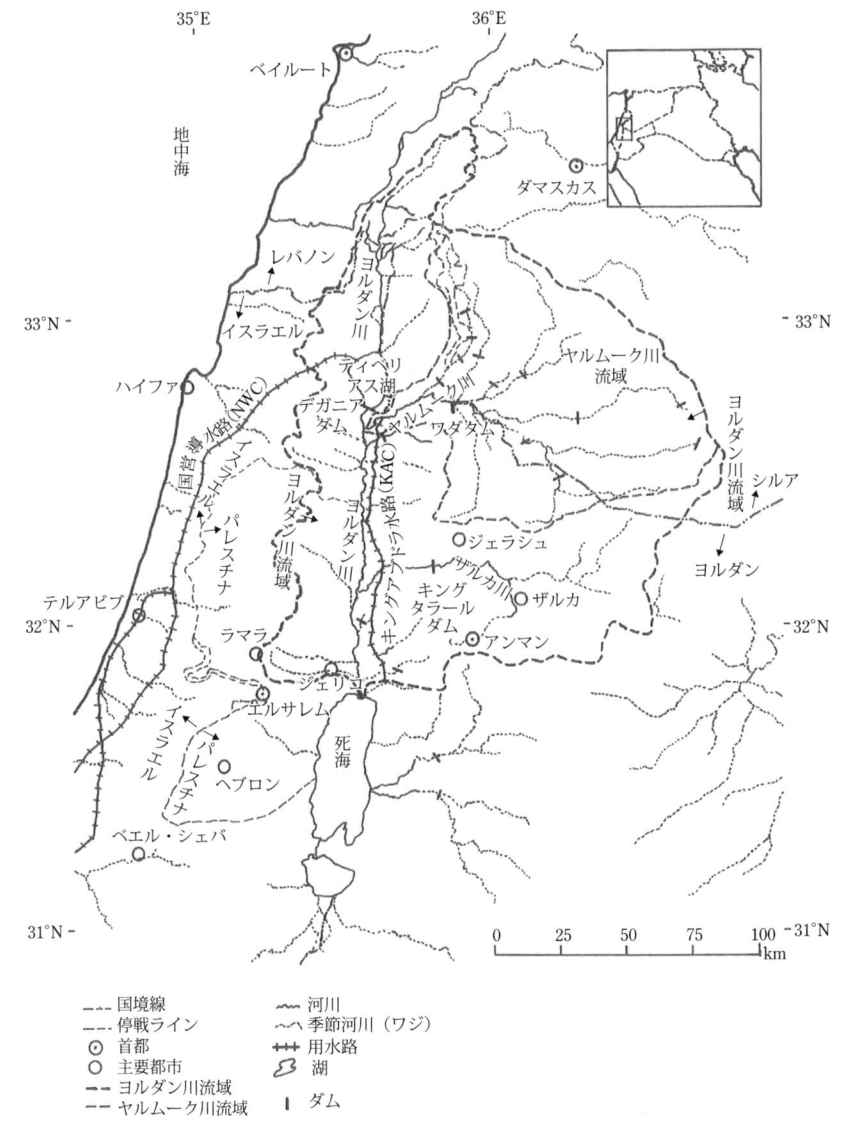

図6.2 ヨルダン川流域

　ヨルダン川最大の支流であるヤルムーク川（流域面積：7 242 km^2）は，ヘルモン山南東斜面の第四紀火山岩に発達したワジに源を発し，シリアとヨルダンの国境沿いを約 40 km 西流した後，ティベリアス湖の下流 10 km の

あたりで，ヨルダン川へ合流する。ヨルダン川本流の上流域においては，水資源はすでに開発し尽くされており，今後開発の余地があるのはヤルムーク川だけである。したがって，ヤルムーク川の水資源量を正しく推定することは，極めて重要である。ヤルムーク川の流量については，さまざまな論議があるが，1927〜54年の期間においては，467 MCM/yの数値がよく引用される[15]。その後1990年代までの数十年では，降水量が1927〜54年の降水量の約75％に減少していることから，350 MCM/y程度と推定できるが，一般的にはヤルムーク川の平均流量は約400 MCM/yと推定されている[16]。ヤルムーク川の流量の季節変化は大きく，2月が最大で101 MCM，9月が最低で19 MCMとなる[17]。流域での降雨は冬雨が卓越するため，流出は冬季に集中するが，春季にも流域に存在する石灰岩質の透水性地層からの地下水流出が多い。ヤルムーク川合流後のヨルダン川の全水資源量は，約970 MCM/yとなる。その後，ヨルダン川は幾つかの湧水，渓流を集めながら約95 km流下して，死海へ流入する。1930年以前においては，死海へのヨルダン川からの流入量は約1 400 MCM/y，直接流域からの流入を合わせると1 600 MCM/yであった。当時はこの流入量のもとで，季節変化が幾分あったものの水位は標高－393 mでほぼ平衡が保たれていた（**図6.3**[18] 参照）。すなわちヨルダン川の年平均流出量は1 600 MCMで，ほぼ死海水面からの実蒸発量に匹敵していた。**図6.4**に，ヨルダン川流域の自然流況のもとでの水収支の試算の一例を示す[14]。

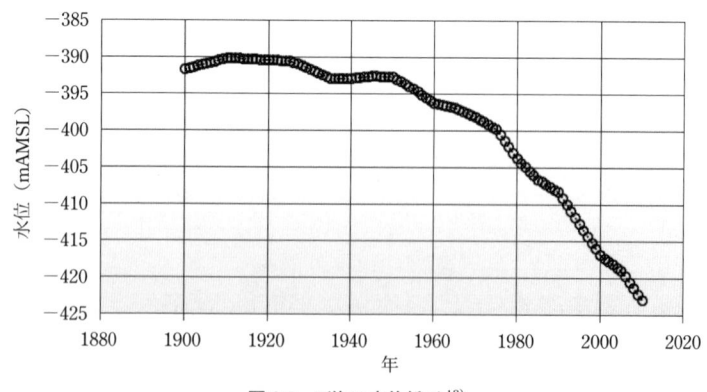

図6.3 死海の水位低下 [18]

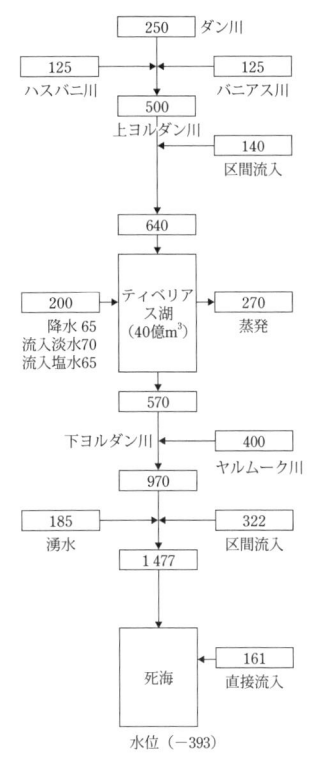

6.4 主要な水紛争の原因と解決（水利協定の締結状況）

写真 6.1 ヨルダン川（ティベリアス湖への流入部直上流，1997年8月14日，撮影：北村義信）

写真 6.2 ゴラン高原からティベリアス湖上流側を望む（1997年8月14日，撮影：北村義信）

図 6.4 ヨルダン川流域の自然流況下での推定水収支[14]

（数字の単位は，MCM（百万m³/y)）

(2) ヨルダン川の水質と水使用に伴う現在の流況

[ヨルダン川の水質]

　ヨルダン川の塩分濃度は，流下して流量が増大するにつれて著しく増大する。この理由は，ヨルダン川の河道の大半は海面下にあり，流域からの直接流入湧水は，塩分濃度の高い海成堆積層を横切って流出するためである。ヨルダン川の源流である三つの支流は標高の高いところから流出しているため，塩化物イオン濃度は $13 \sim 25$ mg/L $[Cl^-]$，TDS（全溶解物質）は大体 $230 \sim 410$ mg/L，EC は $0.34 \sim 0.42$ dS/m[18]と比較的良質である。ところがティベリアス湖に入ってから，塩分濃度の高い地下水が流入するため，徐々に悪

145

くなる。

　1964年以前のティベリアス湖の塩化物イオンは400 mg/L[Cl$^-$]と高く，作物に塩害をもたらしていた[19]。イスラエルは，国営導水路への取水に先立ち，取水源のティベリアス湖の水質を改善するため，湖岸沿いに塩水捕捉用の承水路（塩水路）を設置した（**写真6.3**）。このことにより，年間約7万トンの塩化物の流入を阻止することができ，塩化物イオンも2006年には236（設置後の最大値：300）mg/L[Cl$^-$]まで低下している[20]。その後，ティベリアス湖への塩化物イオンの年間流入量は14.6万トン[21]で，うち8～10万トンは湖底からの湧水によると推定されている[22]。湖底から5m下方の間隙水の塩化物イオン濃度は2 000～3 500 mg/L[Cl$^-$]と極めて高く[23]，湖底付近では塩化物濃度が高い傾向がある。このため，ティベリアス湖の南出口付近の塩化物イオンは340 mg/L[Cl$^-$]と高く，年々悪化の傾向にあるといわれる[16]。

写真6.3　ティベリアス湖西岸を南に向かって流れる塩水路（「危険！水路に入るな，水を飲むな」との標識）（1997年8月14日，撮影：北村義信）

　ティベリアス湖の南出口（デガニアダム）以降はヨルダン川下流部となり，一挙に水質は悪くなるが，ヤルムーク川との合流点では，ヤルムーク川の水質が比較的良質で塩化物イオン濃度が134 mg/L[Cl$^-$]，TDSが約750（570～900）mg/L[24]，ECが0.7～0.9 dS/m[18]なので，希釈され若干よくなる。しかしその下流側で急速に悪化していき，アレンビー橋（Allenby：ジェリコの少し上流。別名King Hussein橋）では，2 150～3 300 mg/L[Cl$^-$]，TDSが4 290～7 930 mg/L，ECが6.7～12.4 dS/m[18]と高い塩分濃度になる。そして，死海では海水の10倍に当たるTDSが342 400 mg/Lもの塩分濃度になる[25]。

実際，ヨルダン川本川において，ティベリアス湖の南側の下流部河道を流れる水は，塩分濃度が異常に高くなるため，利用が不可能になる。さらに，下流部では，イスラエル入植者，ヨルダンの村落からの生活雑排水などが排水されるため，極度に汚染されている。古代から神聖な川として崇められてきたヨルダン川の下流部は，もはや排水路として機能しているに過ぎない。したがって，ヨルダン川の水利用は，水質が良好で水頭の得やすいティベリアス湖を含む上流部，およびヤルムーク川そのほかの支流の上流域を中心に行われる。

[最近のヨルダン川の水利用と流況]

イスラエルでは 70〜200 MCM/y が上流部でフラ渓谷への灌漑目的のため取水され，約 313 MCM/y が，ティベリアス湖から国営導水路を経て国内へ給水され，さらに 40〜90 MCM/y が湖岸の生活用水として供給されているため，計約 600 MCM/y が取水されている。ティベリアス湖から下流部へは，平均すればわずか 10 MCM/y 程度が放流されているに過ぎない[18]。ここ数十年において，イスラエルが下流部へ放流したのは，極めてまれで，それは異常に湿潤な年に限られている。例えば，1991/92 年の冬には，降水が異常に多く十分な流入があり，ティベリアス湖を満水にし，かつ 236 MCM もの放流を余儀なくしている。翌 1992/93 年の冬には，それほど降水が多くなかったが，前年の影響で湖が満水状態であったため，前年以上に多くの放流を行っている[26]。この 2 年は極めて異常な年であり，平年においては下流部への放流はほとんどない。

また，ヤルムーク川においては，シリアによる灌漑（約 36 000 ha），イスラエルによるティベリアス湖への導水，ヨルダンによる東ゴール水路（後のキング・アブドラ水路：KAC）への取水（約 33 000 ha の灌漑）などにより，ほぼ全量がその上流で取水されている[18]。さらに，そのほかの下流部支川でも貯水ダムが建設されて取水量が大幅に増えている。したがって，死海への流入量は大幅に減少し，約 20〜200 MCM/y と推定されている[18]。このため，死海の水位は急激に低下し，1990 年代初頭には歴史的な平衡水位から 10 m 低下して標高 − 403 m となった。その後も死海の水位は毎年約 0.9m ずつ減少し続けており，2015 年では約 − 425〜− 430 m に低下すると予想

されている[27]（**図 6.3** 参照）。

　この国際河川流域の最大の問題は，その水資源をめぐる流域関係国の相容れない権利主張，流域での過度な地下水開発，本川下流部の塩分濃度の上昇と汚染，高い人口増加率，関係国の再生可能水資源量のほぼ全量に匹敵する高い水使用率などに起因する水収支の不均衡にあることはいうまでもない[28]。

（3）イスラエルのヨルダン川における水利権獲得の経緯

　ヨルダン川は国際河川であり，水使用にあたっては関係国との水利調整が前提となる。この流域では，水資源問題がこの地域の紛争の火種として，非常に深く関わってきたという歴史的な経緯が存在する。イスラエル建国に伴い近隣のアラブ3カ国とのヨルダン川の水資源の配分をめぐる確執は，複数の水資源開発計画案の衝突を生んだ。この状況の中で，アメリカと国連の調停のもとに，中立的な立場に立った国際流域共同開発計画案が検討され，さまざまな配分案が提案された。この中で，ジョンストン（Johnston）案は公正であるとして，アラブ側の水専門家に受け入れられたが，アラブ側の政治家には手に余って拒否され，挫折した。**表 6.3** にジョンストン案の水配分計画を示す[12]。

　その後，イスラエルとヨルダンはそれぞれ独自にヨルダン川とヤルムーク川の水資源開発を展開していった。イスラエルは国営導水路計画（NWC：National Water Carrier）を，ヨルダンは東ゴール水路計画（East Ghor Canal, 後の KAC）を推し進めた。アラブ側は，さらにイスラエルの計画を妨害するため，1964年にヨルダン川上流のハスバニ川とバニアス川の水資源をヤ

表6.3 水配分計画（ジョンストン案）[12]

（単位：MCM/y）

河川名	シリア	レバノン	ヨルダン	イスラエル	計
ハスバニ川		35			35
バニアス川	20				20
ヨルダン川	22		100	375	497
ヤルムーク川	90		377	25	492
東岸のワジ流入			243		243
合計	132	35	720	400	1 287

6.4 主要な水紛争の原因と解決（水利協定の締結状況）

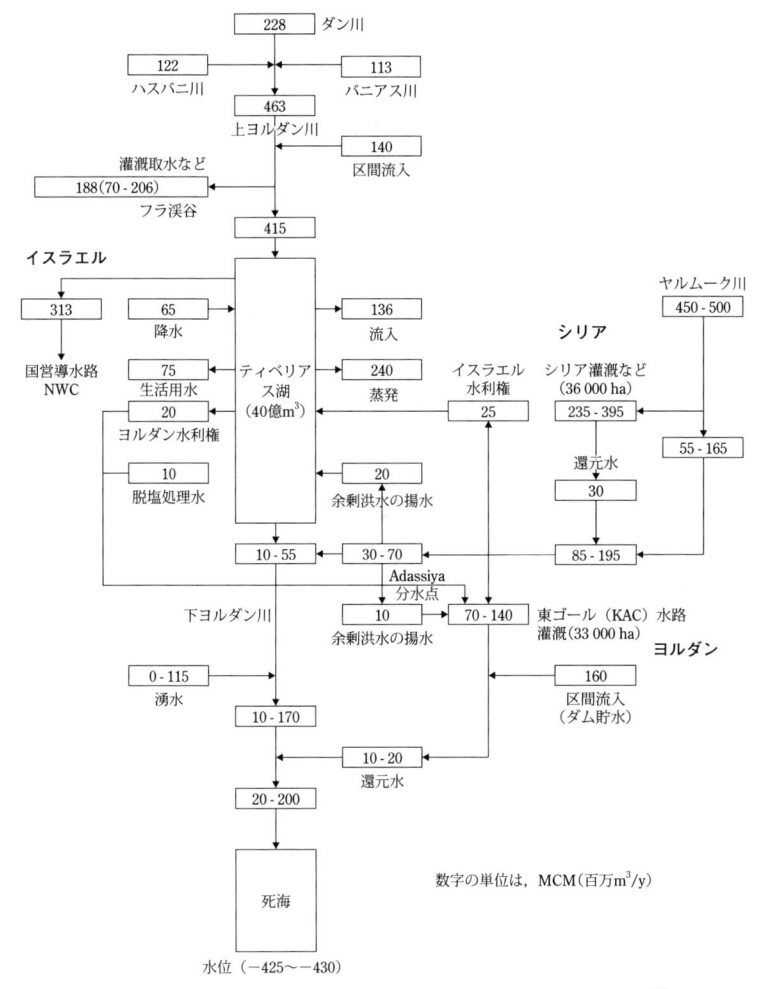

図6.5 ヨルダン川流域の現流況・水利用のもとでの水収支の推定 [18]

ルムーク川へ転流させるアラブ転流計画（Arab Diversion）を着工した。この計画の実施は，イスラエルにとって死活問題となるため，1965年イスラエル空軍は建設現場に空爆をかけた。これに続きさらなる軍事的攻撃を行った。この出来事が1967年の第3次中東戦争（6日間戦争）の引き金の一つとみることができる。この戦争でイスラエルは勝利し，水資源戦略上重要なゴラン高原とヨルダン川西岸地域を占領して優位な立場に立つと，イスラエ

ルは国営導水路の運用を足掛かりに，ヨルダン川（上流域）の水資源をほぼ手中に収めることに成功した。第3次中東戦争以降，イスラエルはヨルダン川本川から，上述のように約 600 MCM/y を取水している。

　その後，ヨルダンとの関係が好転し，1994年10月26日にアメリカ大統領立会いのもと，両国の間で平和条約が締結された。その際，条約の一部として，将来の水資源政策およびヨルダン川とヤルムーク川の水資源の配分について，両国が合意に達している。ヨルダン川に関しては，ヨルダンは夏期（5月15日〜10月15日）に 20 MCM を，さらに年 10 MCM/y の脱塩処理水をイスラエルから得る権利を有することが記述されている[29]。イスラエルが国営導水路を通して行っているティベリアス湖からの取水については，触れられておらずまた取水に対する制限条件も設けられていないことから，イスラエルはその権利を認められたものと解釈できる。ヤルムーク川に関しては，イスラエルは夏期（5月15日〜10月15日）に 12 MCM を，冬期（10月16日〜5月14日）に 13 MCM をそれぞれポンプ揚水できる権利が認められている。さらに，余剰洪水を利用できる権利も認められている。概して，イスラエルはこの条約で水資源配分の交渉を有利に進めたと評価できる。**図6.5** に，最近のヨルダン川流域の流況・水利用のもとで，上記の平和条約締結後の水配分を考慮した水収支を推定したものを示す。関係国の取水データを根拠としているが，ヤルムーク川については取水量の合計値が取水可能量を超過してしまうため，ヨルダン川との合流点直上流の流量データと最近のキング・アブドラ水路（KAC）取水量等から逆算して，シリアの取水量を推定した[18]。

　なお，**表6.4** はヨルダン川流域における主な歴史的な出来事を示す[30]。

(4) ヨルダン川流域におけるヨルダンの水利用 [30]

　ヨルダンにおいては，1958年に政府がヤルムーク川からの取水を決定し，東ゴール水路（後にキング・アブドラ水路と命名，KAC）を建設して以降，ヨルダン渓谷（Jordan Valley：JV）において，集約的な灌漑事業が実施されてきた。KAC の延長は，1961年にはヤルムーク川からザルカ川（Zarqa River）までの 70 km であったが，1977年にキングタラールダム（King Talal

6.4 主要な水紛争の原因と解決（水利協定の締結状況）

表 6.4 ヨルダン川流域における主な歴史的な出来事 [30]

年	プラン／プロジェクト／条約／紛争	関係する国／地域	主な内容
1913	フランジェ・プラン	オットマン・コミッション	ヨルダン渓谷の灌漑，ヤルムーク川からティベリアス湖への転流，発電。
1951	ヨルダン東ゴール水路計画公表	ヨルダン	ヤルムーク川の一部を東ゴール水路へ転流するヨルダンの計画。
1953	国営導水路（NWC）の建設開始（1964年完成）	イスラエル	イスラエル軍とシリア軍の小衝突。
1955	ジョンストン・プラン（アメリカ案）	アメリカ，流域関係国	水配分：ヨルダン55％，イスラエル36％，シリア5％，レバノン5％，アラブ流域国はアメリカ案は公平ではないと主張し締結されず。
1964	アラブ・サミット	アラブ連邦	ヨルダン川源流からシリア，ヨルダンへの転流開始する計画の発案。
1965-67	イスラエルによるシリア内建設現場の攻撃	イスラエル，シリア	この紛争は他の要因とともに1967年の第3次中東戦争（6日間戦争）へと発展。
1967	第3次中東戦争（6日間戦争）	エジプト，イスラエル，ヨルダン，シリア，パレスチナ解放機構	イスラエルはシリアの転流計画を破壊し，ゴラン高原，西岸地域，ガザ地域を占領。ヨルダン川沿いのパレスチナ人の灌漑ポンプは戦後破壊もしくは押収。パレスチナ人のヨルダン川での水利用は禁止。イスラエルは既存のパレスチナ人の灌漑ポンプに割当て制を導入し，新たな設置は不認可。
1969	イスラエルによるヨルダンの東ゴール水路（キング・アブドラ水路）への攻撃	イスラエルとヨルダン	攻撃の理由はヨルダンが余剰水を転流していたとの疑い。その後，イスラエルとヨルダンは未批准のジョンストン・プランの割当てに合意。
1971	キング・タラールダムの建設開始（1978年完成）	ヨルダン（アラブ経済社会開発基金：AFESD）	東ゴール水路への灌漑と12万人への給水が目的。ザルカ川に建設。1984年に嵩上げ工事（1988年完成，堤高106m）。
1978	イスラエルのレバノン侵攻	イスラエルとレバノン	ヨルダン川の源流の一つワザニ湧水の一時的支配のため。
1987	シリアとヨルダンの合意（1953年締結の水利協定の更新）	シリアとヨルダン	ヤルムーク川水資源のシリアの割当て量を定め，シリアはダム建設を25基（合計貯水量：1.56億m^3）までと制限される。ワダ（統一）ダムもこの中に含まれる。
1993	暫定自治の原則宣言にワシントンで調印	イスラエルとパレスチナ解放機構	パレスチナの自治権の要求。パレスチナ水政策庁の創設。水開発プログラムの策定。
1994	ワシントン宣言と平和条約。死海-紅海運河計画の具体的話し合い開始。	イスラエルとヨルダン	イスラエルとヨルダンがワシントン宣言に調印し，戦闘状態の終結と平和条約の協議。
1995	イスラエル-パレスチナ西岸地区・ガザ地区に関する暫定合意（オスロII）	イスラエル，西岸地区，ガザ地区	イスラエルはパレスチナ人の水利権を暫定期間に認め，7,000～8,000m^3をパレスチナ人へ供給する。西岸地域の水の共同管理と新規供給水の開発のため共同水利委員会が設立された。

1996	イスラエルは水資源についてシリアとの交渉開始を試みる。	イスラエルとシリア	シリアはゴラン高原に関する紛争であるため交渉を拒絶。
1999	イスラエルはヨルダンへのパイプライン供給量を60％削減。	イスラエルとヨルダン	干ばつが原因。この削減はヨルダンの鋭い応酬の原因となった。
2002	ワザニ紛争	イスラエルとレバノン	レバノンがワザニ湧水で新しいポンプ場の建設を公表したことにより、両国間に緊張発生。
2003	平和へのロードマップ	イスラエル、パレスチナ、カタール	目的：イスラエル－パレスチナ紛争を終結させるため。
2005	紅海 - 死海送水計画FS調査推進の合意	イスラエル、ヨルダン、パレスチナ暫定政府	死海 - 紅海運河計画を推進することについて合意し調印。
2007	ヨルダンとシリアの合意	ヨルダンとシリア	両国間で調印された合意事項の実施（特にヤルムーク川流域の水資源の配分水量に関して）。
2008	イスラエルとシリアの交渉	イスラエル、シリア	ゴラン高原紛争を解決するための交渉の開始。

出典：FAO AQUASTAT（2009）を筆者改変

Dam）がザルカ川に完成したことに伴い，さらに南に向かって拡張され，全長が110 kmまで伸びた。KACはヤルムーク川の流水，ムケイバ井戸群（Mukheibeh Wells）それに幾つかのワジの流出水を集めて水源とし，受益地へ供給している。KACの通水能力は，取水口で20 m^3/s，南端で2.3 m^3/sである。KACのECは0.894〜2.601 dS/mの範囲にあり，上流（北）から下流（南）に向かって徐々に高くなる。これは塩水がKACに沿って流入しているためと考えられる[18]。KACへはザルカ川のキングタラールダムからも給水されているが，その水はザルカ川の流出水とサムラ排水処理場（As-Samra Wastewater Treatment Plant）で高度処理した処理水の混合水である。

サムラ排水処理場は2008年に完成し，現時点での1日の処理能力は平均26万7000 m^3（最大84万m^3）で，ザルカ市を含むアンマン首都圏の人口約220万人分の処理が可能とされている。2012年からは2016年の完成を目指して拡張工事が進められており，完成すれば1日の処理能力が36万5000 m^{3}となり，人口350万人分の処理が可能となる[31]。

キングタラールダム（**写真6.4**）は，ザルカ川の流水を貯水するために設計されたダムで，1987年に嵩上げされ，75 MCMの貯水量を有する。現在，サムラ処理場からの処理水を年間50 MCM貯留し，JVへ供給していると推

定される[32]。

　KACはヨルダンの農業の発展に中心的な役割を果たしてきたが，生活用水の需要が増え続けているため，KACの水がアンマン首都圏へ高低差が1300m以上あるにもかかわらず，揚水供給されている。アンマン首都圏は年間平均47MCMを受け取っている[33]。これはアンマン首都圏とJVの間での処理水と淡水のバーターであり，循環利用とみなすことができる。今後，この循環利用水量は増加の傾向が強まると考えられるが，持続可能な循環システムとして機能させていくためには，公衆衛生，環境，生態系，物質循環等の面で細心の監視体制を整備し，監視データの情報公開を進めていくことが強く求められる。

　最近の報告では，ザルカ川流域では，アンマン首都圏やザルカ市から下水処理場の処理能力を超えたオーバーロード状態の大量の都市下水が流入し，キングタラールダムの水質劣化とKAC灌漑地区へも土壌汚染（土壌塩分濃度の増加，バクテリア，重金属の濃縮），地下水汚染が懸念されている[34]。

　ヨルダンでは，2007年における全水使用量に対する農業部門の割合は64%を占める。このうち，JVでの灌漑が31%，高地地帯での灌漑が33%を

写真6.4　キングタラールダム（処理水と河川水の混合水を貯水しJVへ供給する）
　　　　（2015年12月20日，撮影：北村義信）

占めている[18]。JV では，灌漑農業がこの 60 年間で着実に進展してきており，1950 年の 9 300 ha から 2009 年には 33 000 ha に拡大している。栽培作物は，野菜，柑橘，バナナなどさまざまである。高地地帯の灌漑面積は，約 44 100 ha で，その約半分はヨルダン川流域に含まれる。したがって，同国のヨルダン川流域内で行われている灌漑農業で使用している水量は，同国の全水使用量のおおむね 47.5％と推定できる。

JV における年間水利用量は 276 MCM で，その内訳は農業用水が 172 MCM（62％），生活用水が 99 MCM（36％），工業用水が 5 MCM（2％）である[35]。

ヨルダンにおける灌漑の利用水量は，ここ 20 年間にわたりほぼ一定であるが，JV で処理水を利用した灌漑農業が盛んになってきたため，灌漑に使用される地下水量，地表水量は減少傾向にある[35]。同国のヨルダン川流域内における全水使用量は約 290 MCM と推定されている。

ヨルダンの 1 人当たり供給可能水資源量は，2009 年の人口を基に計算してみると，全供給可能水資源量（隣国からの流入分を含めた水資源量）が 149 m^3/y，国内供給可能水資源量（隣国からの流入分を含めない水資源量）は 116 m^3/y と極めて厳しい状況にある。ヨルダンは従来型の水資源だけでは国内水需要を賄いきれない状況にあり，都市部から発生する生活排水を高度処理して，農業用水，工業用水に再利用する水戦略抜きには成り立たない。

(5) ヨルダン川流域におけるシリアの水利用[18]

シリアは，イスラエルがゴラン高原を占領した 1967 年以降，ヨルダン川上流部（ティベリアス湖以北）の水資源利用はまったくできなくなり，もっぱらヤルムーク川とその支流に限定して，水資源開発を行ってきた。1960 年代後半から 1970 年代前半にかけて，上流域の支流にたくさんの小ダムを築造し，年間 50 - 60 MCM の水資源を開発した[18]。この時点で，シリアのヤルムーク川流域からの取水量は農業用水を中心に年間 90 MCM と推定される。一連のダム計画は，イスラエル占領区域外のゴラン高原とその周辺の農業生産を拡大する目的で推進された。その後，2000 年代までにシリアのヤルムーク川流域からの取水量は，年間 200 MCM まで増加した。

1987年には**表 6.4**に示すように，1953年にヨルダンとの間で締結されていたヤルムーク川の水利協定を更新した．その中で，両国で統一ダム（Unity Dam：現在のワダダム（Wahdah Dam：110 MCM））を築造することが合意に至り，シリアで流域内の築造済あるいは計画中のダム25基（各貯水量：0.035～30 MCM，合計貯水可能量155 MCM）が承認されている[18]．シリアは，協定で明示されたダムのほかにも建設を進め，全部で流域に38基のダムを有しており，ワダダムを除く全ダムの総貯水量は117 MCMと推定される[18]．

シリアのヤルムーク川からの取水量に関する公的データがないため，憶測の域を出ないが，1990年代の資料に基づくある検討結果から，取水量は90 - 250 MCM/yと推定されている[14]．1987年の協定ではワダダムにおける水配分は明確にはされていないが，シリアは1990年代には170 MCM/yを取水していたと推定される[14]．1999年～2009年のシリアのヤルムーク川流域での年間使用水量は，地表水，地下水合わせて453 MCMと推定され，そのうち327 MCM（72％）が農業用水，92 MCM（20％）が生活用水，34 MCM（8％）が工業用水である[36]．また，流域内の灌漑面積は36 000 haであり，このうち60％が地下水灌漑，40％が地表水灌漑である[36]．ちなみにFAOのデータでは，30 000～45 000 haと推定されている[30]．

（6）ヨルダン川流域におけるパレスチナの水利用

パレスチナ自治区は恒常的な水不足に見舞われており，農業をはじめとするすべての経済部門の成長を大きく阻害している．1967年以降，パレスチナ人はイスラエルの許可なくヨルダン川の水利用が行えないので，実質的に地下水が唯一の水資源となっている．**表 6.5**は西岸地域の帯水層に涵養される水量と，イスラエルとパレスチナによる取水利用量を示す．両者で年平均涵養量を15％超える取水が行われており，枯渇が懸念される．しかも年間総取水利用量の78％はイスラエル側に確保されており，涵養域の約83％を占めるパレスチナはわずか22％程度の利用に制約され，厳しい立場に立たされている（**表 6.5**）[37]．

現在，パレスチナのヨルダン川流域（1 564 km^2）は，軍事閉鎖区域（closed military area）か区域C（Area C）のどちらかである．区域Cはイスラエル

表6.5 西岸地域の帯水層の利用状況（MCM/y）[37]

帯水層名	年間涵養量	イスラエル側			パレスチナ	合計
		イスラエル	入植地	計		
西帯水層	362	344	10	354	22	376
北東帯水層	145	103	5	108	30	138
東帯水層	172	40	35-50	75-90	69	144-159
沿岸帯水層	250	260	0	260	0	260
うちガザ地区	55	0	5-10	5-10	110	115-120
合計	929	747	55-75	802-822	231	1 033 -1 053

出典：プリンストン大学ホームページ Article 40 of the Oslo Agreement II.

が統制し，行政管理している。肥沃な地域のほとんどは区域Cに区分されているため，パレスチナ人は肥沃なヨルダン渓谷へは立ち入り禁止となる。パレスチナ自治政府に統括管理されている地域（区域AおよびC）においては，すべての水に関する計画はいまだにイスラエルの承認が必要になる。結果的にパレスチナ人はヨルダン川の水を直接利用することができないし，流域で水に関わる事業を行うことを厳しく禁じている[18]。

　西岸地域では，野菜の灌漑にマイクロ灌漑システムが用いられている。一方，ごく少ない割合ではあるが，伝統的なシステムで灌漑されている野菜畑もある。柑橘類のほとんどは伝統的システムで灌漑されている。農家は普通，供給される湧水を溜めるためにプラスチックで覆ったプールを用い，それに塩分を含んだ井戸水を混ぜて使用している。その混合水をポンプ送水し，点滴灌漑システムを経て作物に供給する。井戸から揚水された水はほぼすべて鋼鉄管で農地の灌漑システムへ直接送水される。揚水コストが高いため，単位水量当たりコストは高い。したがって，農家はパイプの使用により送配水効率を改善する必要がある[30]。

(7) 紅海 - 死海送水計画
(Red Sea – Dead Sea Water Conveyance Project)

　流入量の減少に伴い，死海の水位は1960年代の海面下394mから2012年末日時点で海面下約423mまで下がっている（図6.3参照）。その結果，海

6.4 主要な水紛争の原因と解決（水利協定の締結状況）

面積は約 950 km² から現在では約 637 km² と 1/3 ほど減少した。水位低下は現在も継続しており，低下速度は実に － 0.8 ～ － 1.2 m/y という猛烈なスピードである[38]。最近 10 年間では，約 0.9 m/y の割合で水位が低下している。これは毎年 600 MCM の水が減っていることになる[39],[40]。この深刻な水位の低下は，ヨルダン川上流域からの取水量の増加と死海からの取水による。後者はイスラエル，ヨルダン両国によるカリウム採掘と岩塩採掘などに伴う死海からの取水であり，貯水量を毎年 200 ～ 250 MCM 減少させ，水位も毎年 0.35 cm 程度ずつ低下させている[27]。

　死海が直面している被害は，淡水泉の消滅，河床洗掘，1 000 個以上（今では約 5 000 個に上るとみられている[41]）に及ぶシンクホールの発生である[38]。シンクホール（sinkhole）とは，突然地面が陥没し，地表に大きな円形の穴があく現象である。死海水面の低下に伴い，
地下水が地中の塩の層と接触し塩が溶けて地下水面より下に堆積していた塩分が溶け出すことにより発生するといわれている[41]。この状況を改善するための措置が取られなければ，死海のさらなる衰退は環境，文化，経済のより深刻な減退をもたらすことは明らかである。このまま放置すれば，死海

写真 6.5　死海（西岸側より，対岸はヨルダン）（1997 年 8 月，撮影：北村義信）

の水位低下は継続し，現在の水位から約100m低下したところで，新たな平衡状態に達すると考えられている[38]。

　2005年に，イスラエルとヨルダンそれにパレスチナ自治政府は，死海とその周辺特有の歴史・文化的価値を守り，環境災害を防止・回避し，さらなる水資源を確保するために，死海の修復・再生に向けて協力することで合意した。三者は低下し続ける死海の水位を維持し，そして段階的に可能なレベルまで回復する一つの手段として，第1フェーズでは紅海から死海へ海水を送水するという概念を採用した。紅海-死海送水計画は，紅海から海水を300 MCM/y 取水・送水し，このうち約65〜85 MCM/yを脱塩・淡水化する。残りの海水と脱塩処理で生じた高塩水は，死海へ流入させて水位の回復・安定のために貯留される予定である[42]。3カ国が2013年12月に第1フェーズ実施に向けて交わした覚書によれば，生産される淡水のうち30 MCM/yはパレスチナに供給され，50 MCM/yはイスラエルが実費で購入する。そしてイスラエルは同量の河川水（ヨルダン川上流部の水）をヨルダンにUS$0.38の単価で売ることになっている[42]。

　この紅海-死海送水計画の基本概念は以下の3点である[38]。
・環境破壊から死海を守る。
・脱塩処理水と発電エネルギーを手ごろな価格でヨルダン，イスラエル，パレスチナへ供給する。
・中東における和平の象徴ともいえるシステムを構築する。

　現在考えられているこの計画の概念は，死海の修復・再生を最優先にしており，紅海沿岸のアカバ（Aqaba）（ヨルダン側）／エーラート（Eilat）（イスラエル側）から死海に至る延長180 kmの直線水路をほぼイスラエルとの国境沿いにヨルダンの領土内に設置する案が提案されている[38]。

　環境影響面で懸念される点は，海水および高濃度塩水を死海へ供給する場合，低密度の上部層を形成するおそれがあることである。これは，深水層を形成して好ましくない環境状態をもたらし，石膏の沈殿と同時に，表層水の生物環境を大きく変える原因となる[39]ので，綿密な影響評価が求められる。

　2015年12月1日に，フェーズ1の事業実施に向けて，入札募集が開始されたところである[42]。

6.4.2 アラル海流域の水紛争の経緯と現状 [43]

アラル海流域の水文環境特性と土地利用，開発に伴う水環境変化の経緯については，第5章5.1.1を参照されたい。

(1) ソ連崩壊後発生した上下流問題と対策
1) ソ連時代の水利システムの構築と水利調整

ソ連時代には党中央の計画経済下での水政策に基づき，シルダリア川流域に数多くの水利施設が建設された。水政策の基本は，下流域のウズベキスタン，カザフスタンにおける綿と水稲のための灌漑を最優先することであった。水資源の豊富な最上流のキルギスには多くの多目的ダムが建設された。その代表的なものが，トクトグル（Toktogul）ダム（総貯水量195億m^3，有効貯水量145億m^3）である（図6.6）。これにより，キルギスでは数千haもの肥沃な土地が水没した。しかも，それらは自国のエネルギー需要を賄う発電ではなく，主に下流の2共和国に灌漑用水を供給する目的で運用された。ソ連の水政策により，キルギスが被る水利用面での不利益は，ソ連政府により補償された。ソ連は，キルギスが下流域の灌漑目的のために水利施設を運

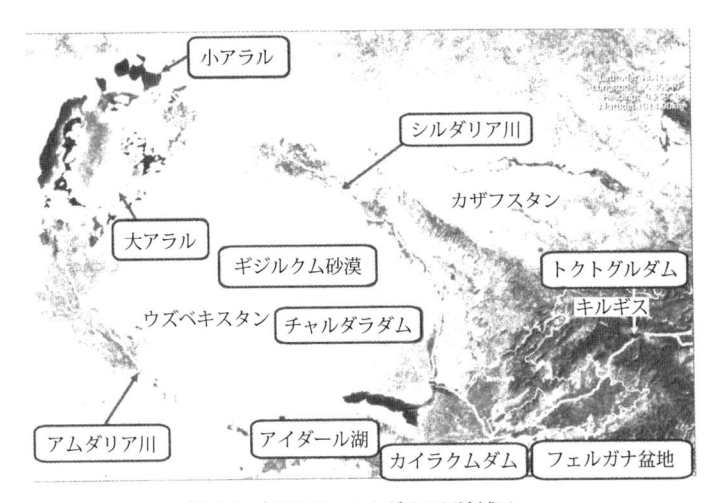

図6.6 小アラル・シルダリア川流域図

用管理する代償として，予算面での優遇措置のほかに，石炭，石油，ガスなど下流2共和国の豊富なエネルギー資源を同共和国に供給した。このように，ソ連時代には，党中央の強い指導力のもとで，ソ連全体での資源の再配分という形をとることにより，流域の共和国間における水利用の競合を回避してきた。

2) ソ連崩壊後の利水競合と調整
① 上流域のエネルギー事情とダム群の運用変更

　ソ連の崩壊直後，独立した中央アジアの各共和国は1992年にアルマティ協定を締結したが，これは下流側のウズベキスタンとカザフスタンの経済と環境問題に焦点を当てており，ソ連時代の計画経済のもとで機能していた水利運用を堅持していた。すなわち，上流側のキルギスの水資源を活用した経済発展は無視された形で結ばれた。下流2カ国はキルギスからの水を無償で灌漑に利用し，自国のエネルギー資源は世界市場に売り込みはじめた。この結果，キルギスは自国のダム群の維持管理経費を自国で賄わなければならなくなり，かつカザフスタンとウズベキスタンはキルギスへのガスと石炭，石油供給に支払請求を行うようになり，この協定の問題点が浮き彫りになった。キルギスは，自国の水資源を自国の利益のために活用する方針を選択し，流域最大の規模を誇るトクトグルダムを冬期の発電目的で運転した。この結果，同ダムの期別放流量は大幅に変わり，ソ連時代には年間放流量の75％を占めた夏期（4〜9月）放流量は，ソ連崩壊後には同45％程度に減少し，冬期（10〜3月）放流量は25％から55％に増加した[44]。

② 下流域の夏期水不足・冬期洪水と第2のアラル海の出現

　夏期のトクトグルダムの貯水は下流域の灌漑水の不足をもたらし，冬期の発電のための放流は下流域の洪水の原因となった。シルダリア川は冬期に凍結するため，河川の通水能力は減少し，このことが被害を一層大きくした。カザフスタンはチャルダラダム（総貯水量57億m^3，有効貯水量44億m^3）の運用により洪水調節を試みるが，貯留し切れない流下洪水（毎年約30億m^3）はウズベキスタンのアルナサイ低地を経て，アイダール湖（塩湖）への放水を余儀なくされる。アイダール湖は拡大の一途をたどり，第二のアラルとよばれるほどに巨大化している（図6.6）。この流入水は，小アラル流

域へ戻ることはなく，塩水と混合するため，水資源としての価値を喪失する。
③ 調整の経緯と問題点
◎ バーター合意を前提とした調整の挫折

上述のような状況のもとで，流域関係国は1992年以来，事態の収拾に向けた調停作業を進めている。基本的には，ソ連時代に上下流国間で形成された水資源とエネルギー資源の相互補完協定（**図6.7**）を踏襲する方向で，単年度協定を締結してきた（**表6.6**）。1998年にはシルダリア川流域における水とエネルギー使用に関する長期枠組み協定（シルダリア協定）が上下流国間で水資源の利用目的・時期が異なり，かつ渇水年と豊水年の間で水需給に対する供給可能水量が大きく変動するため利害が対立し，協定の実施は極めて困難であった。各年度協議が合意に至っても，各国は自国の利益を最優先する傾向が強く，結局は失敗に終わった。下流2カ国は，エネルギー資源をヨーロッパに輸出して外貨を積極的に獲得する戦略を取っており，バーター合意には限界がみられる。**図6.8**に示すように，1992年以降夏期のトクトグルダム放流量は，協定で定められた放流量を年平均10億m^3下回っている。また，この図から，放流パターンがソ連崩壊前の夏期大ピーク-冬期小ピーク型から，崩壊後には夏期小ピーク-冬期大ピーク型に変換していることがわかる。

◎ 冬期放流に対する下流2カ国の対応

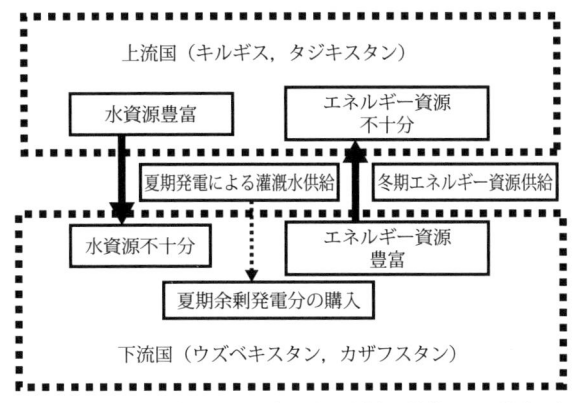

図6.7 上下流国間の水とエネルギーの相互補完を基軸とする協定の概念

表 6.6　ソ連崩壊後の水利協議の経緯

年	水利協議および水関係の出来事
1992	・アルマティー協定（流域国間水利調整委員会：ICWC の設立） 　：下流域国の利益を優先，上流域国の要求を軽視
1992-95	・キルギス共和国：トクトグルダムの冬期発電放流強化，夏期灌漑放流量の縮小
1993	・アラル海国際ファンド（IFAS）の設立
1994	・中央アジア経済共同体（CAEC）の設立
1996	・CAEC 執行委員会による「水とエネルギー利用に係る円卓会議」の設立（目的：水使用の競合する流域関係国間の枠組協定の締結） ・水問題とエネルギー問題は不可分との認識の合意（バーター協定）→下流域国のエネルギー政策転換に伴うエネルギー供給の中断により失敗
1997	・水とエネルギーのバーターの替わりに貨幣を積極的に使用する案の協定 　→ダム操作維持管理経費の支払問題が障害となり失敗
1998	・シルダリア協定（シルダリア川流域における水とエネルギー資源の利用に係る枠組協定）
1999	・1999 年協定案→失敗，不調印 [44)]
2000	・2000 年協定
2001	・キルギス共和国：キルギス起源の水資源および水利施設の国際的使用に係る法律の制定（キルギス領土内のすべての水はキルギスに帰属し，下流域国はキルギスに発した水を利用する場合，その対価を支払わなければならないと法律で定めている）
2002	・中央アジア協力機構（CACO）の設立（目的：水，エネルギー，輸送と食料安全保障についての地域協力）
2003	・2003 年協定→失敗，不調印 [44)]
2004	・2004 年協定→失敗，不調印 [44)]

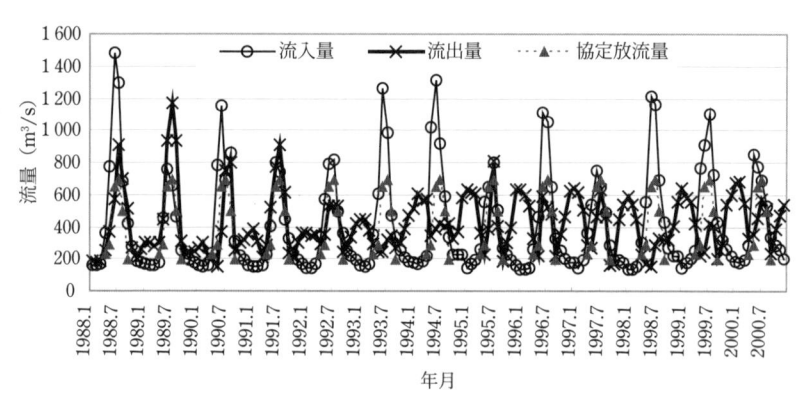

図 6.8　ソ連崩壊前後のトクトグルダムにおける流入・流出パターン

　下流 2 カ国は，キルギスによる冬期の発電放流に起因する洪水と夏期の用水不足に対処するための対策を進めている．2003，2004 年の単年度協定も相次いで失敗 [44)] に帰して後，ウズベキスタンは従来のバーター制に見切りをつけ，単独での問題解決に向けて政策転換したように見受けられる [44)]。ウズベキスタンは，トクトグルダムからの冬期放流水を自国で有効活用するために，4 基の調整用ダム（全有効貯水量 18 億 m^3）を建設中である．さらに，

6.4 主要な水紛争の原因と解決（水利協定の締結状況）

1基のダム（有効貯水量約7億 m³）の計画が進められており，自国内に5つのダムを建設して，新たに約25億 m³ の貯水能力を創設する水政策を選択した。カザフスタンも独自路線として，コクサライ調整池（約30億 m³）の建設をチャルダラダムの下流100 km 付近に計画している。今後，コクサライ調整池の建設は，効果とその対価としての建設コスト（約2億米ドル），周辺水環境に及ぼす影響などとの総合的な評価によって意思決定すべきである。

この方向で進めば，キルギスは孤立し，独自にエネルギー問題を解決しなければならず，非常に困難な挑戦を余儀なくされる。下流域国の経済的負担も当然増大する。このため，関係国には水資源とエネルギー資源の相互補完を基軸にした地域協力関係を強化すべく，さらなる対話が求められる。

(2) 上下流問題解決への将来シナリオ

シルダリア川流域における上下流問題を解決していくうえで，図 6.9 に示

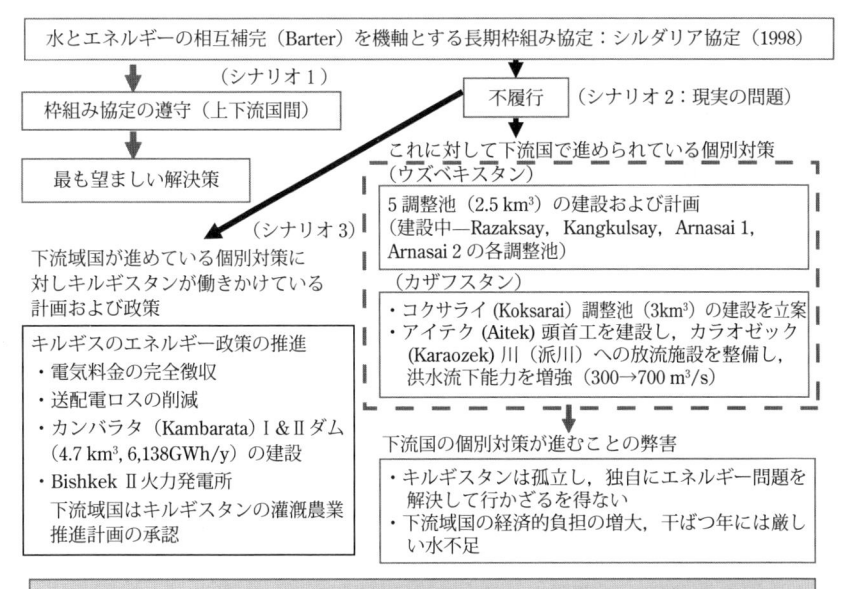

[シルダリア川流域の上下流問題解決に向けた水利調整シナリオ]

水とエネルギーの相互補完（Barter）を機軸とする長期枠組み協定：シルダリア協定（1998）

（シナリオ1）
枠組み協定の遵守（上下流国間）
↓
最も望ましい解決策

不履行 （シナリオ2：現実の問題）
これに対して下流国で進められている個別対策
（ウズベキスタン）
5調整池（2.5 km³）の建設および計画
（建設中—Razaksay, Kangkulsay, Arnasai 1, Arnasai 2 の各調整池）
（カザフスタン）
・コクサライ (Koksarai) 調整池（3km³）の建設を立案
・アイテク (Aitek) 頭首工を建設し，カラオゼック (Karaozek) 川（派川）への放流施設を整備し，洪水流下能力を増強（300→700 m³/s）

（シナリオ3）
下流域国が進めている個別対策に対しキルギスタンが働きかけている計画および政策

キルギスのエネルギー政策の推進
・電気料金の完全徴収
・送配電ロスの削減
・カンバラタ（Kambarata）I＆II ダム（4.7 km³, 6,138GWh/y）の建設
・Bishkek II 火力発電所
　下流域国はキルギスタンの灌漑農業推進計画の承認

下流国の個別対策が進むことの弊害
・キルギスタンは孤立し，独自にエネルギー問題を解決して行かざるを得ない
・下流域国の経済的負担の増大，干ばつ年には厳しい水不足

図 6.9 上下流問題解決に向けての三つの将来シナリオ

す三つのシナリオが考えられる。まず「シナリオ1」は，水とエネルギーの相互補完を機軸とする長期枠組み協定（図6.7）である1998年のシルダリア協定の遵守である。これが最も望ましい解決策といえるが，現在までの状況をみると，実現は極めて難しい。「シナリオ2」は，下流域国が現在進めている対策で，キルギスの冬期放流に対処するため，ウズベキスタンでは5調整池の建設・計画を，カザフスタンはコクサライ調整池の建設計画を進めている。このシナリオでは，建設コスト，周辺水環境の保全などの面で詳細な検討が必要となる。「シナリオ3」は，下流域国が進めている個別対策に対しキルギスが働きかけている計画および政策である。この中心になるのは，トクトグルダムの上流にカンバラタ第1，第2ダムを建設し，冬期用の発電を割り当て，その放流量をトクトグルダムで貯留し，下流域の灌漑期の放流に回すことである。建設コスト，流域の水管理にもたらす効果，関係国の賛同獲得の可能性，エネルギー需給バランスの見直しなどの詳細な検討が前提となる。

　経済および水環境保全の点から，シルダリア協定を遵守して水資源とエネルギーの相互補完を機軸とする流域協調路線の再構築が行われることを切望したい。

(3) デルタ地域および小アラルの保全対策

　河口デルタ，小アラルの生態系・水環境の再生のために，カザフスタンは世界銀行の融資を受けて，延長15 kmのコカラルダムを2005年8月に完成させた。この結果，小アラルから大アラルへの水の流出が止まり，小アラルの水位は目標の海抜42 mに回復し，塩類濃度も低下しており，生態系・漁業の回復が期待される。また，シルダリア川河口付近にはアクラクダムが完成し，その上流部水位を海抜53 m（往時のアラル海平均水位）に調節することが可能となり，河口デルタの湿地および生態系は徐々に復活すると期待される。

　さらに，カザフスタン政府は次のステップとして，小アラル北東部のアラルスク湾の狭窄部に閘門付きダムを建設し，そこへアクラクダムで堰上げした水を導水するための水路を開削し，湾の水位を上げて海岸線を回復させ，

アラルスクの漁港としての機能を回復させる計画も進行中である．このように小アラルについては保全できる見通しがついたといえる．

(4) おわりに

　小アラル・シルダリア流域が抱える三つの大きな問題，として，①中下流域における灌漑農地の水不足・塩類化とその対策，②上下流間の利水競合と調整，③小アラルの保全とデルタ地域の環境・生態系保全がある．①については前章で述べたところである．本章では後者（②，③）二つを対象として，それぞれの現状を分析し，解決案を提案した．この中で，③の問題については，関係国・機関の活動の成果が見えはじめ，比較的よい方向へ展開していくことが期待される．しかしながら，そのためには，②と①の流域全体に関わる問題の解決が前提となり，中・長期的に取り組んでいく必要がある．これらの問題は一朝一夕に解決できるものではなく，根気強い取組みが求められる．

　②の問題においては，ソ連崩壊後の上下流間の利水競合の経緯と問題解決に向けた取組みについて分析し，今後関係国が取りうる水政策シナリオを三つに整理した．経済面および水環境の保全の観点から，シルダリア協定（1998年）を遵守して，水資源とエネルギーの相互補完を機軸とした流域協調路線の再構築が行われることを強く強調したい．

　最後に，大アラル・アムダリア川流域についてはここでは対象としなかったが，アフガニスタン復興などに伴う水需要の大幅な増加が将来的に見込まれることから，今後も大アラルは縮小の一途をたどると考えられる．塩類濃度も現在のレベル（$> 100\,g/L$）からさらに上昇すると予想される．流域国間水利調整委員会（ICWC）やアラル救済国際基金（IFAS）を中心とした流域関係国と国際機関が連携をとり，早急に大アラルの目標修復レベルを設定し，そのために必要な流域水政策シナリオを策定すべきである．

6.5　まとめ

　乾燥地を流れる国際河川の流域国にとって，その水は貴重な資源であり，

流域全体の水資源の有効利用という観点から，関係国相互に納得のいく形で協定を結ぶ努力が必要である。長年の懸案であった「国際水路の非航行利用に関する条約」が発効したことから，係争中の事案において，この条約の2大原則である「衡平かつ合理的利用」と「流域国に重大な危害を及ぼさない義務」が尊重されて，関係国間で対等の話し合いが行われることを期待したい。

　ヨルダン川流域の場合，結果的に上流優先取水の構図が出来上がったかのように見受けられる。その結果として，死海の劇的水位低下という環境面に大きなしわ寄せが生じている。歴史的に関係国の水配分の調整が地表水を対象に行われてきたことも，関係国間の調整を難しくしているように思われる。実際には上流域で地下水開発が大々的に進められて取水されているため，下流域の河川流況が大きく変化し，取水が困難になってきている。また，各国の取水実態の把握が非常に難しくなってきており，上述の2大原則が尊重されているとは思えない状況になっている。イスラエルは1964年頃からティベリアス湖の水質劣化を防ぐため，湧出する塩水を塩水路によりヨルダン川の下流部に排水しているが，この行為によりヨルダンの農民が古くからよりどころとしていた神聖な水は極度に汚染されてしまった。これらを教訓にすれば，流域の水配分について協調を成立させるためには，地表水だけでなく地下水も，かつ水量だけではなく水質も考慮に入れて，流域の水循環の実態を関係国が深く理解し尊重した上で，調整に臨むことが大切である。

　アラル海流域では，ソ連時代の計画経済のもとでの大規模な水資源開発と流域管理に伴うさまざまな水環境災害が生起した（第5章参照）が，さらに1991年にソ連が崩壊し各共和国が独立したことにより，流域分割後の上流域国と下流域国間で係争が発生した。1998年に締結されたシルダリア協定は，水とエネルギーの相互補完を基軸とする長期枠組み協定であるので，関係国が遵守し，流域協調路線が再構築されることを強く望む。

《引用文献》
1) Mairesse, M. (2015): The global water crisis. http://www.hermes-press.com/water.htm
2) Giordano, M. and Wolf, A. (2003). Sharing waters: post-Rio International Water

Management. Natural Resources Forum 27, pp.163-171.
3) Wolf, A. (1998): Conflict and cooperation along international waterways. Water Policy. 1 (2), pp.251-265.
4) Oregon State University (2010): Transboundary freshwater dispute database, Oregon State University.
5) Yoffe, S., Wolf, A.T., and Giordano, M. (2003): Conflict and cooperation over international freshwater resources: indicators of basins at risk. Journal of the American Water Resources Association, 39 (5), pp.1109-1126.
6) FAO (1998): Sources of international water law. FAO Legislative Study, No.65, FAO Rome. http://www.fao.org/docrep/005/w9549e/w9549e00.htm#Contents
7) 井上秀典 (2005)：国際水環境紛争における衡平な利用原則の検討，人間環境論集（法政大学），Vol.6，No.1
8) UN (2014): Convention on the law of the non-navigational uses of international watercourses.
9) 玉井良尚 (2015)：戦時における水の保護規定の成立の過程，政策科学，Vol.22，No.2，pp.89-101
10) CNN (2014): News on 2014.8.19 (2014)
11) Lehner, B., Verdin, K., Jarvis, A. (2008): New global hydrography derived from spaceborne elevation data. Eos, Transactions, AGU, 89(10): 93-94. HydroSHEDS. Available at: http://www.worldwildlife.org/hydrosheds and http://hydrosheds.cr.usgs.gov.
12) Naff, T. and Matson, R. (1984): Water in the Middle East: Conflict or cooperation? Boulder: Westview Press.
13) Murakami, M. (1995): Managing water for peace in the Middle East, United Nations University Press, Tokyo.
14) Kolars, J. (1992): Water resources of the Middle East, Canadian Journal of Development Studies, Special Issue.
15) Salameh, E. and Bannayan, H. (1993): Water resource of Jordan –present status and future potentials, Amman, Friedrich Ebert Stiftung.State of Israel (1990) : Report on water management in Israel, Jerusalem, Office of the Comptroller (Hebrew).
16) Wolf, A. T. (1995): Hydropolitics along the Jordan River, United Nations University Press, 272p.
17) Huang, J. and Banerjee, A. (1984) : Hashemite Kingdom of Jordan, Water Sector Study, Sector Report, World Bank Report No.4699-JO, pp.35-6.
18) UN-ESCWA (United Nations Economic and Social Commission for Western Asia) and BGR (Bundesanstalt fur Geowissenschaften) (2013) : Chapter 6 Jordan River Basin, in Inventory of Shared Water Resources, pp.169-221.
19) Hambright, K. D., Parparov, A. and Berman, T. (2000) : Indices of water quality for sustainable management and conservation of an arid region lake, Lake Kinneret (Sea of Galilee), Israel. Aquatic Conservation: Marine and Freshwater Ecosystems, 10,

pp.393-406.
20) Kiperwas, H.R. (2011): Radium isotopes as tracers of groundwater-surface water interactions in inland environments. PhD Thesis. Duke University, Department of Earth and Ocean Sciences.
21) Simon, E., and Mero, F. (1992): The Salinization mechanism of Lake Kinneret,J. Hydrol., 138, pp327-343.
22) Hurwitz, S., Goldman, M., Ezersky, M. and Gvirtzman, H. (1999) : Geophysical (time domain electromagnetic model) delineation of a shallow brine beneath a freshwater lake, the Sea of Galilee, Israel, Water Resources Research, 35(12), pp.3631-3638.
23) Stiller, M. (1994): The chloride content in pore water of Lake Kinneret sediments, Israel J. Earth Sci., 43, pp.179-185.
24) Farber, E., Vengosh, A. and Gavrieli, I. (2004): The origin and mechanisms of salinization of the Lower Jordan River. Geochimica et Cosmochimica Acta, 68(9), pp.1989-2006.
25) Gavrieli, I., Amos, B. and Aharon, O. (2005): The expected impact of the Peace Conduit Project (The Red Sea-Dead Sea Pipeline) on the Dead Sea, Mitigation and Adaptation Strategies for Global Change 10, pp.3-22.
26) Hillel, D. (1994): The River Jordan, Rivers of Eden, pp.143-175.
27) Bashitialshaaer, R.A.I., Persson, K.P. and Aljaradin, M. (2011): The Dead Sea future elevation based on water and salt mass balances, International Journal of Sustainable Water and Environmental Systems, 2(2) : 67-76.
28) The World Bank (1994) : A strategy for managing water in the Middle East and North Africa, p.16.
29) The Hashemite Kingdom of Jordan (1994) : Treaty of Peace Between The Hashemite Kingdom of Jordan And The State of Israel. http://www.kinghussein.gov.jo/peacetreaty.html
30) FAO AQUASTAT (2009) : Jordan Basin, Water Report 34. http://www.fao.org/nr/water/aquastat/basins/jordan/index.stm
31) Water technology.net (2015) : As-Samra wastewater treatment plant (WWTP), Jordan. Available at: http://www.water-technology.net/projects/as-samra-wastewater-treatment-plant-jordan/
32) Courcier, R., Venot, J.P. and Molle, F. (2005) : Historical transformations of the Lower Jordan River Basin (in Jordan) : Changes in water use and projections (1950-2025).
33) Ministry of Water and Irrigation in Jordan (2011) : Country consultation with the Hashemite Kingdom of Jordan.
34) 吉田充夫 (2009)：ヨルダン北部ザルカ川流域における総合的環境管理：参加型ワークショップから自立的発展への展開, 水資源・環境研究. Vol.22: 64-69.
35) JVA (Jordan Valley Authority) (2011) : Annual report 2010. Available at: http://www.jva.gov.jo/sites/ar-jo/DocLib2/Forms/AllItems.aspx. Accessed on Jan. 27, 2016.
36) Ministry of Irrigation in the Syrian Arab Republic (2012) : Country consultation with the Syrian Arab Republic. In "Country consultations for the inventory of shared water

resources in Western Asia 2011-2012. Beirut.
37) Wulfsohn, A. (2005): What retreat from the territories means for Israel's water supply. Think- Israel (website), http://www. think- israel.org/ wulfsohn .water.html.
38) World Bank (2013): Red Sea – Dead Sea Water Conveyance Study Program Overview – Updated January 2013 http://siteresources.worldbank.org/EXTREDSEADEADSEA/Resources/Overview_RDS_Jan_2013.pdf?&&resourceurlname=Overview_RDS_Jan_2013.pdf
39) Gavrieli, I. (1997). Halite deposition from the Dead Sea:1960-1993: In book "The Dead Sea: the lake and its setting" ,edited by Tina M. Niemi, Zvi Ben-Avraham, Joel R. Gat. Oxford University Press, Oxford, pp. 161-170.
40) Gavrieli, I. (2000). Expected effects of the infloat of seawater on the Dead Sea; GSI Current Research 12: 7-11.
41) エルサレム時事：http://www.jiji.com/jc/zc?k=201505/2015050100548&g=int （2015/05/01-17:44）
42) Namrouqa, H. (2015): Gov't signs engineering services deal for first phase of Red-Dead project. The Jordan Times, Dec. 20, 2015.
43) 北村義信・猪迫耕二・山本定博・清水克之（2012）：シルダリア川流域におけるソ連崩壊にともなう上下流問題，農業農村工学会誌，80（12）：997-1000.
44) Abbink, K., Moller, L.C. and O'Hara, S. (2005): The Syr Darya river conflict: an experimental case study, http://www.igier.unibocconi.it/files /documents/events/SyrDarya.pdf（参照 2012 年 10 月 23 日（Giordano, M.A. and Wolf, A.T.）（2002））.

第 7 章

乾燥地灌漑農地における塩類集積の脅威とその対策

　降水量が可能蒸発散量を大幅に上回る我が国においては，温室，干拓地，海岸部などの一部の農地を除き，塩類集積はほとんど無縁の現象である。しかし，乾燥地における灌漑農地の塩類集積は農業生産に大きな減少をもたらし，食料の安全保障の観点からも人類の生存を脅かす看過できない問題である。塩害は，根群域での塩類集積が植物の栄養素の吸収と土壌中の微生物活動に悪影響を及ぼすことにより発生する。本章では，塩類集積の成因，塩類化の形態と実態，塩類化への対処，塩類集積農地の改良法などについて述べる。

7.1　塩類集積の成因

　塩類集積は，その生成過程での人類との関わりの有無によって，大きく二つに分けることができる。すなわち，一次的塩類集積と二次的塩類集積である。前者が長期間かけて自然に起こる塩類集積であるのに対し，後者は灌漑農業など人類の営みに起因して比較的短期間に起こる塩類集積である。

　前者は，可溶性塩類を多く含む母岩が風化して形成された土壌が存在する地域や，塩類濃度の高い地下水が地表面近くに存在するような乾燥地で起こりやすい。風雨によって運ばれてきた海水塩が長年にわたり堆積して形成されたものも多い。また，かつて海底であったところが隆起した平野など地殻変動過程もこの種の塩類集積形成の原因となる。

　後者は，乾燥地で適切な排水施設を整備しないで，粗放な灌漑農業を展開

表7.1 世界の陸地に分布する塩類土壌の地域別面積[1]（百万 ha）

地域	全体面積	塩性土壌 面積	塩性土壌 割合（%）	ソーダ質土壌 面積	ソーダ質土壌 割合（%）
ヨーロッパ	2 010.8	6.7	0.3	72.7	3.6
中東	1 801.9	91.5	5.1	14.1	0.8
アフリカ	1 899.1	38.7	2.0	33.5	1.8
アジア太平洋オセアニア	3 107.2	195.1	6.3	248.6	8.0
北アメリカ	1 923.7	4.6	0.2	14.5	0.8
中南アメリカ	2 038.6	60.5	3.0	50.9	2.5
合計	12 781.3	397.1	3.1	434.3	3.4

する場合に発生する．まず，農地およびその周辺に余剰水が停滞し，ウォーターロギング（湛水・過湿状態，以下WL）が発生する．WLは土中水の毛管上昇と土壌面蒸発を促進し，塩類集積を加速する．その結果，作物の水分と養分の吸収能力が著しく低下し，生産性が急速に低下する．

表7.1は，世界の陸地に分布する塩類土壌の地域別面積を示す[1]．すなわち，地球陸地の6.5％に相当する8.31億haが塩類化している．この多く（90％以上）は一次的塩類集積で，古くから自然に分布していたものであるため，農業目的の土地利用は避けられてきたと推測される．したがって，持続可能な農業の展開にとって大きな脅威となっているのは二次的塩類集積である．

7.2　二次的塩類集積

現在，世界の農地面積は約15億haあり，このうち約20％に相当する3億haが灌漑農地である[2]．世界の穀物生産量の40％は灌漑農地からの生産が占めており[2]，世界の食料の安全保障において灌漑農地の果たすべき役割は大きい．しかしながら，灌漑農地の塩類化は深刻な問題であり，食料の安定供給に影を落とす懸念材料となっている．

二次的塩類集積の影響を受けている農地面積については，多くの研究者，国際機関によってさまざまな推計がなされている．もっとも厳しい推計は，全農地面積15億haに対して3.4億ha（23％）が塩性化し，5.6億ha（37％）がソーダ質化，計9億ha（60％）が塩類化しているというものである[3]．

これは全農地面積を対象にしているとはいえ，かなり大きめの推計であり，ごく軽微なレベルの塩類化面積も含めたものと考えられる。一方，国連食糧農業機関（FAO）は，最近の報告書で灌漑農地のうち3 400万 ha（11.3％）がある程度のレベルまで塩類化していると報告している[2]。そのうち60％以上が灌漑大国であるインド，中国，アメリカ，パキスタンの4カ国に集中している。さらに，塩類化予備軍ともいえる WL もしくはそれに伴う塩類化の影響を受けた農地が6 000～8 000万 ha 存在すると報告している[2]。筆者は，FAO の報告や現地調査をもとに軽微なものも含んだ塩類化農地は灌漑農地面積の約25％程度と推定している。

国際農業研究グループ（CGIAR）と FAO は，毎年約150万 ha の灌漑農地が塩類化により耕作放棄されていると推計している[4]。今後もこの速度で塩類化が進行すると仮定すれば，50年後には灌漑農地の50％が塩類化により耕作放棄されることになり，灌漑農地の食料供給能力が半減することが予想される。塩類化により耕作放棄された農地の状況を**写真 7.1 〜 7.3** に示す。

写真 7.1 塩類化により放棄された灌漑農地（エジプト・ファイユームオアシス）（撮影：北村義信）

●第 7 章●乾燥地灌漑農地における塩類集積の脅威とその対策

写真 7.2　塩類化により放棄された灌漑農地（カザフスタン・クジルオルダ州シャメーノフ農場）
　　　　（撮影：北村義信）

写真 7.3　塩類化により放棄された綿畑（カザフスタン・南カザフスタン州）（撮影：北村義信）

7.2 二次的塩類集積

写真 7.4 ウォーターロギング（WL）とその周辺で進む塩類化（塩クラストと塩生植物サリコルニアがみられる。エジプト・ナイルデルタ）（撮影：北村義信）

7.2.1 塩類化の型：塩性化とソーダ質化

　乾燥地の灌漑農地で問題になるのは，不適切な水管理の結果生ずる根群域への塩類集積である。排水の不良な農地では灌漑によって下層に停滞水が形成され，それが毛管間隙で地表面とつながると，旺盛な蒸発に伴い土壌溶液中の可溶性塩類が毛管上昇により地表面に到達し，塩類集積が進行する。水に溶けやすく結晶化しやすい塩類で構成される場合，塩クラストが形成される（**写真 7.1 〜 7.4**）。このような過程を塩性化というが，この過程でナトリウムが過剰に含まれる場合は，ソーダ質化する。

　塩類土壌は集積する可溶性塩類の量と組成によって塩性土壌，ソーダ質土壌，塩性ソーダ質土壌の三つに大別される。なお，**表 7.1** および二次的塩類集積の影響を受けている農地面積の推計では，塩性土壌とソーダ質土壌の二者に分けて各分布面積を示しているが，これはどちらかの特性が卓越するかで二分したものである。

表7.2 塩類土壌の分類[6]

塩類土壌の分類	土壌電気伝導度 EC_e [*1] (dS/m)	土壌のナトリウム吸着比 SAR_e [*2]	土壌 pH pH_e [*3]	土壌の物理性の状況
塩性土壌	＞4.0	＜13.0	＜8.5	普通
塩性ソーダ質土壌	＞4.0	＞13.0	＜8.5	普通
ソーダ質土壌	＜4.0	＞13.0	＞8.5	劣悪

出典：FAO ホームページ
*1 土壌溶液（飽和抽出液）の電気を伝達する速度
*2 可溶性ナトリウム（Na^+）と可溶性2価陽イオン（Ca^{2+}, Mg^{2+}）との関係を示す。この値はある与えられた溶液と平衡状態にある土壌の置換ナトリウム量を推定するのに用いることができる。$SAR_e = Na^+/\{(Ca^{2+}+Mg^{2+})/2\}^{1/2}$　ここで、各イオン濃度の単位には$mmol_c/L (= meq/L)$が用いられる。
*3 土壌溶液（飽和抽出液）の pH

　塩類土壌の分類は，土壌試料に加水してペースト状にした後，抽出した溶液（飽和抽出液）の電気伝導度（EC_e）と同溶液のナトリウム吸着比（SAR_e），pH（pH_e）で表7.2のように評価される[5),6)]。ソーダ質土壌の場合，土壌の物理性が劣悪になり，透水性，通気性を著しく低下させるため，特別な配慮が必要である。

7.2.2　灌漑農地の塩類化の実態

　筆者が研究対象とした中央アジア・アラル海流域（カザフスタン・クジルオルダ州）の灌漑農場（シャメーノフ農場）は，旧ソ連時代の集団農場が民営化されたもので，その全体面積は 19 200 ha である。このうち，農地は 1 900 ha であり，灌漑水の供給が容易で平坦な地形のところに分散的に分布している。この農地の2.5割強の約500 haが強烈な塩類集積のため放棄されている（写真7.2）。なお，対象地域は典型的な大陸性気候で気温の年較差，日較差が大きく，降水量が極めて少ない。年平均降水量は 120 mm であり，灌漑期である夏期には降雨がほとんどなく極端に乾燥している。なお，乾燥度指数（AI）は 0.06 であり，乾燥地域に属する。

　この農場では，極度に塩性化が進行した土壌が随所にみられた。図7.1 は，同農場の放棄圃場とその隣接栽培圃場における土壌の EC_e の鉛直分布を示す[7)]。隣接圃場では，この年アルファルファが栽培されていたが，前作は水稲であった。放棄圃場における EC_e は 100 dS/m 程度と極端に高く，隣接圃場では 20 dS/m 程度でほぼ一様な分布を示している。このように，現在栽

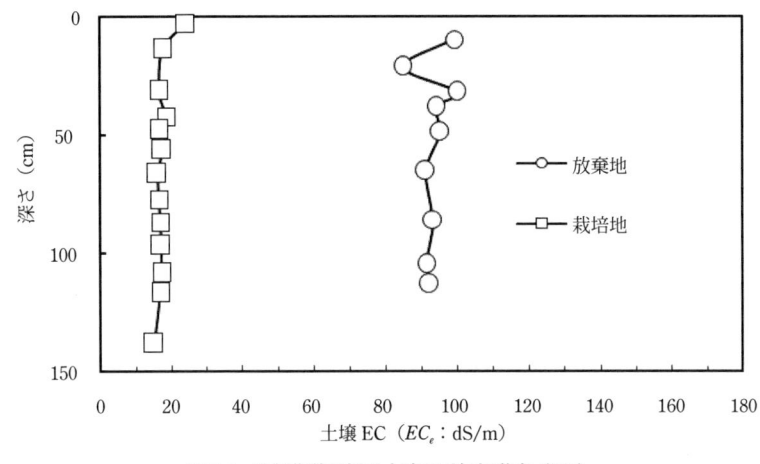

図 7.1 塩類集積圃場の土壌の電気伝導度（EC_e）

培を行っている圃場でも，塩類土壌の指標である 4 dS/m を大幅に超える大量の塩の集積がみられた．なお，この隣接圃場も数年後に耕作放棄された．

この農場のある灌漑ブロック（716 ha）では，水稲を基本とした輪作システムが行われているが，ここで実施した筆者らの塩収支調査では，1 年間に 1ha 当たり 0.6 ～ 6.2 トンの塩類集積が確認された．また，塩類集積の原因のほとんどが水管理に関係し，次のように要約できることが明らかになった（詳細は第 5 章，5.1.1 の 2）参照）[8]．

①用水路からの大量の漏水，②用水路の機能不足に起因する大量の用水管理損失，③排水路系の機能不足と管理の劣悪さ，④水稲作付区への過剰灌漑，⑤ 8 年輪作体系の適用（湛水状態の圃場と畑状態の圃場が同一灌漑区で混在），⑥粗雑な圃場均平と圃場水管理，⑦全溶解物質（TDS）が 1 000 mg/L を超える河川水の常時取水，⑧水路周辺部の集積塩類の溶出などである．

したがって，この灌漑ブロックではこれらの問題を解決することが，そのまま塩類集積防止対策となる（防止対策の詳細については，第 5 章，5.1.1 の 3）参照）．

7.3 塩害防止に必要な技術・知識

　乾燥地の農業にとって，灌漑は不可欠の条件であるが，灌漑の導入に際して，地下水位の上昇とそれに伴う塩害の危険性は常に存在するので，水源から末端に至るまで，地下水位の上昇を招かないような施設整備と水管理が必要である。そのためには，①導配水路システムにおいては，漏水を最小限に抑えるための水路ライニングの施工，圃場レベルにおいては無駄のない効率的な灌漑方法の導入が前提となる。さらに，②灌漑地区内で余剰水が生じた場合，速やかに排除できるように，排水施設を整備しておくことが重要である。一般に明渠による地表排水が基本となり，さらに排水効果を高める必要がある場合には，それに地下排水（暗渠排水あるいは垂直排水）機能を付与する方法が取られる。近年，従来型の物理的排水に加えて，樹木や灌木の吸水力と蒸発散能力を利用して行う生物的排水（バイオ排水）が導入され，低地での排水，水路沿いの地下水位上昇の防止，圃場周辺での地下水位制御などに効果を発揮している（第5章，5.1.2に事例）。

　このほか，灌漑農地の塩類化を防止・修復するうえで配慮すべき事項について以下に述べる。

7.3.1　土壌の塩類化を予防・防止するための灌漑水の水質管理

　土壌間隙に保持される水に多量の塩類が含まれる（塩性化）と，浸透圧の増大により土壌の水を保持する力が強くなり，植物が土壌から水を吸収しにくくなる。すなわち，植物の吸水が困難になり，正常な生育が阻害される。この現象が塩類濃度障害で，この現象を生じる土壌が塩性土壌である。一方，土壌水中の塩分には，ナトリウム，カルシウム，マグネシウムなどの陽イオンが含まれ，ナトリウムイオン（Na^+）がほかの陽イオンに比べて多い場合には，土壌の土粒子の表面に Na^+ が多量に吸着されて（ソーダ質化），土壌の透水性，通気性が低下し，植物の生育に悪影響を及ぼす。この現象がナトリウム障害で，この現象を生じる土壌がソーダ質土壌である。

　こうした塩類濃度障害の指標としては，灌漑水の電気伝導度（EC_w，dS/

7.3 塩害防止に必要な技術・知識

表7.3 塩害の危険性からみた灌漑水の評価指針[9]

評価項目	灌漑水としての使用制限の度合い		
	制限なし	若干〜中程度あり	重度にあり
塩性化：塩類濃度障害			
EC_w (dS/m)	< 0.7	0.7 〜 3.0	> 3.0
または			
TDS_w (mg/L)	< 450	450 〜 2 000	> 2 000
ソーダ質化：ナトリウム障害（土壌の透水性低下，通気性低下）			
$SAR_w = 0 \sim 3$	$EC_w > 0.7$	$EC_w = 0.7 \sim 0.2$	$EC_w < 0.2$
$SAR_w = 3 \sim 6$	$EC_w > 1.2$	$EC_w = 1.2 \sim 0.3$	$EC_w < 0.3$
$SAR_w = 6 \sim 12$	$EC_w > 1.9$	$EC_w = 1.9 \sim 0.5$	$EC_w < 0.5$
$SAR_w = 12 \sim 20$	$EC_w > 2.9$	$EC_w = 2.9 \sim 1.3$	$EC_w < 1.3$
$SAR_w = 20 \sim 40$	$EC_w > 5.0$	$EC_w = 5.0 \sim 2.9$	$EC_w < 2.9$

EC_w：灌漑水の EC
EC_w と TDS_w の関係は塩の形態，組成によって変わるので，一概には決まらないが，640 を乗じると，TDS_w (mg/L) の近似値が得られる。

m）もしくは全溶解物質（TDS_w, mg/L）が用いられ，ナトリウム障害の場合の指標としては，ナトリウム吸着比（SAR_w）が用いられる。SAR_w は次式で表される[9]。

$$SAR_w = \mathrm{Na}^+/\{(\mathrm{Ca}^{2+} + \mathrm{Mg}^{2+})/2\}^{1/2} \tag{7.1}$$

ここで，各イオン濃度の単位には $\mathrm{mmol}_c/\mathrm{L}$（= meq/L）が用いられる。

表7.3に，FAO により提案されている塩害の危険性からみた灌漑水の評価指針を示す[9]。これは，灌漑水として使用制限をする必要性の度合いを EC_w（または TDS_w），SAR_w ごとに各3段階（制限なし，若干〜中程度あり，重度にあり）に分類したものである。塩類濃度障害に関しては，EC_w が 0.7 dS/m 以下（あるいは TDS_w が 450 mg/L 以下）の場合は問題なく，0.7 〜 3.0 dS/m の範囲になると，塩類濃度障害の危険性のために，使用制限の必要性が生じる。ナトリウム障害に関しては，SAR_w と EC_w の組み合わせによって評価することとしている。例えば，SAR_w が低くても，EC_w が過度に低い灌漑水は透水性を低下させ，ナトリウム障害をもたらす。

7.3.2 塩類集積農地の改良法

　農地に集積した塩類を除去し，耕作可能な状態を保持する方法として，次のようなものがある。これらは塩類集積の状況に応じて複合的に適用する場合が多い。なお，リーチングとソーダ質化した土壌の改良については，次項で詳しく述べる。

① 排水環境の整備：地表排水，地下排水の改良
　　地表排水，地下排水を改良して WL を解消することが大切である。これは，リーチングを効率よく行うための前提条件でもある。

② 表層集積塩の除去
　［スクレーピング］
　　極端な蒸発により土壌表層に集積した塩類層を削って取り除くこと。
　［フラッシング］
　　土壌表層に集積した塩分を，水で浸透させないで洗い流すこと。

③ 根群域集積塩の除去
　［リーチング］
　　根群域に集積した塩類を灌漑水で溶解し根群域から除去する方法。

④ 水稲作を取り入れた輪作体系
　　稲作を取り入れた輪作体系を導入することにより，畑作期間に集積した塩類を除去することができる。しかし，厳密な水管理と排水管理が不可欠である。

⑤ 土壌改良材の施用
　　土壌がソーダ質化している場合には，リーチングは逆効果となるので，まず土壌改良材を用いて，塩類を可溶性にしたうえで，リーチングを行う。

⑥ 好塩性・耐塩性植物を用いた除塩
　（ファイトレメディエーション：phytoremediation）
　　塩類集積農地にサリコルニア（**写真 7.4** 参照），フダンソウなどの好塩性・耐塩性植物を栽培して，塩類を吸収させ除去する方法である[10]。

⑦ そのほかの改良法
　　以上のほかにも，地域特有の水利用技術により，塩類集積農地を改良する

方法がある．その主なものを以下に列挙する．詳細については第3章を参照されたい．
- 黄土高原下流域で行われている流水客土（3.1.2 の（1）参照）[11]
- インド・ラジャスタン州のカディン集水農法（3.1.1 の（3）参照）[11]
- エジプトで行われていた洪水を利用したベイスン灌漑（3.1.2 の（2）参照）[11]

7.3.3 リーチングによる土壌塩類濃度のコントロール

　土壌水の塩類濃度が作物生育に対する限界値に達したら，過剰な塩分を作物の根群域から除去するためのリーチング（leaching：溶脱）を行う必要がある．リーチングは日常的な圃場管理の一環としても広く行われている．根群域において塩類の余剰な集積を防ぐためには，作物の蒸発散量より多くの灌漑水（もしくは雨水）が供給されなければならない．用水が十分得られない場合には，作物が最も塩ストレスを受けやすい生育段階に，タイミングを合わせてリーチングを実施することも有効であり，乾季には適期に灌漑と合わせて実施できる．リーチングは，夜間など湿度の高いとき，涼しい天候のとき，もしくは作付期間外など，蒸発散量の少ないときに行うのがより効果的である．さらにリーチング効果を高めるためには，溶脱した塩類を効率よく集め，地区外へ排除できるように排水施設が整備されていることが前提となり，付随して暗渠排水システムが完備されていることが望ましい．しかしながら，そのことにより下流域で耕作している地区をその高塩濃度排水で汚染することは避けなければならない．

　リーチング用水量（leaching requirement：LR）は，土壌水の塩類濃度をある設定値以下に保つために，作物の根群域を通過させるべき灌漑水の割合である．灌漑水が均一に供給され，作物による塩類の吸収および土壌への塩類の沈殿がないとし，定常状態の水分および塩分プロファイルを仮定すると，LR は，定義から次式で表される[5]．

$$LR = D_d{}^* / D_w = C_w / C_d{}^* \tag{7.2}$$

ここで，$D_d{}^*$：設定された収量の目標値を維持するために許容しうる最少

の排水量，D_w：灌漑水量，C_w：灌漑水の塩類濃度，$C_d{}^*$：作物収量に対する耐塩性データから得られる排水の塩類濃度の設定値である。

　排水（土壌水）の塩類濃度は，電気伝導度と線形関係にあるとみなせるので，式（7.2）は次式のように示される[5]。

$$LR = D_d{}^*/D_w = EC_w/EC_d{}^* \tag{7.3}$$

ここで，EC_w：灌漑水の電気伝導度，$EC_d{}^*$：根群域底部における排水に設定された電気伝導度である。

Rhoades は $EC_d{}^*$ の値を，次式で与えている[12]。

$$EC_d{}^* = 5(EC_e{}^*) - EC_w \tag{7.4}$$

ここで，$EC_e{}^*$：対象作物が設定された収量の目標値を維持するために許容しうる土壌塩類濃度（飽和抽出液の EC で表す）で，Maas の定義した 10％程度以下の収量低下水準[13] に対応する。式（7.4）を式（7.3）に代入すると次式が得られる[14]。

$$LR = EC_w/\{5(EC_e{}^*) - EC_w\} \tag{7.5}$$

また，この場合リーチング用水量を含む全作物用水量（AW, mm/y）は次式のようになる[9]。

$$AW = ET/(1 - LR) \tag{7.6}$$

ここで，ET：作物消費水量（mm/y）

　式（7.3）は過大に LR を評価する傾向がある。式（7.5）は式（7.3）よりは低く算定され，従来よく用いられている。しかし，非定常状態を考慮した研究によれば，同式も過大に評価するとされ，貴重な水資源の有効利用の観点から，見直しの必要性が指摘されている[15]。

　なお，リーチングの効果は給水方法によっても異なる。連続湛水法に比べて，間断湛水法によるリーチングは用水量が少なくて済み，特に細粒土において顕著である[16]。細粒土の塩性化した農地において，可溶性塩類の 70％ を除去するのに要した水量は，間断湛水法の場合は連続湛水法の約 1/3 で

あったとの報告もある。これは，間断湛水法のほうが連続湛水法に比べて，供給水が大きなクラックを経由するバイパス流を軽減するためと考えられる。バイパス流を低減させるという点では，スプリンクラーによる散水法も効果が期待できるが，アメリカ・カリフォルニア州のシルト質粘土の圃場で行われた実験では，連続湛水法よりも勝るものの間断湛水法には若干劣ったとの報告がある[17]。しかし，散水法において散水頻度を間断湛水の頻度より頻繁に行うことにより，より高い効果が期待できるとの見方もある[16]。

リーチングは栽培作物の耐塩性によっても，必要性が変化する。リーチングの必要性は栽培農地の塩性化の状況と栽培予定作物の耐塩性を考慮して決定する。表7.4に耐塩性ないし比較的耐塩性の作物について，収量減が50%，20%，0%になる根群域の塩類集積状況をEC_e（dS/m）で示したものである[18]。

表7.4 作物の特定の収量ポテンシャル時の根群域の平均EC_e[18]

作物名	各収量ポテンシャル時の根群域の平均EC_e（dS/m）		
	収量ポテンシャル（%）		
	50	80	100
アスパラガス	29	14	4
コムギ（飼料）	24	12	4
デュラムコムギ（飼料）	22	10	2
デュラムコムギ（穀物）	19	11	6
オオムギ（穀物）	18	12	8
メンカ	17	12	8
ライムギ（穀物）	16	13	11
テンサイ	16	10	7
コムギ（穀物）	13	9	6
ソルガム	10	8	7
セロリ	10	5	2
ホウレンソウ	9	5	2
ナス	8	4	1
ブロッコリ	8	5	3
トマト	8	4	2
コメ	7	5	3
トウモロコシ（穀物）	6	3	2

7.3.4　ソーダ質化した土壌の改良

　塩性ソーダ質土壌とソーダ質土壌の改良には，過剰な可溶性塩類を除去する前に，まず交換性ナトリウムイオン（Na^+）量を減らすことが必要である。交換体のNa^+イオンはカルシウムイオン（Ca^{2+}）または水素イオン（H^+）で置き換えることができる。Ca^{2+}イオンは石膏（$CaSO_4・2H_2O$）のかたちで土壌に加えると以下のような反応によって，可溶性の中性塩である硫酸ナトリウム（Na_2SO_4）が形成される[16]。この塩は容易に溶脱できる。

（石膏の施用による土壌改良）
　$2NaHCO_3 + CaSO_4$（石膏）$\rightarrow CaCO_3 + Na_2SO_4 + CO_2 \uparrow + H_2O$
　$Na_2CO_3 + CaSO_4$（石膏）$\Leftrightarrow CaCO_3 + Na_2SO_4$
（Na_2SO_4は可溶であり，リーチングが可能）
　［土壌コロイド］$Na^+ Na^+ + CaSO_4 \Leftrightarrow$ ［土壌コロイド］$Ca^{2+} + Na_2SO_4$

　ソーダ質土壌は硫黄華，硫酸を用いて改良することができる。硫黄華は土壌中の微生物によって硫酸に酸化される。硫酸は炭酸水素ナトリウムおよび炭酸ナトリウムと反応して，交換性のNa^+イオンと置き換わり，硫酸ナトリウムを生成する。

　硫黄華と硫酸はソーダ質土壌の改良に極めて有効で，特に大量の炭酸カルシウムが存在する場合はより効果的である。しかしながら，実際には硫黄華や硫酸よりも石膏のほうが容易に入手でき，安価でかつ扱いやすいため，より広く使われている。ソーダ質土壌は土壌改良により，交換性Na^+イオンが溶脱され，Ca^{2+}イオンやH^+イオンで置換されれば，団粒や透水性などの土壌物理性は大幅に改善される。土壌改良の完了後は，新たな塩類集積が起こらないように，灌漑水の継続的な水質監視と良好な排水環境の維持に配慮していくことが肝要である。

（硫酸による土壌改良）
　$2NaHCO_3 + H_2SO_4 \rightarrow 2CO_2 \uparrow + 2H_2O + Na_2SO_4$

$$Na_2CO_3 + H_2SO_4 \Leftrightarrow CO_2 \uparrow + H_2O + Na_2SO_4$$
$$[土壌コロイド]\ Na^+Na^+ + H_2SO_4 \Leftrightarrow [土壌コロイド]\ H^+H^+ + Na_2SO_4$$

このほかにソーダ質土壌の土壌改良材として，塩化カルシウム（$CaCl_2 \cdot 2H_2O$），硫化鉄（$FeSO_4 \cdot 7H_2O$；$Fe_2(SO_4)_3 \cdot 9H_2O$），パイライト（黄鉄鉱 FeS_2），硫酸アルミニウム（$Al_2(SO_4)_3 \cdot 18H_2O$）などが使われる。塩化カルシウムは最も早く溶解し，土壌に反応するが，コストが最も高くなる。石膏，硫化鉄，硫化アルミニウムも土壌と混合すれば，早く反応する。固形の改良材の粒径が細かく，土壌との混和が均等であるほど，より早くより効率的に土壌改良は進む[16]。リン酸石膏は，リン鉱石からリン酸肥料を製造するときに生ずる副産物であるが，天然の石膏に比べて，はるかに多孔性であるため，より早く溶解し，土壌改良効果が早く得られる[16]。

硫黄華や黄鉄鉱は，まず土壌微生物によって酸化されなければならないので，土壌改良材としては遅効性である。微生物の活動はpHの低下に伴って活発になるので，これらの改良材が希薄にならないよう，土中深く取り込まないことが重要で，深耕よりも浅耕が望ましい。また，これらの反応は，土壌温度の上昇とともに活発になるので，春から夏に行うのが効果的である[16]。

7.4 まとめ

灌漑農地を塩類集積から守るためには，効率のよい灌漑排水システムの構築とその適正な管理，きめ細かい圃場レベルの水・土壌管理が極めて重要である。ひとたび重度の塩類集積に見舞われれば，その修復は容易ではなく，莫大な経費，水資源，労力，時間を要し，かつ周辺・下流域の環境に及ぼす影響も大きい。塩類集積に対してはあくまでも，予防に力点をおいて対処すべきである。灌漑農地が重度に塩類化してしまった場合は，生産活動をやめて負の環境影響に対処する方針を選択するほうがより経済的であることもありうる。

《引用文献》

1) FAO (Land and Plant Nutrition Management Service):
   http://www.fao.org/soils-portal/manejo-del-suelo/manejo-de-suelos-problematicos/suelos-afectados-por-salinidad/more-information-on-salt-affected-soils/en/ (available on Sept. 10, 2015)
2) FAO (2011): The state of the world's land and water resources for food and agriculture (SOLAW). FAO, Rome, 285p.
3) Tanji, K. K. (1990): Nature and extent of agricultural salinity. In Agricultural Salinity Assessment and Management, ASCE Manuals and Reports on Engineering Practice 71: Tanji, K. K. (ed.), pp.1-17.
4) Place, F. and Meybeck, A. (Coordinating lead authors)(2013): Food security and sustainable resource use –what are the resource challenges to food security? Background paper for the conference on "Food Security Futures: Research Priorities for the 21st Century", 11-12 April 2013, Dublin, Ireland, 78p.
5) US Salinity Laboratory (1954) : Diagnosis and improvement of saline and alkali soils, U.S Dept. Agriculture Handbook, 60. U.S. Government Printing Office, Washington, D.C., 160p.
6) Brady, N. C. and Weil, R. R. (2002): The nature and properties of soils, New Jersey, USA, Prentice Hall, 960p.
7) 矢野友久(1999)：塩類集積土壌の改良に関する研究，中央アジア塩類集積土壌の回復技術の確立に関する研究，環境庁地球環境研究総合推進費終了研究報告書，pp.8-19
8) 北村義信・矢野友久(2000)：中央アジア乾燥地における二次的塩類集積防止のための広域水管理研究，地球環境，Vol.5，No.1/2，pp.27-36
9) Ayers, R. S. and Westcot, D. W. (1994): Water quality for agriculture, Irrigation and Drainage Paper, 29 Rev. 1, FAO, Rome.
10) 藤山英保(2014)：6-3 塩類土壌を修復する「好塩性植物」，乾燥地を救う知恵と技術(鳥取大学乾燥地研究センター監修/恒川篤史編集代表)，丸善出版，pp.88-89
11) 北村義信(2015)：伝統的な集水技術を活用した乾燥地の土壌保全管理，水土の知(農業農村工学会誌)，Vol.83，No.5，pp.377-380
12) Rhoades, J. D. (1974): Drainage for salinity control. In: van Schilfgaarde, J. (Ed.), Drainage for Agriculture. Agronomy Monograph No.17. SSSA, Madison, WI, pp.433-461.
13) Maas, E. V. (1990): Crop salt tolerance. In: Tanji, K. K. (Ed.), Agricultural Salinity Assessment and Management. ASCE Manuals and Reports on Engineering, No.71. ASCE, New York, NY, pp.262-304.
14) Rhoades, J. D. and Merrill, S. D. (1976): Assessing the suitability of water for irrigation: Theoretical and empirical approaches. In: Prognosis of Salinity and Alkalinity. FAO Soils Bulletin 31. FAO, Rome, pp.69-110.
15) Corwin, D. L., Rhoades, J. D. and Simunek, J. (2007): Leaching requirement for soil salinity control: Steady-state versus transient models. Agricultural Water Management, 90, pp.165-180.

16) Oster, J. D., Shainberg, I. and Abrol, I. P. (1999): Reclamation of salt-affected soils. In: Agricultural Drainage. Agronomy Monograph No.38, ACSESS, Madison, WI, pp.659-691.
17) Oster, J. D., Willardson, L. S. and Hoffman, G. J. (1972): Sprinkling and ponding techniques for reclaiming saline soils. Trans. ASAE 15, pp.115-117.
18) Maas, E. V. and Grattan, S. R. (1999): Crop yields as affected by salinity. In: Skaggs, R. W. and van Schilfgaarde, J. (ed.) Agricultural drainage. Agron. Monogr. 38. ASA, CSSA, and SSSA, Madison, WI, pp.55-108.

第8章
乾燥地における水文，水資源
―西アフリカの水収支と水循環の事例―

　世界の乾燥地は全陸地面積のほぼ40％を占めるものの，そこで得られる水は全世界の流出水の8％程度に過ぎない。そして，そこには20億人以上もの人々が生活しており，1人当たり再生可能水資源量（1 300 m^3/y）はほかの地域（乾燥地を含む世界平均約6 000 m^3/y（2013年），FAO）に比べて著しく乏しい。しかも，乾燥地における流出水は利用が困難な直接流出が大半を占めるため，水利用に特殊な配慮が必要となる。本章では，乾燥地の水文，水資源について，アフリカの半乾燥地域，とりわけニジュール川流域を事例に取り上げ，その特徴について考える。

8.1　アフリカの水収支と水循環

　水循環は全球的もしくは水系的に捉えるべき現象であり，乾燥地域と湿潤地域に分けてそれぞれ評価することは不可能である。したがって，ここでは乾燥地が多く存在する西アフリカを代表するニジェール川流域とその周辺流域を主な対象として考察する。

8.1.1　概　要

　世界の地域別の平均水収支については，多くの研究[1]～[5]があるが，3者の推定がいまだによく引用されるので，表8.1にそれらを示す。この表において各地域の水収支を3者の平均値でみれば，南極を除く世界の全陸地における平均降水量は825 mmであり，このうち527 mmが蒸発散で消費され，

表 8.1 世界の地域別年平均水収支

地域	水深換算（各地域および海洋平均，地球全体 (mm/y)）									
	Baumgartner ら[1)]			ソ連 IHD[2)]			L'vovich[3)]			3者の平均		
	P	E	R	P	E	R	P	E	R	P	E	R
アフリカ	696	582	114	740	587	153	686	547	139	707	572	135
アジア	696	420	276	740	416	324	726	433	293	721	423	298
ヨーロッパ	657	375	282	790	507	283	734	415	319	727	432	295
北アメリカ	645	403	242	756	418	338	670	383	287	690	401	289
南アメリカ	1 564	946	618	1 595	910	685	1 648	1 065	583	1 602	974	628
オセアニア	803	534	269	791	511	280	736	510	226	776	518	258
6地域平均	800	522	278	859	530	329	813	526	287	825	527	298
南極	169	28	141	165	0	165	?	?	?	167	14	153
7地域平均	743	475	268	796	482	314	756	482	274	763	475	288
海洋	1 066	1 177	-111	1 269	1 399	-130	1 141	1 255	-114	1 158	1 277	-119
地球全体	973	973	0	1 130	1 130	0	1 030	1 030	0	1 044	1 044	0

注）？：不明，P：降水量，E：蒸発散量，R：流出量

残りの298 mmが流出量となる。すなわち，降水量の約64％が蒸発散量，36％が流出量となる。

これに対しアフリカ地域では，降水量が707 mmと少なく，しかもその81％（572 mm）が蒸発散量として失われてしまい，流出量はわずか19％（135 mm）に過ぎない。アフリカの面積当たり流出量は南アメリカの約1/5，そのほかの地域の1/2である。さらにこの流出量の中で直接流出量の占める割合は65％（88 mm）であり，地下水流出は35％（47 mm）と極めて少ない[8)]。したがって，アフリカ地域はほかの地域に比べてかなり過酷な水資源環境にあるといえる。

8.1.2 地表水

アフリカの地表水資源は一様には分布しないで，地域格差が大きい。例えば，熱帯雨林気候を流域に持ち，アフリカで最も水量の豊富なコンゴ川は，アフリカ全体の年間流出量の約35％をも占める。この流域を除外した残りの地域だけで水収支を考えた場合，上述の水収支よりもさらに状況は深刻になり，年平均降水量は575 mm，このうち蒸発散量として480 mmが失われ，流出量はわずか95 mmとなってしまう。

また，アフリカの河川の特徴として，流量の季節変動が極めて大きいこと

表8.2 アフリカ主要河川流域における水収支[6]

河川名	流域面積 (km^2)	降水量 (mm/y)	流出量 (mm/y)	蒸発散量 (mm/y)	比流量 (L/s/km^2)	平均流量 (m^3/s)	流出係数
コンゴ	3 607 450	1 561	337	1 224	10.7	38 800	0.22
白ナイル	1 435 000	710	16	694	0.5	793	0.02
青ナイル	324 530	1 082	158	924	5.0	1 727	0.15
ナイル	2 881 000	506	28	478	0.9	2 590	0.06
ニジェール	1 091 000	1 250	202	1 048	6.4	7 000	0.16
ザンベジ*	1 236 580	759	30	729	1.0	1 237	0.11

注)*ビクトリアフォールズ地点

が挙げられる。ニジェール川，セネガル川，ナイル川，チャド湖流域などはその典型である。サヘル地域，スーダン地域においては，これらの水資源に依存するところが大きく，特に洪水期の流出パターンが地域の生活を左右する。洪水期に十分な流量が得られない年は干ばつに見舞われやすくなる。唯一の例外はコンゴ川で，この河川は支流を北半球と南半球の両方に広げているため大きな季節変動はなく，年間通して流量が大きい。

表8.2は，アフリカの主要河川流域における水収支を示す[6]。この中でコンゴ川流域が最も高い流出係数（0.22）と比流量（10.7 L/s/km^2）を示しているが，これは流域内に乾燥気候の影響が全くないためである。一方，乾燥気候の影響を受けるナイル川やザンベジ川流域では，流出係数が0.06，0.11，比流量が0.9 L/s/km^2 および 1.0 L/s/km^2 と低い値を示している。特に前者は，白ナイル流域に存在する広大なサッド（Sudd）湿原での蒸発散・浸透損失による影響が大きい。ニジェール川もサハラ砂漠の南縁を部分的に流れるが，上流域の流出量が多いことと，下流域で水量豊富なベヌエ（Benue）川が合流するため，比較的高い流出係数（0.16）と比流量（6.4 L/s/km^2）を示している。

8.2 西アフリカの河川流域における降雨・流出特性

西アフリカの河川は図8.1[7]に示すように，西アフリカ最大のニジェール川水系とセネガル川，ボルタ川など大西洋，ギニア湾に直接流出する大小数多くの河川群からなる。

● 第 8 章 ● 乾燥地における水文，水資源

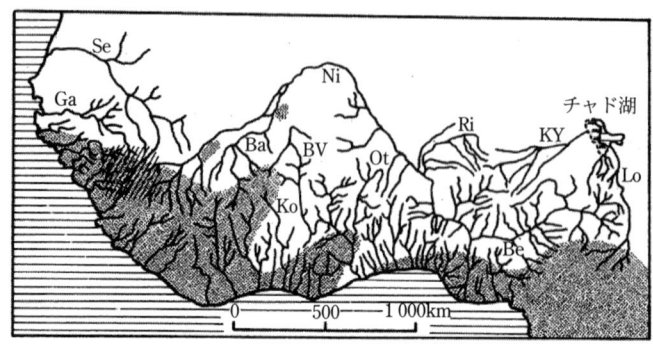

ドット（網掛け）を施している部分は，支川など小河川流域の地下水流出が乾季などを通して起こる地域を示す。

Ni：ニジェール，Be：ベヌエ，Ba：バニ，Ri：リマ，Se：セネガル，Ga：ガンビア，Ko：コモエ，BV：黒ボルタ，Ot：オーティ，KY：コマドゥグヨベ，Lo：ロゴヌ

▨ フータジャロン源流域

図 8.1　西アフリカの河川（Ledger（1983）[7]を筆者改変）

8.2.1　ニジェール川流域

　ニジェール川は標高 800 m のギニアの山岳地帯（フータジャロン山地：西アフリカの給水塔といわれ，ニジェール，セネガル，ガンビアなど数河川の源流で，年降水量は 2 000 mm を超える）南部に源を発し，マリ，ニジェールを経てナイジェリアでギニア湾に注ぐ国際河川である．流路延長は 4 200 km，流域面積は 220 万 km^2 [9]（水文学的にアクティブな流域面積は 150 万 km^2）[10]，流出量は平均 2 200 億 m^3/y（7 000 m^3/s）である[6]．その流域は，ギニアの湿潤帯の源流からマリ，ニジェール，ナイジェリア北東部の半乾燥サヘル帯，そしてナイジェリア西部・南部の湿潤帯まで広がる（図 8.1，図 8.2）．流域関係国は 10 カ国にも及ぶが，流域面積の 76％はマリ，ニジェール，ナイジェリアの 3 カ国で占める[9]．流域内には，約 1 億人もの人口を抱えており，しかもその増加率は約 3％/y と高い[10]．流域国の中でも半乾燥サヘルに位置するマリ，ニジェールの両国は，その水資源のほとんどをニジェール川に頼っている．ニジェールの場合，同国の全水資源の約 90％は上流域国由来の河川水である．一方で，ナイジェリア国内においては，ニジェール川の河川水は上流域国からの流下水は少なく，そのほとんどは国内に降る雨に伴う流出水である[9]．

図8.2 ニジェール川流域と流域関係国（Goulden and Few（2011）[11]を改変）

なお，サヘル（Sahel）はサハラ砂漠南縁部に広がる半乾燥地域[11]で，砂漠化の傾向が顕著な地域の一つであり，世界的に注目されている。ニジェール川流域の大半はサヘルに含まれるため，この流域の流況がサヘルの人々の生活に及ぼす影響は多大である（図8.2）。

(1) サヘルの降雨特性

サヘルの降雨は季節的で，ほとんどすべての降雨は夏季に集中する（特に，7～9月）が，時間的・空間的に大きく変動し，干ばつは頻繁に発生する。サヘルでは，降水量は高緯度に向かって減少し，かつ西アフリカモンスーン（WAM）が海面温度変化などの外力要素に敏感に反応することから，降水量が年ごと，数十年ごとあるいはそれ以上の時間スケールでも大きく変動する可能性がある。

図8.3は，サヘル（北緯20°～北緯10°，西経20°～東経10°）における年降水量偏差の経年変化を1901～2015年の期間について示したものである[12]。縦軸は年降水量の偏差（年降水量から基準期間の平均値を差し引いたもの）をcm/月単位で示したものである。図8.3から明らかなように，年降水量は著しい変動性を有し，1960年代後半より減少傾向にある。また，

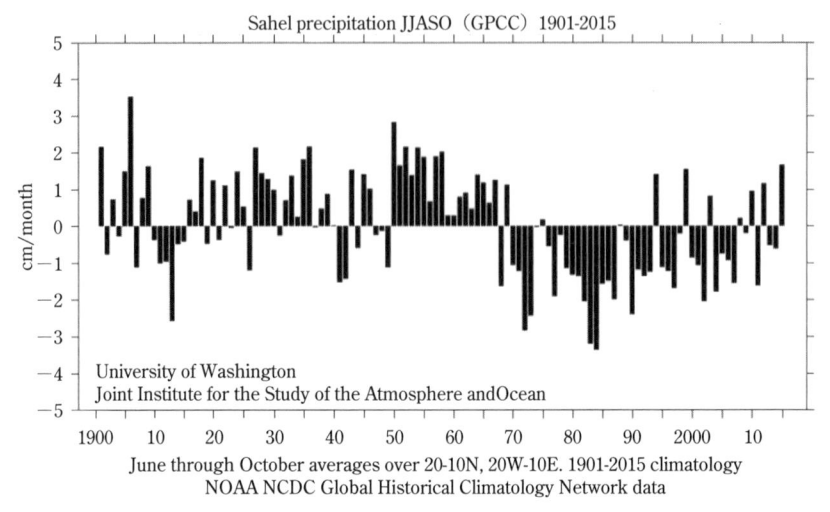

注）縦軸は年降水量の偏差（年降水量から基準期間の平均値を差し引いたもの）を cm/月単位で示したもの

図 8.3 サヘル帯における年降水量偏差の経年変化（1901～2015年）[12]
（出典：University of Washington, Joint Institute for the Study of the Atmosphere and Ocean.

　年降水量は 1950 年ごろまでは年単位で変動していたが，その後は明らかに数十年の長いスパンで変動するようになっている。年降水量は 1950 年代と 1960 年代は，一貫して長期平均を上回るが，1970 年代，1980 年代，1990 年代はほとんどの年で長期平均を下回る（図 8.3）。1968～1974 年ごろ（特に，1973～1974 年）と 1982～1985 年ごろには，厳しい干ばつがサヘルを襲い，大きな被害をもたらしている。

　サヘルでは，1990 年代中ごろから，降水量は幾分回復傾向にあり，長期平均より多い年もみられる。降水量が増えたことにより，植生の増加も報告されている[13]。しかしながら，サヘルの回復は部分的で，ニジェール川流域の源流で，流況に大きく影響するサヘル西部（ギニア領）では依然として乾燥状態が続いている。対照的に，ニジェール川上・中流域の流況には影響の低いサヘル中部（ナイジェリア領）では，1990 年代の後半以来，降水量は次第に増加している[14]。マリでは，最近 40 年間にわたり，干ばつや洪水など厳しい気象災害の発生頻度が高くなっている。

(2) 流出特性

　ニジェール川の特徴は，1万分の1という極めて緩やかな河川勾配と，内陸デルタ地域に250万 ha（200万～300万 ha，厳しい干ばつに見舞われた1984年には95万 ha に縮小）という広大な氾濫原を有することにある。すなわち，この両者の影響により下流域における流水の到達時間は大幅に遅れ，流出形態は非常に複雑なものとなっている。ニジェール川の流況を上流域から下流域に向かってみていけば，次のように整理できる。

［上流域，内陸デルタ地域］

　雨季に源流の山岳地帯を流下してきた洪水は，クリコロ（Koulikoro：源流より819 km [12]）では6～11月に集中する（図8.4）[6),7]。9月に最高となり，ピーク流量は8 000～10 000 m^3/s に達することもある[15]。図8.6にクリコロにおける河川流量の経年変動を示すが，1981～1990年の10年間に極端な流量減少がみられた[16),17]。

　セグー（Segou：源流より982 km[5]）から下流のトンブクツー（Tombouctou：ニジェール川が東方へ大きく流れを変える地点で，源流より1 645 km[5]，河口まで2 555 km）までは内陸デルタ地域で，河川の通水能力も低いことから，河川水は氾濫原に溢れ出て貯留される。源流からの流下流量の減少とともに，氾濫原の貯留水が本流に還流しはじめるため，トンブクツーでは流出のピークは12～1月に現れる（図8.4）。この結果，トンブクツーでは9月に乾季が始まるが，その後4カ月間も河川流量は上昇し続け，渇水期は3～4カ月で終わってしまう。トンブクツーにおける全流出量の85％は乾季に流出することになり，乾季の貴重な水資源となる。この広大な氾濫原の貯留機能のメリットは大きいが，この間蒸発散と浸透により莫大な水量損失が生じていることも忘れてはならない。この内陸デルタ地域における平均損失水量は31 km^3/y（損失水量は，年によって大きく変動し，湿潤年の1969年には46 km^3/y，乾燥年の1973年には17 km^3/y）と推定されている[9]。

［中，下流域］

　トンブクツーからニアメー（Niamey：源流より2 503 km[5]，河口まで1 697 km）の区間では，ワジ（涸れ川）のみが合流する（写真8.2参照）。

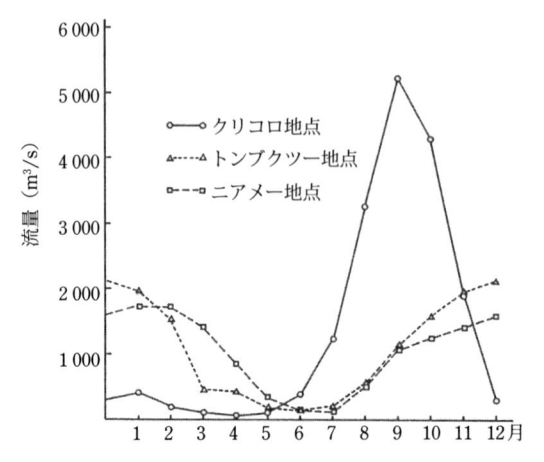

図 8.4 ニジェール川上・中流域の流況（20 世紀前半〜中期）（Balek（1983）[6] と Ledger（1969）[7] を筆者改変）

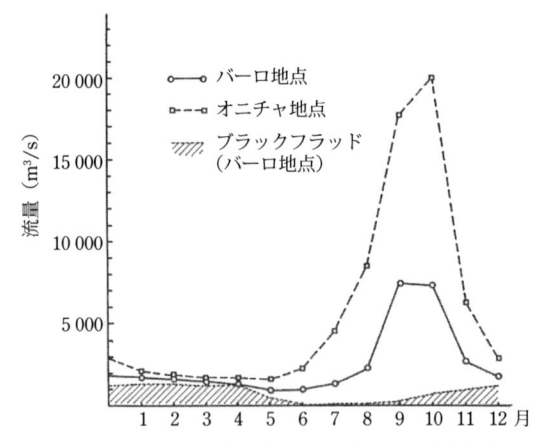

図 8.5 ニジェール川下流域の流況（20 世紀前半〜中期）（Ledger（1969）[7] を筆者改変）

このため，ニアメーの流況はピーク流量がさらに約 1 カ月遅く出現するほかは，トンブクツーのそれとほとんど変わらない（図 8.4）[7]。上流域のクリコロと同様に，ニアメーでも，1981 〜 1990 年の 10 年間の流量の減少は極端で，72％もの大幅な減少がみられた[16),17)]。ニアメーからバーロ（Baro：

8.2 西アフリカの河川流域における降雨・流出特性

源流より 3 406 km[5]，河口まで 794 km）の区間では，アリボリ（Alibori）川のような支流が次々と流入しはじめる。これらの支流の出水期は 6 〜 10 月であるため，ニジェール川本川の流量ピークの時期もこれとほぼ一致するようになる（図 8.5）[7]。乾季における流出量がかなり高くなっているのは，この地方でブラックフラッド（Black Flood）として知られる上流域からの洪水が到達するためである（図 8.5 のハッチ部）[7]。なお，ブラックフラッドに対して，ニアメーの下流域から流入するものはホワイトフラッドとよばれている[15]。この区間には巨大なカインジダム湖があり，調整が行われているため，ダム下流域では流況が大きく変化している。その後，ベヌエ（Benue）川が合流し，広大なデルタを形成してギニア湾へ至る。ベヌエ川合流点とデルタの間にあるオニチャ（Onitsha：源流より 3 731 km[5]，河口まで 469 km）における流況を図 8.5 に示す。

(3) 年間流出パターンの変動傾向

図 8.6 は，ニジェール川上流域のクリコロにおける 1900 年から 2002 年までの年降水量と年平均河川流量の経年変動を示す[18]。この図から年降水量と河川流量には年変動と 10 年程度の規模の変動傾向がみられる。1970 年代と 1980 年代に河川流量の顕著な減少がみられ，80 年代中ごろには最低値を

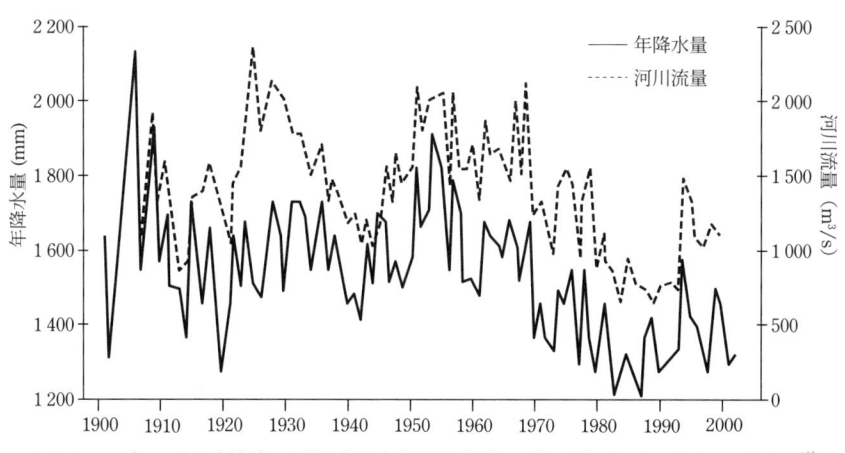

図 8.6　ニジェール川上流域における年降水量と河川流量の経年変動（マリ・クリコロ地点）[18]

図8.7 ニジェール川上流域（マリ・クリコロ）における特徴的な年のハイドログラフ [11), 19)]

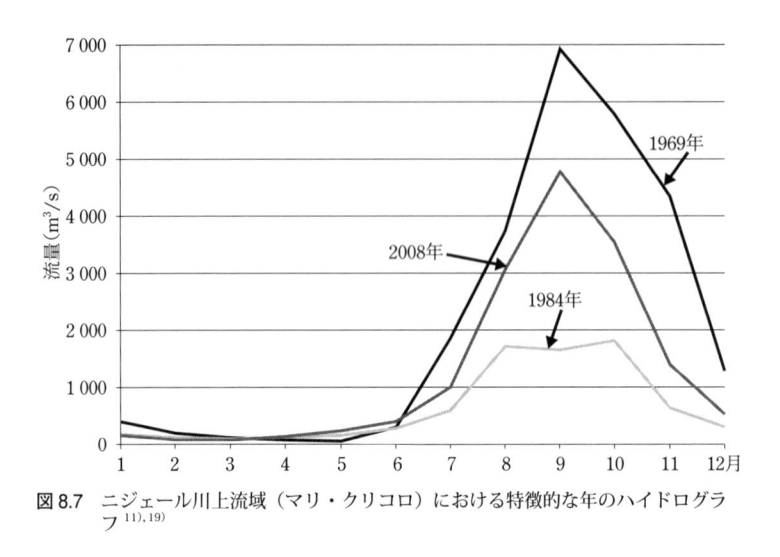

記録しているが，1990年代初め以降は部分的な回復が確認できる [16)]。1970～1990年の期間には，クリコロ，ニアメー，ロコジャ（Lokoja，ナイジェリア：ベヌエ川の合流点）の観測点の平均流量はすべて減少傾向が確認された [19)]。1950～2000年の間で，流量の減少量が最大となったのは，1981～1990年の10年間であり，この期間にクリコロでは42％の減少，ニアメーでは72％の減少，ロコジャでは24％の減少がそれぞれみられた。河川流量の年変動は降水量の変動の影響だけではなく，土地利用，土地被覆，取水の変化による影響もあると考えられる [16), 17)]。

図8.7は，クリコロの流量規模の面から特徴的な3期間（1960年代，1980年代，2000年代）の代表的な年のハイドログラフを比較したものである。この図から，渇水年における流量の減少は7月から12月の出水期流量の大幅な減少に原因していることがわかる。

(4) ダム操作に伴う影響

ニジェール川には水力発電や灌漑目的でダムが建設されている。表8.3に，ニジェール川上流域の既設および計画中のダムを示す。上流域には既設ダムが3基あり，計画中のダムが4基ある。既設の3ダムは内陸デルタの上流側

8.2 西アフリカの河川流域における降雨・流出特性

表 8.3 ニジェール川上流域における既設ダムと計画中のダム[20]

ダム名	建設年	目的	貯水量	取水量	備考（国，現灌漑面積など）
既設ダム					
セリンゲ	1982	発電，灌漑	22 億 m^3	8.3 億 m^3	マリ，1 350 ha （60 000 ha 可）
ソツバ	1929	発電，灌漑	—	2.2 億 m^3	マリ，3 500 ha
マルカラ	1947	灌漑	—	26.9 億 m^3	マリ，74 000 ha
計画中のダム					
Fomi	計画中	発電	64 億 m^3	?	ギニア
Talo	建設中	灌漑	2 億 m^3	?	マリ
Djenne	計画中	灌漑	4 億 m^3	?	マリ
Tossaye	計画中	発電，灌漑	45 億 m^3	?	ニジェール

に位置している。セリンゲ（Selingue）ダムは貯水量 22 億 m^3 の発電・灌漑用ダムである。ソツバ（Sotuba）ダムも発電・灌漑用であるが，貯水量は極めて少ないため，ニジェール川に及ぼす影響はほとんどない。マルカラ（Markala）ダム（頭首工：**写真 8.1**）は灌漑用でニジェール農業公社（Office du Niger）の 7.4 万 ha を潤している。

ダムによる取水がニジェール川の流量に及ぼす影響を 1970 年〜 1998 年に

写真 8.1　マルカラ頭首工（右岸下流側より）
写真右側は堰板の上半分の模型（堰板は倒伏を含めて，4 段階に調節可能）
（1990 年 9 月 14 日，撮影：北村義信）

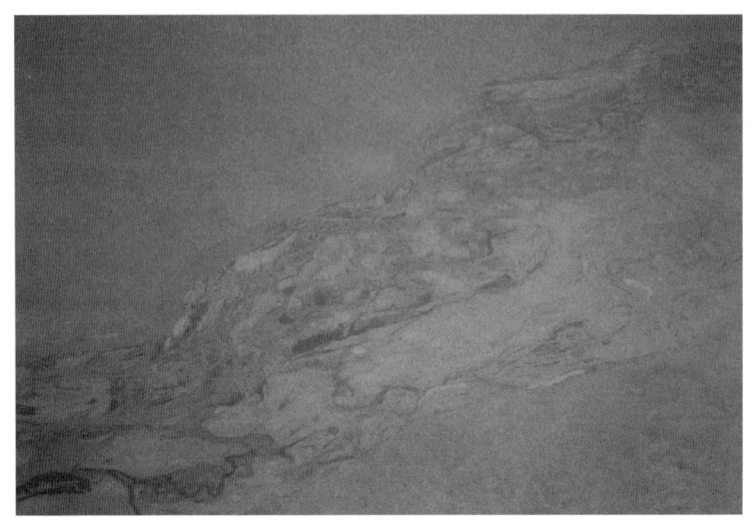

写真 8.2 サハラ砂漠南縁部を流れるニジェール川（中州で水稲栽培が行われている）
（1990 年 9 月 24 日，撮影：北村義信）

ついて評価したところ，以下のような結果が得られた[20]。①セリンゲダムでは，支川サンカラニ川の年間流量 89 億 m^3 の 9.3％に相当する 8.3 億 m^3 が取水されている。②ソツバダムの影響はほとんどない。③マルカラダムでは，本川クリコロ地点年間流量 325 億 m^3 の 8.3％に相当する 26.9 億 m^3 が取水されている。乾燥年には取水率が 15％に増え，湿潤年には 4％に減る。④貯水能力の高いセリンゲダムは，洪水ピークをカットし，渇水期に放流するので，乾季には流量が多くなる。乾季にはマルカラ頭首工での灌漑取水が気になるところであるが，セリンゲダムの放流量がマルカラでの取水量を上回るので問題はないと考えられる[27]。

　計画中のダムは貯水容量，取水量ともに大規模なものが多く，ニジェール川の流況に及ぼす影響は大きい。ニジェール川流域機構（NBA）のもとで，干ばつにも，洪水にも柔軟に対処できるように，関係国が調和のとれた水管理をすることが強く求められる。

(5) 近年のサヘル地域における極限気候

　サヘル地域の気候，環境の変化に関する研究は，1972 ～ 73 年の大干ばつ

を契機に数十年間にわたり詳細に行われてきた。この干ばつでは10万人以上が死亡し，数百万頭の家畜が失われたと推定されている。当初，大干ばつ発生の原因として，過放牧，森林伐採など地域の住民の活動に起因する土地劣化，砂漠化に焦点を置いて研究がなされた。これを受けて，サヘル地域は乾燥化，砂漠化に向かっているとの認識が強かったように思われる。しかしながら，この認識は近年のサヘル地域の緑化傾向の実態には当てはまらなかった。その後，サヘル地域の気候変動の解明には，海面温度分布の大規模な変動やエアロゾルなど多くの因子が複雑に相互作用するプロセスを考慮することの必要性が認識されるようになり，気候モデルを駆使した研究アプローチが活発化している[21)～23)]。

サヘル地域では，ほとんどの研究は干ばつとその影響に焦点が当てられてきており，洪水は重要視されなかったが，周期的に洪水は発生している。特に，1953年の豪雨は植え付け直後の作物を押し流し，9カ月間にわたり飢饉をもたらし，ニジェール，ナイジェリア，カメルーンの約500万人に被害を及ぼしたといわれる[24)]。1970年代～1990年代中ごろは豪雨に見舞われることはなかったようであるが，その後，豪雨による洪水が頻繁に発生している。例えば，1995年，1998年，1999年，2002年，2003年，2005年，2006年，2007年と高い頻度で起こっている[25),26)]。ある研究者は，2007年にサヘル地域で広域に発生した洪水を，熱帯大西洋の異常高水温と熱帯太平洋のラニーニャなどの因子に関連づけて分析している[27)]。

(6) ニジェール川流域における将来の気候変動

サヘル地域を対象に多くの地球気候モデルを用いた気候変動予測が進められているが，21世紀の中・後半で湿潤化していくのか，乾燥化していくのか，結果が分かれている。ICPPによって適用されているモデルの約半分は，降水量が増加すると予測しているが，残りの約半分は減少するとしている。しかしながら，サヘル中部とサヘル東部（ニジェールのニジェール川流域を含む）での湿潤化とサヘル西部（ニジェール川の源流域）での乾燥化の予測は，最近の観測結果とよく符合している。20世紀後半のサヘルの干ばつを最もよく再現している気候モデルは，サヘルの乾燥化を予測している[28)]。一方，

大気中の温室効果ガス濃度のある程度の上昇を考慮した多くの地域モデルは，モンスーンの活発化とサヘルの湿潤化を予測している[29]。

降雨の季節分布についても将来的に変動すると考えられる。あるモデル実験では，7～8月に乾いた状態が発生し，9月に湿潤な状態が生じて相殺されることが予測される[30]。また，雨季が遅く始まり短期化する傾向が強まるという予測は，多くの気候モデルの間で一致している[31]。

ニジェール川流域でサヘル地域に含まれないナイジェリア南部の湿潤熱帯地域では，幾つかの気候モデルにより，降水量が増加し，気温の上昇が予測されている[32]が，すでに高温化と降水量の増加の進行が確認されている。さらに，洪水や干ばつなどの異常気候の発生頻度は高くなることが予測されている[33]。

8.2.2　セネガル川流域

セネガル川は，ギニアの比較的降水量の多い標高 850m 程度のフータジャロン山地から発するバフィン（Bafing）川を源流としている。バフィン川は弧を描いて北流し，マリ東部でバコエ（Bakoye）川と合流し，セネガル川となる。合流点付近から流れは緩やかとなり，セネガルとモーリタニア両国の国境沿いを流れる。下流域は平均河床勾配が 1 km につき数 cm と極めて小さく，広大な氾濫原が形成されている。河口から約 250 km の区間は，季節的な汽水湿地が形成され，海水の逆流が顕著で平水期に約 500 km もの海水遡上が認められたが，防潮ダムの完成により制御が可能となった[15]。

セネガル川は，流路延長 1 630 km，流域面積 44.1 万 km^2，年間総流出量 232 億 m^3 である[22]。流出量は流域面積に比して少なく，比流量は 1.7 L/s/km^2 に過ぎない。これは流域北部の降水量が少なく，かつ年平均流出係数も約 0.10 と低いためである。また，流出量の季節的変動も大きく，流出量の

表 8.4　セネガル川（バケル地点）月別流量分布[4]

月	1	2	3	4	5	6	7	8	9	10	11	12	年平均
流出量 (m^3/s)	129	77	46	22	11	122	569	2 351	3 429	1 710	560	230	774
割合 (%)	1.4	0.8	0.5	0.2	0.1	1.3	6.1	25.4	37.0	18.5	6.1	2.5	

80％は8～10月の3カ月に集中する。そのため，流量の最大月（9月）と最小月（5月）の比率（河況係数）は312と極めて大きい。**表8.4**にバケル（Bakel）地点の月別流量分布を示す[4]。

8.2.3 そのほかの流域

ニジェール川およびセネガル川を除く西アフリカの河川のほとんどは，海岸線に対しほぼ直角に流下し大西洋，ギニア湾に直接流出する。これらの流域は半赤道，ギニア，スーダンの三つの気候帯にまたがり，雨季には比較的降雨が多く流出量も多いが，乾季には降雨がなくなり流出量が大幅に減少する。乾季における河川の流出は地下水流出に依存するため，流域の大きさと地下水貯留能力，さらには雨季における降雨量の多寡によって決まる。

(1) 小河川流域

本川に合流する前の支川など小河川流域におい

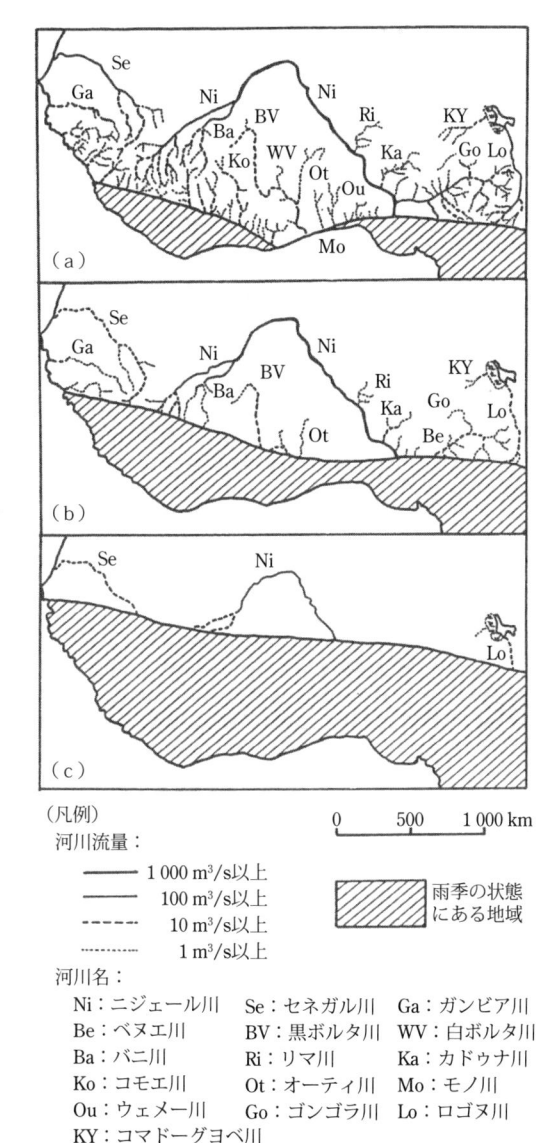

（凡例）
河川流量：
― 1 000 m³/s以上
― 100 m³/s以上
--- 10 m³/s以上
⋯⋯ 1 m³/s以上

▨▨ 雨季の状態にある地域

河川名：
Ni：ニジェール川　Se：セネガル川　Ga：ガンビア川
Be：ベヌエ川　　BV：黒ボルタ川　WV：白ボルタ川
Ba：バニ川　　　Ri：リマ川　　　Ka：カドゥナ川
Ko：コモエ川　　Ot：オーティ川　Mo：モノ川
Ou：ウェメー川　Go：ゴンゴラ川　Lo：ロゴヌ川
KY：コマドーグヨベ川

図8.8 乾季に入ってから（a）4カ月目，（b）6カ月目，（c）8カ月目における西アフリカの河川の流況[7]

ては，雨季が終了し乾季が始まるとともに流出は急激に減少してしまう。この理由は，この地域に分布する土壌の透水性が低く，かつ乾季の蒸発散損失が大きいからである。**図8.1**のドットを施した部分は，支川などの小河川流域の地下水流出が乾季を通して起こる地域を示したものである[7]。これによれば，シェラレオネ，ギニアの大部分，リベリア，コートジボワールの南・西部，ガーナの南西部，ナイジェリアの南半分，カメルーンの中・南部が含まれる。しかしながら，コートジボワールの中・東部，ガーナの南東部，トーゴの南部，ベナンの南部などは，雨季が長いにもかかわらず，地下水涵養をするだけの十分な余剰水がないため，乾季の流出は起こらない[7]。

(2) 大河川流域

　西アフリカ南部地域における大河川の乾季の流況は，それに流入する小河川の流量の変動パターンと類似しているが，大河川では雨季の高水流出から乾季の低水流出への移行にかなりの時間遅れを生じ，小河川に比べ低水流出が遅く始まるため，低水流出の期間は短くなる。西アフリカの大河川では，乾季の流出量の年間流出量に占める割合は約15〜20％である。黒ボルタ川などは比較的大きな氾濫原を有し，高水期間を1〜2カ月長くし，ピーク流量の通過をほぼ同じ期間遅らせ，基底流量をかなり増加させる機能を持つ。黒ボルタ川は，1960年代には全流出量の50％は乾季に流出していると評価された[7]が，近年は降雨流出パターンの変動に伴い，乾季の流出割合は若干減少傾向にある[34]。

　図8.8は，乾季に入って4カ月目（a），6カ月目（b），8カ月目（c）における西アフリカの河川の流況を示す[7]。この図から，西アフリカにおいて，ニジェール川がほかの河川に比べいかに重要な位置を占めているかがわかる。

《引用文献》

1) Baumgartner, A. and Reichel E. (1975): The world water balance. Elsevier, Amsterdam.
2) Gidrometizdat (National Committee for the IHD, USSR) (1974): World water balance and water resources of the earth. Leningrad, 638p.
3) L'vovich, M.I. (1974): Global water resources and the future, Moscow.
4) Biswas, A.K. (1978): Water development supply and management. United Nations Water

Conference: Summary and Main Documents, Vol.2, Mar Del Plata, Argentina, Pergamon Press, Oxford.
5) Shahim, M. (2002): Hydrology and water resources of Africa. Springer, 688p.
6) Balek, J. (1983): Hydrology and water resources in tropical regions. Elsevier, Amsterdam.
7) Ledger, D.C. (1969): The dry season flow characteristics of West African rivers. In Thomas, M.F. and Whittington, G.W. (ed.), Environment and land use in Africa. Methuen & Co Ltd, London.
8) Van der Leeden, F. (1975): Water resources of the world. Water Information Center Inc.,Water Information Center Inc., New York, 568p.
9) FAO (Food and Agriculture Organization) (1997). Irrigation potential in Africa: A basin approach, Land and Water Bulletin 4. Rome: Food and Agriculture Organization of the United Nations. Available at http://www. fao.org/docrep/W4347E/w4347e00.htm#Contents.
10) Andersen, I., Dione, O., Jarosewich-Holder, M. and Olivry, J-C. (2005). The Niger River Basin: A vision for sustainable management. Washington DC, US: The World Bank.
11) Goulden, M. and Few, R. (2011): Climate change, water and conflict in the Niger River Basin, USAID, 70p.
12) Mitchell, T. (2015): (http://jisao.washington.edu/data/sahel/.)
13) Olsson, L., Eklundh, L. and Ardo, J. (2005): A recent greening of the Sahel – trends, patterns and potential causes, Journal of Arid Environments, Vol.63, pp.556–566.
14) Lebel, T. and Ali, A. (2009). 'Recent trends in the Central and Western Sahel rainfall regime (1990–2007)', Journal of Hydrology, Vol.375, pp.52-64.
15) 日本農業土木総合研究所(1985)：アフリカ農業・農村開発検討委員会中間報告書
16) Conway, D., Persechino, A., Ardoin-Bardin, S., Hamandawana, H., Dieulin, C. and Mahe, G. (2009). 'Rainfall and river flow variability in Sub-Saharan Africa during the twentieth century', Journal of Hydrometeorology, Vol.10, pp.41-59.
17) Ferry, L., Martin, D., Muther, N., Mietton, M., Coulibaly, N., Le Bars, M., Cisse Coulibaly, Y., Paturel, J.-E.,Vauchel, P., Olivry, J.-C., Barry, M.A., Laval, M., Basselot, F.X. and Bachelot, N. (2011a). Niger superieur –Quelques resultats de recherche sur les ressources et usages de l'eau. DNH-Mali, DNH-Guinee, IRD, UMR G-EAU,Universite Jean Moulin (Lyon 3), UMR HSM, UNESCO, CE, ANR, 12p.
18) Conway, D., Persechino, A., Ardoin-Bardin, S., Hamandawana, H., Dieulin, C. and Mahe, G. (2008): Rainfall and water resources variability in sub-Saharan Africa during the 20th century, Tyndall Center Working Paper 119, Norwich, UK: Tyndall Center for Clmate Change Research.
19) NBA (Niger Basin Authority) (2010): Hydrologic data in Niger Basin.
20) Zwarts, Leo; van Beukering, Pieter; Kone, Bakary; Wymenga, Eddy (2005): The Niger, a lifeline. Effective Water Management in the Upper Niger Basin. 304p.
21) Nicholson, S.E. (2000). Land surface processes and Sahel climate, Reviews of

Geophysics, Vol.38, No.1, pp.117-139.
22) Yoshioka, M., Mahowald, N., Conley, A.J. et al. (2007): Impact of desert dust radiative forcing on Sahel precipitation: relative importance of dust compared to sea surface temperature variations, vegetation changes, and greenhouse gas warming, Journal of Climate, Vol.20, Issue 8, pp.1445-1466.
23) Hiu, W.J., Cook, B.I., Ravi, S., Fuentes, J.D. and D' Odorico, P. (2008): Dust-rainfall feedbacks in the West African Sahel, Water Resources Research, Vol.44, doi:10.1029/2008WR006885.
24) Grolle, J. (1997): Heavy rainfall, famine, and cultural response in the West African Sahel: the "Muda" of 1953-54, GeoJournal, Vol.43, No.3, pp.205-214.
25) Cook, S., Fisher, M., Tiemann, T. and Vidal, A. (2011): Water, food and poverty: Global- and basin-scale analysis, Water International, Vol.36, pp.1-16.
26) Tschakert, P., Sagoe, R., Ofori-Darko, G. and Codjoe, S.N. (2010): Floods in the Sahel: An analysis of anomalies, memory, and anticipatory learning, Climatic Change, Vol.103, pp.471-502.
27) Paeth, H., Fink, A. and Samimi, C. (2009): The 2007 flood in sub-Saharan Africa: Spatio-temporal characteristics, potential causes, and future perspective, EMS Annual Meeting Abstracts, Vol.6, EMS2009-103.
28) Cook, K.H. (2008): The mysteries of Sahel droughts, Nature Geoscience, Vol.1, pp.647-648.
29) Brooks, N. (2004): Drought in the African Sahel: Long-term perspectives and future prospects, Tyndall Working Paper No.61. Norwich, UK: Tyndall Centre for Climate Change Research.
30) Patricola, C.M. and Cook, K.H. (2010): Sub-Saharan Northern African climate at the end of the twenty-first century: Forcing factors and climate change processes, Climate Dynamics, Vol.37, Issue 5-6, pp.1165-1188.
31) Biasutti, M. and Sobel, A.H. (2009): Delayed Sahel rainfall and global seasonal cycle in a warmer climate, Geophysical Research Letters, Vol.36, L23707, doi: 10.1029/2009GL041303.
32) Podesta, J. and Ogden, P. (2008): The security implications of climate change, The Washington Quarterly, Vol.31, No.1, pp.115-138.
33) Ministry of Environment of the Federal Republic of Nigeria (2003): Nigeria's First National Communication: Under the United Nations Framework Convention on Climate Change. Abuja. Available at http://unfccc.int/resource/docs/natc/nignc1.pdf (1.5Mb).
34) Volta Group 3, TU Delft (2007): Integrated water management, CT4450, Final Report, TU Delft, The Netherlands.

第9章
持続可能な灌漑農業と水資源利用に向けて

　水資源のひっ迫が深刻化している現在,農業分野の水使用の在り方に対して,強い圧力がかかってきている。その背景には,水をめぐる国家間の競合の激化,再生可能水資源の不足に伴う地下水の過剰揚水と水質悪化,水をめぐる都市部と農村部の競合,環境保全からの水使用の制約,気候変動による水資源の将来的不安定化などがある。そして何より最大の問題として,灌漑の水利用効率の低さがあげられる。本章では,今後の地球温暖化の進行に対処し,持続可能な灌漑農業と水資源利用を展開していく方策について論じる。

9.1 地球温暖化が水資源に及ぼす影響とその対策

9.1.1 干ばつの頻発

　IPCC 第 4 次評価報告書[1]によれば,中東,アフリカ南部,北アメリカ西部,ヨーロッパ西部などの乾燥地では,水資源賦存量(総降水量－総蒸発散量)が 10 ～ 30％減少すると予想されている。第 5 次評価報告書[2]でも,21 世紀を通して乾燥亜熱帯地域のほとんどの地域で,表流水と地下水の再生可能な水資源が気候変動により減少し,水利用セクター間の競合が激化すると予測されている。したがって,干ばつの影響を受ける頻度は増大し,その範囲も拡大することが予想される。干ばつに対する高精度早期警報システムの活用はもとより,非従来型水資源の活用など水資源の多様化,灌漑システムの整備,より効率的な水利用,節水技術の導入,降雨依存農地においては WH,洪水利用などの導入を積極的に進めるべきであろう。

9.1.2 洪水の頻発（低水利用型灌漑から洪水利用型灌漑へ）

　乾燥地においては，干ばつの発生頻度の増大と同様に洪水の発生頻度が高まり，洪水リスクは増大すると考えられる。特に，干ばつにより植生が減少した状態で，降雨強度の大きな降雨の発生頻度が増大すれば，直接流出（direct runoff）が増えて基底流出（base flow）が減少する。このため，乾燥地を中心に今まで恒常河川（perennial river）であったものが季節河川（seasonal river）あるいは間欠河川（intermittent river）に転じる傾向が強くなると懸念される[2]。したがって，河川の低水利用が困難になり，洪水利用を前提とした水利用・灌漑技術を構築していく必要がある。また，洪水を効率よくストックできる貯水池，地下水涵養ダムなどの活用が有効と考えられる。

9.1.3 土壌侵食による土地資源の劣化

　乾燥地においては，温暖化の影響により，上述のように，降雨強度の大きな降雨の発生頻度が増大し，直接流出が増えて基底流出が減少する傾向が懸念される。このことはとりもなおさず土壌侵食による土地資源の劣化をもたらし，生存環境を著しく損なうこととなる。IPCC 第 5 次評価報告書[2]によれば，地球規模での推定において（CO_2 濃度が 2 倍になると仮定して），土壌侵食は 1980 年代に比べて 2090 年代までに約 14％増えると推定されている。特に，もっとも土壌侵食が増えると予想されるのは半乾燥地域であり，オーストラリアやアフリカでは，40〜50％も増えると推定されている。農地においては，そこで行われている土地管理法によって大きく左右される。例えば，中国の黄土高原で従来型の土地管理法を継続する場合，2010〜2039 年の間に‐5〜195％も土壌侵食量が増えるが，保全耕うん（conservation tillage）法の下では 26〜77％まで抑えることができる。土地管理法は流域レベルで土壌侵食を軽減するが，21 世紀末には，気候変動が土壌侵食に及ぼす影響が，土地利用の変化が土壌侵食に及ぼす影響の 2 倍も大きいと推定される。温暖化の影響が大きいものの，この問題を少しでも軽減していくためには，土壌侵食防止工法の適用や雨水・洪水利用を前提とした土壌の保全

と管理に関する技術を構築していく必要がある。

9.1.4 地下水補給量の減少と地下水賦存量の減少

上述のように[1),2)]，乾燥亜熱帯地域のほとんどで，地下水補給量が減少し，地下水涵養量，地下水賦存量が減少すると予想される。温暖化に伴い降水量に占める降雪量の割合が減少していく傾向にあることも，地下水涵養量の減少に影響する。今までにも増して，地下水の過剰揚水を避けるための監視体制を整備し，その保全管理に努めていく必要がある。なお，海岸帯水層においては，海面上昇による海水侵入はほとんどの場合，非常にゆっくりした現象で，平衡状態に達するまでに数世紀を要する[2)]。海面上昇よりも，人為的な揚水の影響のほうがはるかに大きいため，揚水量が少なくても帯水層が容易に海水で汚染される場合があり，注意を要する。

9.1.5 氷河の早期融解と縮小

温暖化により氷河の融解時期が早まり，融解量が増えることにより，氷河の縮小が進んでいる。氷河が平衡状態にあれば，寒冷年あるいは湿潤年には水を貯留し，温暖年には放流することにより，水資源の経年変動を低く抑える機能を有する。しかしながら，氷河が縮小すればその影響力は低下し，水供給がより不安定なものとなる。温暖化速度が一定で，それに伴い単位面積当たり氷河の融解量が増加し，氷覆面積が減少していくと，年間融解量が最高になるが，その時期は 2010～2050 年の間（中国の氷河）と推定されている[2)]。

乾燥地を流れる河川の中で，氷河を源流としているものは，インダス川，ガンジス川，アムダリア川，シルダリア川，イリ川，黄河，黒河，チラ川など多い。氷河の後退が，各流域で営まれている灌漑農業，生活の持続可能性に及ぼす影響はすこぶる大きい。

特に懸念されるのは，上流から下流に至るまで灌漑農業が行われている河川流域での水質問題である。例えば，シルダリア川では，現在の河川水の塩分濃度（TDS）は上流域で 250 mg/L 程度であるが，下流に行くほど高くなり，下流域（河口より 300 km 上流）では 1 000～2 200 mg/L にもなっている。

これは上流側の灌漑農地からの排水が次々と河川下流域に還元するためである。このような河川の源流で氷河が後退あるいは消滅すれば，河川流量が大幅に減少するとともに，河川水の塩分濃度も急上昇し，下流域の灌漑農業は立ち行かなくなる。

氷河の動向と河川流域への影響を追尾・監視するための体制を早急に整備し，対策を詰めていく必要がある。

9.1.6 塩害発生頻度の増大

塩害は，地中の塩分が地表に上昇し，土壌の塩分濃度が高まることによって起こる。これは自然に起きる現象であるが，乾燥や地表面の裸地化，地下水位を上昇させる過剰な灌水によって増幅される。したがって，温暖化は塩類集積を助長し，塩害発生頻度を増大させることになる。加えて，集積した塩類を溶脱するための水（leaching requirement，リーチング用水という）の確保が困難になるため，適切な対策を講じておく必要がある。

9.2　乾燥地で期待できる持続可能な灌漑農業・水資源利用

9.2.1　地表水と地下水の複合利用

地表水と地下水の複合的な利用形態は，第3章で紹介したが，持続可能な水利用技術として有効と考えられる。この方法はパキスタン，インド，エジプト，アメリカなどの乾燥地で広く用いられている。パキスタンのパンジャブ州の場合，大規模な地表灌漑に加えて，排水目的で設置した管井（tube well）を給水目的にも活用できるようにした給排水統合システムである。

大規模な地表灌漑で調整しきれなくて生じる地下水位の上昇，土壌水分の過多を管井で制御して，過湿・湛水状態（WL）を防止し，かつ地表水に不足が生じた場合は余剰な地下水を揚水して有効土層の水分不足を補うことのできる完結型のシステムである。いわば地下の帯水層に貯留施設を持った灌漑システムで，需要に応じた柔軟な水供給が可能である。地表水に余剰が生じた場合には，帯水層の貯留能力を活かしてストックしておき，河川からの導水を平滑化し，不足分は地下揚水で補う。また，地下に貯留することで蒸

発損失が削減でき，地下水涵養が行えるので，基底流量の増加に寄与することもできる．地下水位制御のため揚水した水は，その水質に応じて灌漑，リーチングなどに利用する．

地表水と地下水の複合利用は，両者を水循環の一連のものとして捉え，余剰地表水の地下への涵養・貯留，地表水不足時の地下水の揚水利用，地下水位の異常な上昇抑制のためのポンプ排水など，適切な管理が時空を超えてできるというところにその特徴がある．地下水の水質保全が前提となるので，システムの慎重な監視と管理が求められる．

9.2.2 地下ダム，地下水涵養ダム

地下ダム，地下水涵養ダムも第3章で紹介したが，乾燥地の水資源を効率的に利用していくうえで，有効な方法であり，気候変動に伴う水資源の将来的な不安定化に対処していくうえで，活用可能な技術である．上述のように，乾燥地では干ばつや洪水はそれぞれ頻発する傾向にあるため，洪水時の流出水，降雨時の雨水をストックしておき，干ばつ時に利用するという水利用の平滑化が不可欠である．

可能蒸発散量が 2 000 mm/y を超える乾燥地では，地表ダムの場合，蒸発損失が大きく貯水効率が著しく悪くなる．しかも，地表ダムの場合，激しい水面蒸発による貯水の塩類濃度の上昇，水に生息する媒介生物を介した感染症（マラリア，住血吸虫症など）の発生なども懸念される．

その点，地下ダム，地下水涵養ダムは，このような問題は懸念する必要がなく，雨季に捕捉した洪水，雨水を乾季まで健全にストックできるので，今後乾燥地あるいは砂漠化地域の水資源確保の有効な手段として注目される．

9.2.3 水蒸気の利用

ユニークな水資源の形態として，大気中に存在する水蒸気がある．特に，冷涼海岸砂漠（cool coastal desert）地域では沖合を流れる寒流の影響で，ほとんど雨が降らないが，霧が発生しやすく，動植物の生育を可能にしているところも多い．冷涼海岸砂漠であるアタカマ砂漠に位置する南アメリカのペルー，チリの海岸部では，フォッグトラップ（fog trap, fog harvesting, fog collector）を用いて霧から水分を集める水利用が行われてきた。

第2章で，網板状のペルー方式，網板を円筒形にしたチリ方式について紹介したが，最近では，例えば縦2 m×横24 m（48 m^2）あるいは縦4 m×横12 m（48 m^2）などの平面型のナイロン網目のコレクターが多く用いられている。このタイプでは網目パネルの底部に設置した樋で集水する。チリではこのタイプのコレクターが網目の素材などにより，ラッシェル網目（Raschel mesh）などという商品名で販売されている[3]。チリとペルーの霧の発生頻度は，それぞれ年間365日，210日であり，平均集水量はそれぞれ3.0 L/m^2/dおよび9.0 L/m^2/dと報告されている[3]。集霧効率は季節的には春～夏に高く，冬に低い。場所的には，霧が風によって内陸に動いている海岸地域でもっとも効率よく集霧できる。また，この技術は標高400～1 200 m付近の層積雲に存在する水を集水することも可能であり，山岳地域における多目的の水供給にも適用できる。

この方法はチリ，ペルーのほか，ナミブ砂漠，モーリタニア西岸部，オーストラリア西部海岸部，北アメリカカリフォルニア半島などで適用可能である。

9.2.4　排水の再利用・再生利用

水資源のひっ迫が顕著で，新たな淡水資源の経済的開発が限界に達したかに見える今日，都市下水・排水も貴重な水資源として見直す必要がある。特に，乾燥地においては，河川の基底流における下水・排水の比率は高まる一方で，好むと好まざるとを問わず下水・排水を高度処理して，再資源化する必要性に迫られている。近年，逆浸透（膜）法（RO：reverse osmosis）の技術革新・低コスト化が進み，造水コストの一層の低減に関しても明るい見通しが得られるようになってきた。先進地域であるアメリカ，イスラエルでみられるように，RO法を基幹とする下水・排水の再生処理は今後さらに増えると考えられる。イスラエルのシャフダン排水処理・再利用施設（Shafdan wastewater plant）は，年間約1.3億m^3（38万m^3/d：イスラエルの総排水のほぼ3分の1に相当）の排水を浄化し，一旦帯水層へ涵養して最低90日間滞留させた後，揚水してパイプラインで南部のネゲブ砂漠方面へ送水し，

灌漑に利用される。

　排水の再利用も今後積極的な取組みを行う必要がある。再生可能な水資源に限界のあるエジプト・ナイルデルタでは，その対策として排水を希釈利用して不足する用水を確保しようとする施策が取られている。デルタ内では大規模な排水再利用が行われている。また，同国のメガプロジェクトである北シナイ農業開発計画も，ナイルデルタで生じた排水を再利用する前提で進行中である。この計画では，ナイル川の水と二つの排水路の水を1：1の割合で混合し，エルサラーム水路でスエズ運河東側のシナイ半島北部に年間 4.45 km^3 を送水し，総面積16.8万 ha の灌漑に利用することになっている。排水の希釈による再利用においては，希釈後の塩分濃度を 1 000 mg/L 以下に管理することが重要である。また，排水再利用を行うことによる土壌，作物および地下水に及ぼす長期的影響については，今後慎重に監視する必要がある。

9.2.5　先進的節水灌漑—マイクロ灌漑

　乾燥地で安定的な農業生産を行うためには，作物への水の供給（灌漑）は不可欠の条件である。しかしながら，乾燥地での灌漑行為は必ず塩類集積を誘発する。塩類集積をできるだけ軽減するためには，節水灌漑がその基本となる。例えば，点滴灌漑（drip irrigation）に代表されるマイクロ灌漑（micro irrigation）のような灌漑効率の高い精緻な灌漑を行う場合は，排水の負荷が軽減され，塩類集積の影響も軽微で済み，塩類の集積状況をみながら適度にリーチング（溶脱）を行えばよい。この場合，排水対策にさほど経費を費やす必要がない。

　一方，灌漑効率の低い水盤灌漑などの地表灌漑を行う場合，排水の負荷が大きくなり，塩類集積も無視できなくなる。このため，排水対策に多額の経費を費やす必要がでてくる。すなわち，乾燥地で安易に地表灌漑を前提とした安価な灌漑計画を選択すれば，完成後塩類集積問題が深刻化する場合が多く，その事後対策として排水改善のために多額の投資を余儀なくされる。この場合，大規模な計画ほどより高い代償を払わされることとなる。パキスタンのインダス川沿岸では，毎年農地の排水対策に多額の経費負担を強いられ

ている。

　現在実用段階の灌漑方法で，最も効率の高いものは点滴灌漑法であり，次のような特長を有する：①低圧で灌水を行うため，土壌面蒸発を制限し，水の浪費を最小限に抑えることができる。またシステムを用いて肥料や薬液を供給できるため，②肥料や薬液の必要量を減らし，作物の疫病に対する予防・制御能力を効果的に高めることができる。灌漑計画の立案にあたっては，事情が許せば先進的な節水灌漑を基幹にすべきで，そのことが事後の問題発生リスクを軽減する。

9.2.6　水生産性を最大にする節水灌漑－不足灌漑

　乾燥地において，持続可能で有効な灌漑方法として注目されているのが，不足灌漑(deficit irrigation: DI)である。不足灌漑は，乾燥地など水資源がひっ迫する地域において，供給水量をぎりぎりまで抑えて供給する灌漑方法で，水生産性（water productivity）が最大になること（単位水量当たりの収量が最大になること），かつ収量を最大化するよりもむしろ安定化することを目標として行われる。収量の減少およびその結果として生じる経済的損害をできるだけ抑えつつ，供給水量を可能な限り切り詰めるのが不足灌漑である。

　DIについての研究は，乾燥地を対象に数多く行われているが，多くの作物において極端な収量減をもたらすことなく，水生産性を高めることの可能性が確認されている。しかしながら，季節によってはある程度最低限の水分量は確保されることが前提となる。作物の乾燥耐性は遺伝子型と生育段階によってかなり変動するので，DIの実施には，乾燥ストレスに対する作物の応答について正確な知識が必要となる[4]。

　不足灌漑を達成させるうえで，よく取られる栽培方法として，次のようなものがある。
① 収益性の高い区画から順に灌水を行う方法：作物の生育状態と収穫日に応じて，優先順位が低くて灌水量をそう多く必要としない区画の灌水を削減して，より収益性の高い区画から優先的に灌水を行う方法である。
② 期待収量に基づいて区画の灌水を優先配分する方法：収量があまり見込めない区画の灌水を減らし，高収量が期待出来る区画には期待値に応じ

て優先的に供給する方法である。
③ 生育の劣る作物個体を取り除き（間引き），灌水の無駄をなくす方法。
④ 作物用水量を減少させるため，土壌面蒸発を極力なくす方法。

9.3 水資源管理の効率性を適切に表現する評価指標の導入

9.3.1 水問題のひっ迫度を表す指標（ファルケンマーク指標（水ストレス指標））

　ファルケンマーク指標（Falkenmark index: FI）は，水の利用可能（供給可能）量と人口の関係，すなわち，ある国・地域において1人当たり1年間に供給可能な水資源量（m^3/人/y）によって示され，水のひっ迫度を表現する指標である。この指標は算定に必要なデータが容易に取得でき，かつ直観的に理解しやすいので，広く用いられている。この指標は，1989年にFalkenmark氏により提唱された指標であり，得られた指標の大きさによって，水問題のひっ迫度を「水ストレスなし」，「水ストレスあり」，「恒常的水不足」，「絶対的水不足」に分類することができる（**表9.1**）[5]。この指標では，農業用水，工業用水，生活用水，環境用水として利用可能な水資源量が，1人1年当たり最低1 700 m^3 は必要なラインとして設定しており，これを下回る国・地域は水ストレス（water stress）状態にあるとされる。

　我が国は，2010年のFIが3 398 m^3/人/y であり，水ストレスはないと評価される。**表9.2**に1人当たり国内供給可能水資源量（左欄）が500m^3/人/y を下回る絶対的水不足にある国々を示すが，中東，北アフリカ地域に多いことがわかる。なお，同表右蘭には他国から流入する水資源も加えた1人当たり全供給可能水資源量を示している。すなわち，パキスタン，シリア，

表9.1　水問題のひっ迫度の分類[5]

分　類	1人当たり国内供給可能水量（FI） （m^3/人/y）
水ストレスなし	＞1 700
水ストレスあり	1 000–1 700
恒常的水不足	500–1 000
絶対的水不足	＜500

表 9.2 絶対的水不足の状態にある国々の FI

水資源量 国／年	国内供給可能水資源量（m³/人/y）			全供給可能水資源量（m³/人/y）		
	1990	2000	2010	1990	2000	2010
パキスタン	492	381	323	2064	1597	1354
アルジェリア	445	368	322	461	382	334
シリア	576	444	354	1363	1051	838
チュニジア	511	444	405	560	486	444
ニジェール	449	320	234	4327	3086	2251
イスラエル	178	133	110	400	299	248
イエメン	176	118	90	176	118	90
リビア	138	115	96	138	115	96
サウジアラビア	149	120	90	149	120	90
ヨルダン	205	145	116	263	186	149
UAE	111	66	29	111	66	29
エジプト	32	27	23	1008	847	719

　ニジェール，エジプトは国際河川である大河を有するため，その恩恵を受けているが，それでもニジェール以外は水ストレス状態にあるか，恒常的水不足に見舞われている。表 9.2 に示すようにすべての国において，人口増加に伴い FI は年々減少傾向にある。

9.3.2　相対的水ストレス指標

　ファルケンマーク指標は簡便ではあるが，水の利用を実際に担保するインフラの整備状況や，各国のライフスタイル，気候条件の相違などが反映されないという欠陥がある。そこで，経済的，文化的，地理的な諸条件をより考慮できる指標として，各種の需要（取水）量と水資源量の比を用いる指標が OECD，国連などで使われている[6]。

　相対的水ストレス指標（relative water stress index: RWSI）は次式で表すことができる[7]。

$$RWSI = DIAn/Qn * 100 \quad (\%) \qquad (9.1)$$

　ここで，$DIAn$：灌漑用水，工業用水，生活用水の合計取水量（km³/y）
　　　　　Qn：供給可能水資源量（km³/y）

この指標が 20 ～ 40％の場合水不足（water scarce）の状態，40％を超えると，厳しい（severe）水不足状態にあるとしている。OECD は，2005 年時点で世界の全人口中，既に 44％（28.4 億人）が厳しい水不足状態に該当するとし，2030 年には 47％（39 億人）にまで拡大すると予測している[8]。この指標値が，20 ～ 40％の場合でも，水が開発の制約条件となり，十分な水供給のために相当の投資が必要になる。我が国の RWSI は 2002 年のデータで 20.4％とされている[8]。

9.3.3 バーチャルウォーター

(1) 概　要

バーチャルウォーター（Virtual water：VW）は仮想水あるいは仮想投入水ともいわれ，ある国・地域の水の状況を捉える指標としてよく用いられる。

諸外国から農産物を輸入するということは，輸入農産物の生産に必要な水資源も一緒に輸入していると考えることができる。このように間接的に輸入している水資源量を把握する方法として，VW の考え方がある。これは，ある国が輸入している品目を自国で生産すると仮定した場合に必要な水資源量であり，その品目を輸入したことによって節約できた自国の水資源量に相当する。

我が国のカロリーベースの食料自給率は 40％程度にとどまっていることから，我が国は海外の水資源に依存して成り立っているといえる。すなわち，我が国は VW の輸入を通じて海外とつながっており，海外の水資源に支えられていることから，海外で発生する水不足や水質汚濁などの水問題は，我が国と決して無関係ではない。

(2) VW の概念形成の経緯

VW は，ロンドン大学東洋アフリカ学院教授のアンソニー・アラン（Anthony Allan）氏が 1990 年代半ばに最初に発案した概念である[9]。アラン氏は，中東・北アフリカなど水資源量が絶対的に少ない地域において，1960年代のヨルダン川上流域での水紛争以降は，想定されるほどには水をめぐる国家間の争いが激化していない理由を説明するために，この概念を適用し

た[10),11)]。すなわち，この地域では，食糧自給を達成するには水資源が不十分であり，輸入による食糧の安全保障達成の道を選択することによって，乏しい水資源を保全でき，水をめぐる争いが避けられたと説明している。この中で，貿易により取引される作物を生産するのに使われた水を区別して述べるのにこの用語を用いた。この水は，自国では実際に消費していないが，輸入した作物を自国で生産していれば，自国で消費しなければならなかった水であり，いわば輸入相手国が肩代わりしてくれた水である。

当初，アラン氏は水不足国が食糧の安全保障の達成において，輸入の果たした役割を説明するために，この食糧の輸入に付随する実態のない水を，「embedded water（不可欠なものとして組み込まれた水）」という用語を当てていた。しかしながら，この用語は世間の関心を集めなかった。そこで，この用語を「virtual water」に変えたところ，世界に大きなインパクトを与え，政策担当者，学識経験者，専門家らから大変な注目を集めた。アラン氏は，中東の水不足国が，限られた水資源を温存し，水資源の豊富な国から水消費型作物を輸入したのは賢明な選択であり，もし食糧の自給を目指していたら，この地域の水不足はより深刻になり，水をめぐる争いはより緊迫度の高いものとなっていたであろうと分析している。この観点から，VWの輸入により水需給が緩和されていると主張している。

VWの概念は，限りある水資源を保全し，有効かつ賢明な利用をグローバルに推進していくうえで，一般の人々に対しても非常に説得力があり，理解が得やすい特徴を有している。

(3) 我が国での取組み [12),13)]

我が国では，東京大学生産技術研究所の沖大幹教授らのグループが中心になって，VWの研究を推進している。沖教授らは，VWについての捉え方が，従来より「食料を水資源に換算したもの」との誤解を招きやすい解釈が多くなされることから，これを解決するために，以下のような提案をしている。
① 生産国（輸出国）において，実際に使用された水資源量は，現実投入水量（現実水）である。
② 消費国（輸入国）で生産した場合に必要となる水資源量は，仮想投入水

量(仮想水)である。

すなわち,この仮想投入水量が本来の意味でのVW(仮想水)に相当し,食料などの輸入に伴って,輸入国でどの程度の水資源が節約できたのかを見積もることができる。

一般に単位収量は生産国(輸出国)のほうが消費国(輸入国)よりも高いため,水消費原単位は生産国(輸出国)のほうが消費国(輸入国)よりも小さくなる。すなわち,仮想投入水量のほうが現実投入水量よりも多くなる。より単収が高く水消費原単位が少ない国で生産し,単収が低く水消費原単位が多い国で輸入し消費することは,グローバルの視点からみれば水資源を節約していることになる。

【アラル海流域で栽培されているコメの現実投入水量の事例】

同じ作物を生産するのに必要な水量は,国,地域によって大幅に異なる場合がある。筆者がかつて調査した小アラル海流域のカザフスタン・クジルオルダ州の農場では,乾燥地(乾燥度指数が0.06)であるにもかかわらず水稲栽培を大規模に展開していたが,その農場で生産されるコメの現実投入水量を計算してみると,実に9 200〜12 000 m^3/tであった。このように現実投入水量が大きくなる理由は,蒸発散量が多いこともあるが,何よりも塩害を回避するために,湛水の塩分濃度が高くならないよう頻繁に湛水を入れ替える水管理を行っていたためである。この農場では,コメを移出して利益を得ているが,VWの概念からすれば,本来このようなところで水消費型作物であるコメを作付すべきではないと考えられる。現在,コメ作りが成り立っているのは,コメの需要が高くかつ水資源がひっ迫しているにもかかわらず,大量の河川水(シルダリア川)を安く取水できることによる。結局このつけは,下流側の灌漑農地とアラル海へ回されていることになる。

(4) 農作物の仮想投入水の総輸入量 [12),13)]

沖教授らのグループは,2000年度の食料需給統計データをもとに我が国の農産物の輸入に伴うVWの流れを算定している(**図9.1**)。また,算定にあたっては,各作物の可食部を1トン生産するのに必要な水量(水消費原単位:m^3/t)として**表9.3**左欄に示す数値を適用している。これは,我が国で

●第 9 章●持続可能な灌漑農業と水資源利用に向けて

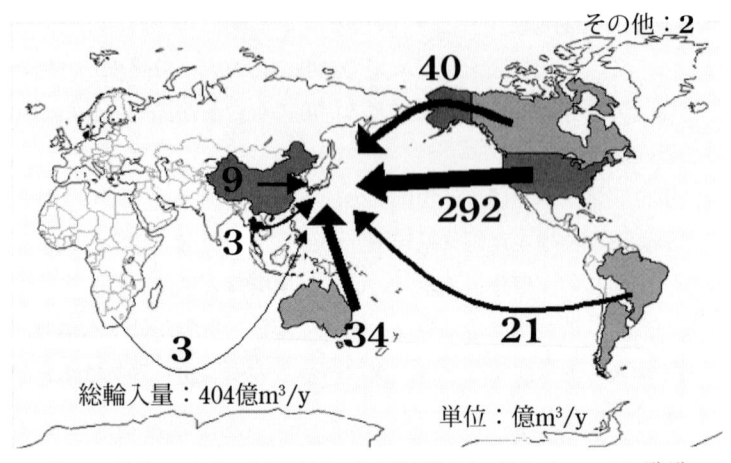

図 9.1 我が国における農作物輸入に伴う仮想投入水の流れ（2000 年） [12),13)]

栽培した場合の各作物の単位収量と消費水量により求めたものである。ただし，トウモロコシについては FAO の統計に基づく単位収量，消費水量により求めたものである。

　この水消費原単位と 2000 年の農作物の輸入量に基づく算定結果によれば，農作物輸入に伴う VW 量は約 404 億 m^3/y という値が算出されている。農作物 VW の輸入元はアメリカが圧倒的に多く 72％を占め，次いでカナダが 10％，オーストラリア 8％の順である。我が国での農業用水の使用量は約 590 億 m^3/y であることから，もしこの輸入分を国内で生産するとなると，994 億 m^3/y もの水資源が必要となる。農作物の輸入によりその自給のために必要な水資源を約 41％節約していることになる。

　これは，沖教授も指摘しているように，水資源の不足を VW の輸入で補っているのではなく，農地の不足，人手の不足を輸入によって補っているのであって，その結果として VW が大量に輸入されているとみるべきであろう。

(5) 畜産物の仮想投入水の総輸入量 [12),13)]

　同様に，沖教授らのグループは，我が国の畜産物の輸入に伴う VW の流れを算定している。算定にあたり，各畜産物の水消費原単位として**表 9.3** 右欄に示す数値を適用している。同表左欄の農産物の水消費原単位に比べて，

9.3 水資源管理の効率性を適切に表現する評価指標の導入

表9.3 主要穀物・豆類（可食部）および畜産物の水消費原単位 [12),13)]

(単位：m³/t)

穀物・豆類	水消費原単位	畜産物	水消費原単位
コメ（白米）	3 600	牛（正肉）	20 700
大麦・裸麦	2 600	牛（枝肉）	14 400
大豆	2 500	豚（正肉）	5 900
小麦	2 000	豚（枝肉）	4 100
トウモロコシ	1 900	鶏（正肉）	4 500
		鶏（枝肉）	3 000
		鶏卵	3 200

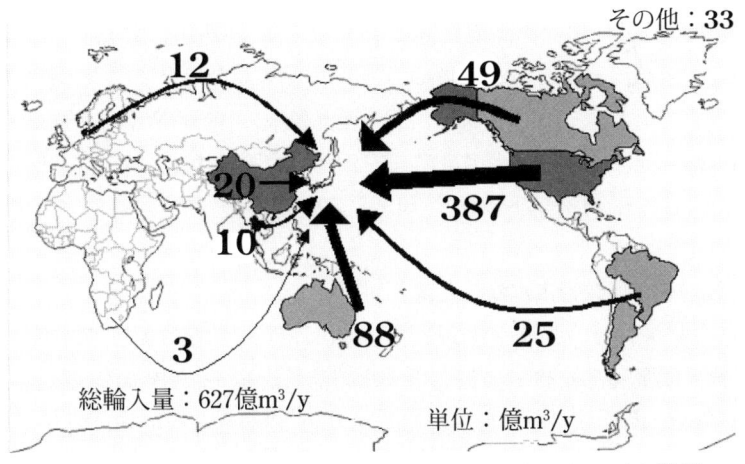

図9.2 我が国における農畜産物輸入に伴う仮想投入水の流れ（2000年）[12),13)]

著しく大きくなっていることがわかる。その理由は，畜産物には生育期間中に食べる飼料作物などの生産に必要な水も加算されているためである。鶏肉は小麦の約2倍，豚肉は小麦の約3倍，牛肉は小麦の実に10倍以上の水消費原単位となっている。

この水消費原単位と2000年の畜産物の輸入量に基づく算定結果によれば，畜産物輸入に伴うVW量は約223億m³/yと算定されている。畜産物VWの輸入元はアメリカが多く43％を占め，次いでオーストラリアが24％と2カ国で2/3を占めている。次いで，EUが5％，カナダ，中国が各4％の順である。我が国の畜産用水の使用量は5億m³/yであるから，実にその45倍

もの VW を輸入していることになる．仮に畜産物を完全自給するためには，228 億 m^3/y もの水資源が必要となるが，輸入することにより，その 98％を節約していることになる．ただし，これは農作物の輸入の場合と同様に，水資源の不足というよりも，畜産用地，マンパワーの不足を輸入によって補っているのであって，その結果として VW が大量に輸入されているとみるべきであろう．図 9.2 に，我が国が輸入している農産物，畜産物を合わせた仮想投入水の流れを示す．

(6) 工業製品の仮想投入水の総輸入量 [12),13)]

　沖教授のグループは，工業製品についても，工業製品の出荷額当たりの水資源量を求め，それと 2000 年の工業製品の輸入量をもとに輸入に伴う VW を推計している．それによれば，工業製品輸入に伴う VW は 14 億 m^3/y である．輸入元は中東，東南アジア（各 20％）中国（19％），EU（18％），アメリカ（17％），オーストラリア（4％）の順である．

(7) 我が国の仮想投入水総輸入量 [12),13)]

　図 9.3 に沖教授のグループが推計し作成した我が国が輸入している農作物，畜産物，工業製品すべての仮想投入水の流れを示す．VW の総輸入量は，641 億 m^3/y になり，その輸入元はアメリカ（389 億 m^3/y，61％），オーストラリア（89 億 m^3/y，14％），カナダ（49 億 m^3/y，8％）が圧倒的に多く，この 3 カ国で 83％を占める．我が国は農作物および畜産物の輸入を通して，大量の VW をこれらの国に依存していることになる．

　我が国の総水資源使用量が 870 億 m^3/y であるので，その 74％を海外に頼っていることになる．もしこの輸入分を国内ですべて生産するとなると，全体で 1511 億 m^3/y の水資源が必要になり，我が国の水資源賦存量 4200 億 m^3/y の 36％に相当する．また，輸入により自給のために必要な水資源量を約 42％節約していることになる．

　また，我が国の VW の総輸入量に占める農作物の割合は 63％を占め，これに畜産物を加えると 98％にも上り，食料の輸入に伴う VW の輸入がいかに大きなウエートを占めるかがよく理解できる．我が国の大量の VW の輸

9.3 水資源管理の効率性を適切に表現する評価指標の導入

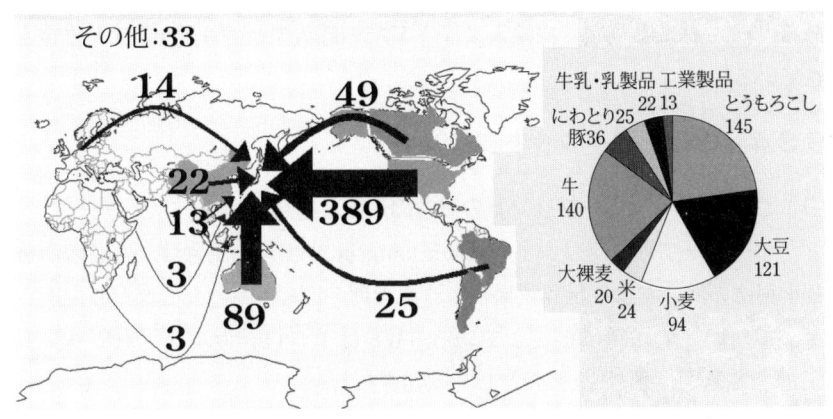

図 9.3 我が国における総輸入に伴う仮想投入水の流れ（2000 年）[7),8)]

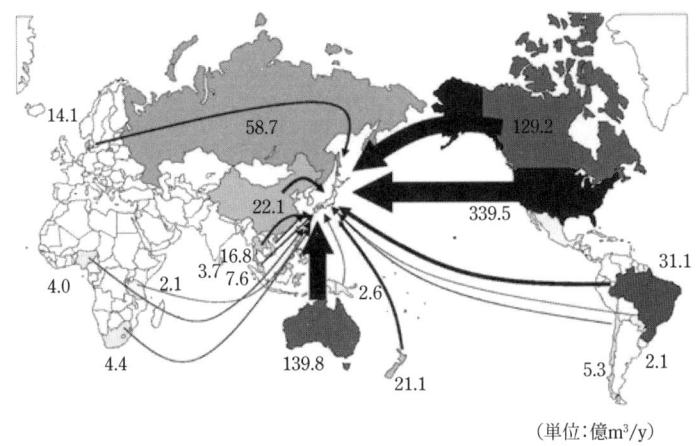

出所：輸入量　　　工業製品　　通商白書（2005年）
　　　　　　　　　農畜産物　　JETRO貿易統計（2005年），財務省貿易統計（2005年）
　　　本消費原単位　工業製品　　三宅らによる2000年工業統計の値を使用
　　　　　　　　　農産物　　　佐藤による2000年の日本の単位収量からの値を使用
　　　　　　　　　丸太　　　　木材需給表などより算定した値を使用

図 9.4 2005 年バーチャルウォーター輸入量（出典：環境省）[14)]

入は，水資源のひっ迫からくる意図的なものではないが，結果的には外国に水資源を肩代わりしてもらっている状態にあるということを，認識したうえで，国際的水資源問題に真摯に取り組む姿勢が大切である。

　図 9.4 には環境省と特別非営利活動法人日本水フォーラムがデータを2005 年に更新し，さらに木材など新たな産品を追加して算出した推定値で

ある[14]。これによれば，総輸入に伴う VW の輸入量は 804 億 m^3/y と推定されている。

9.3.4　ウォーターフットプリント

(1) ウォーターフットプリントの概念の形成と経緯

ウォーターフットプリント（Water footprint: WF）の概念は，人間の消費と水利用の間，および世界貿易と水資源管理の間の隠されたつながりを明らかにしたいとの願望に根ざしている。WF はエコロジカルフットプリント（EF）の概念と類似したものとして開発された。

WF の概念は，ユネスコ・水文教育研究所（UNESCO-IHE）のアリヤン・ホークストラ（Arjen Hoekstra）（現オランダ・トゥエンテ（Twente）大学教授）が 2002 年に水利用の新たな指標として導入したのが最初である[15]。ホークストラは，製品の生産やサービスの提供で消費される水量を，すべての水供給過程で定量的に算定し，環境への影響を評価することを目的として WF の概念を導入した。その後，ホークストラと共同研究者チャパゲイン（A. K.Chapagain）らとの共著による一連の出版物により，その概念は洗練され，算定方法はより強固なものに改善された[16]〜[18]。また，ホークストラらは 2008 年に民間団体 WFN（Water Footprint Network）を設立し，WF の算定方法に関する研究を進めてきた。

WF が学術誌に紹介されると，WF への関心は急速に高まった。2000 年代の中ごろには，特にユニリーバ，サブミラー，ハイネケン，コカ・コーラ，ネスレ，ペプシコなどの食品会社，飲料会社において，各社が直面している水依存と水に関連したリスクに対する認識が高まり，各社製品の水供給過程の改善などに向けて WF の導入と活用が積極的に進められた。

我が国の環境省が 2014 年 8 月に作成した「ウォーターフットプリント算出事例集」[19]によれば，WF の概念は，「原材料の栽培・生産から，製造・加工，輸送・流通，消費を経て，廃棄・リサイクルに至るまでのライフサイクル全体で直接的・間接的に消費・汚染された水の量を定量的に算定し評価する手法」としている。WF は，環境への影響を評価することを目的としているため，使用した水量を単純に積み上げるのではなく，水利用によって生

じる水量の変化および水質の変化の量を捉え，その変化が環境に与える影響を評価するのである[19]。

　WFは，消費者もしくは生産者の直接的水利用と間接的水利用の両者を考慮した淡水使用の指標である。個人，コミュニティあるいは企業のWFは，個人，コミュニティによって消費された商品，サービス，あるいは企業によって生産された商品，サービスを生産するのに使用されたすべての淡水量として定義される。水利用量は単位時間に（蒸発，生産物に吸収されるなどして）消費された水量あるいは汚染された水量として評価される。WFはある特定の生産物，消費者グループ（例えば，個人，家族，村落，市，県，州，国）あるいは生産者グループ（例えば，公的機関，民間企業，経済部門）単位で計算することができる。WFは水使用量と汚染水量だけでなく位置も示すことができ，地理的にわかりやすい指標である。

(2) エコロジカルフットプリント（EF）とWFの違い

　WFは，先行して広く導入されている指標であるエコロジカルフットプリント（Ecological footprint: EF）[20]と類似の概念として開発された。EFは，ワッカーナーゲル（Mathis Wackernagel）とリース（William Rees）が1992年に提唱した概念であり，人間の活動がどれだけ自然環境に依存しているかを表す指標で，自然環境の消費量を土地面積で表すところにその特徴がある。

　EFが，人間活動により消費される土地，水，そのほかの環境資源などすべての資源量を対象に分析・評価する手法であるのに対して，WFはEFの中から水の構成要素だけを取り出して評価する手法である[16]。WFは，人間が地球の水資源に及ぼす影響の大きさと捉えることもできることから，「地球の水資源を踏みつけた足跡」とよんでいる。

　WFは，生産物のライフサイクルを通じて使用される水の量を定量的に把握する考え方で，原材料や生産過程などに関わる水の使用量を足し合わせ，最終的な生産物に必要な水の総量を算出する場合が多い。水使用量の定量的な把握という点では，バーチャルウォーター（仮想水：VW）と近い概念といえるが，VWが，国や地域間の水の仮想的な輸出入に焦点を当てているのに対し，WFは，生産物単位の水使用量に注目している点に特徴がある。

(3) カーボンフットプリント (CF) と WF の違い

カーボンフットプリント (Carbon Footprint: CF) は，EF の構成要素の一つであったが，中から温室効果ガス (GHG) 排出量の構成要素だけを取り出して評価する手法である。EF では温室効果ガスの排出量を吸収するのに必要な面積で示されるが，CO_2 およびほかの GHG 排出量により，直接的に強い関心がある場合，EF はそれほど役に立たない。そのため，政府や会社の GHG 排出量と地球温暖化への関心に答えて，CF が改良されて独立した概念となり，CO_2 換算の排出量で示されるようになった。CF については，いつ誰が CF の用語を最初に使用したのか，わからないのが実情である。ただし，2000 年の新聞記事に CF がみられるので，このころから市民権を得て広く定着したと考えられている。表 9.4 に WF と CF の算定方法について違いを比較したものである[21]。

(4) WF の国際規格化と我が国の対応

21 世紀は水の世紀といわれるように，近年各地で水不足による干ばつ，水質汚染，水環境の劣化など水に関わる問題が顕在化している。このような背景のもと，幾つかの国際機関が水利用に関する指標を提案し，国，企業の水管理のあり方を評価する動きが活発化している。

国際規格化機構 (ISO: International Organization for Standardization) においては，2009 年に，WF に関する企画提案が承認され，国際規格化に向けた検討が開始された。国際規格策定の主な目的として，以下の点が挙げられている[19]。

① 水問題（水不足，水質の劣化など）や水の利用と管理の問題に対する関心の高まりに応えるべく，WF 算定結果の報告に関する信頼性の確保
② 水の評価が困難な ISO14040，14044 に代わる手法の確立
③ WFN をはじめとした複数のイニシアチブによる WF 算定手法乱立の防止

ISO では現在，ISO14046 として国際規格化に向けた議論が行われており，ISO14040 シリーズの LCA に関連する規格として議論されている。

これを受けて我が国でも，WF の算定方法や算定結果の使い方に関する具体的な検討が環境省を中心に始まっており，得られた知見をもとに WF の

9.3 水資源管理の効率性を適切に表現する評価指標の導入

表 9.4 WF と CF の算定方法の比較 [21]

項目	ウォーターフットプリント（WF）	カーボンフットプリント（CF）
測定対象	人間による淡水資源の使用量（消費された水量および汚染された水量）	人間がもたらす温室効果ガス（GHG）排出量
単位	（水量）/（単位時間），or （水量）/（製品単位）	（CO_2 換算総量）/（単位時間），or （CO_2 換算総量）/（製品単位）
空間的・時間的次元	WF は時間と場所によって区別し整理。いつどこで WF が発生するかが重要。WF の単位は互換できない。WF が合計あるいは平均で示される場合は，時間・空間的明細を省く。	排出の時期と場所は区別されない。炭素排出がどこで，いつ発生したかは考慮しない。炭素排出単位は互換性がある。
フットプリントの構成	ブルー WF，グリーン WF，グレー WF。これらを合計する場合，重み付けは行わず，単純加算。	GHG タイプごとの CF：CO_2, CH_4, N_2O, HFC, PFC, SF_6。ガスのタイプごとの排出量は加算する前に，各ガスの地球温暖化係数（GWP）で重み付けをして加算する。
フットプリントが計算できる実体，構成要素	プロセス，製品，会社，産業部門，個人消費者，消費者グループ，地理的に線引きされた地域。	過程，製品，会社，産業部門，個人消費者，消費者グループ，地理的に線引きされた地域。
計算方法	ボトムアップ方式： ・過程，製品，会社，産業部門，国，地球レベルで適用可能。 ・WF 評価ではボトムアップ計算法。 ・製品に対しては，WF 評価での水供給連鎖に沿った計算は，LCA 調査のライフサイクル・インベントリー段階の計算と類似。 トップダウン方式： ・産業部門，国，地球レベルの研究で適用可能。 ・WF 評価でのトップダウン計算法は国の仮想水貿易収支を引き出すことが基準になる。 ・EE-IOA 法も代替法として使われる。	ボトムアップ方式： ・過程，製品，小さい実体・構成要素で適用可能。 ・ライフサイクル評価（LCA）法 トップダウン方式： ・産業部門，国，地球の研究で適用可能。 ・EE-IOA（Environmentally Extended Input-Output Analysis）法。 ハイブリッド方式： ・製品，国，組織に対しては，LCA 法と EE-IOA 法の適用。
範囲	常に直接的 WF と間接的 WF を含む。	1. 直接排出量 2. 電力使用からの間接排出量 3. その他の間接的排出量
フットプリントの持続可能性	WF の持続可能性を評価するためにはさらなる情報が必要。流域ごとに，淡水利用可能量と廃棄物浄化能力を推定する必要ある。特定の過程や製品については，WF ベンチマークを使うことができる。	CF の持続可能性を評価するためにはさらなる情報が必要。地球全体としては，最大許容 GHG 濃度を推定する必要がある。そしてそれは CF 容量と変える必要がある。特定の過程や製品については，CF ベンチマークを使うことができる。

出典：Ercin and Hoekstra（2012）[21] を筆者が翻訳

算定方法・評価方法の事例集が国内の事業者向けにまとめられている[19]。

今後我が国でも WF による評価を実施していくことの主な目的・意義として，環境省は情報開示，リスク分析や内部改善，国民の水環境保全意識の啓発などを挙げている[19]。

(5) WF に関する最近の研究紹介（Mekonnen and Hoekstra, 2011）[22]

メコネン（Mekonnen）とホークストラ（Hoekstra）は，「作物およびそれを原料とする製品のブルー WF，グリーン WF，グレー WF」と題した WF に関する研究成果を発表している。世界の作物生産のグリーン WF，ブルー WF，グレー WF を定量化し，以下のような興味深い結果を導いている。以下に，その要旨を箇条書きにして示す。

- 主要作物の WF を考慮して，作物 1 トン当たりの世界平均の WF は，砂糖作物（約 200 m^3/t），野菜（300 m^3/t），根菜類・芋類（400 m^3/t），果物（1 000 m^3/t），穀物（1 600 m^3/t），油料作物（2 400 m^3/t），豆類（4 000 m^3/t）であった。
- 全作物生産に関わる世界の WF は，74 040 億 m^3/y（グリーン：78%，ブルー：12%，グレー：10%）であった。
- 世界の作物別全 WF の 1 位は小麦で 10 870 億 m^3/y，2 位がコメで 9 920 億 m^3/y，3 位がトウモロコシで 7 700 億 m^3/y であった。小麦とコメは最大のブルー WF を有し，両者で地球全体のブルー WF の 45%を占める。
- 国レベルでの全 WF はインドが最大で，10 470 億 m^3/y，次いで中国 9 670 億 m^3/y，アメリカ 8 260 億 m^3/y であった。
- 作物生産の結果として，全ブルー WF が比較的大きい流域は，インダス川流域（1 170 億 m^3/y）とガンジス川流域（1 080 億 m^3/y）であった。この 2 流域の作物生産にかかるブルー WF は，世界の作物生産にかかるブルー WF の 25%に相当する。
- 世界の天水農業の WF は 51 730 億 m^3/y（グリーン：91%，グレー：9%）であった。世界の灌漑農業の WF は 22 330 億 m^3/y（グリーン：48%，ブルー：40%，グレー：12%）であった。
- 表9.5 は，1996 年～ 2005 年における各国の 1 人当たり水消費の WF である。

表9.5 1996年〜2005年における各国の1人当たり水消費のWF [22]

WF (m³/y/cap)	国名
550 - 750	コンゴ民主共和国
750 - 1 000	コンゴ共和国，アンゴラ，ザンビア，マラウイ，イエメン，ニカラグア，北朝鮮
1 000 - 1 200	中国，インド，インドネシア，ベトナム，カンボジア，ラオス，グアテマラ，ホンジュラス，ペルー，チリ，エチオピア，エリトリア，ソマリア，ケニア，ウガンダ
1 200 - 1 385	日本，フィリピン，ミャンマー，イギリス，アイルランド，ウズベキスタン，パキスタン，エジプト，ナイジェリア，カメルーン，ガーナ，コートジボアール，リベリア，コロンビア
1 385 - 1 500	ドイツ，ポーランド，ノルウェー，スウェーデン，フィンランド，キルギスタン，タイ，チャド，ガボン，シェラレオネ
1 500 - 2 000	ソビエト，フランス，ウクライナ，ベラルーシ，ルーマニア，チェコ，オーストリア，メキシコ，ベネズエラ，アルゼンチン，パラグアイ，モロッコ，アルジェリア，スーダン，ナミビア，ギニア，ブルキナファソ，マダガスカル，サウジアラビア，ヨルダン，イラン，トルコ，韓国，ニュージーランド
2 000 - 2 500	スペイン，イタリア，ギリシャ，カザフスタン，トルクメニスタン，マレーシア，オーストラリア，カナダ，ブラジル，エクアドル，マリ，リビア，チュニジア，シリア，ボツワナ
2 500 - 3 000	アメリカ，モーリタニア
> 3 000	モンゴル，ニジェール，ボリビア

9.3.5 灌漑管理の実効評価法

灌漑農地への水供給（灌漑）をより効率よく行うためには，そのパフォーマンスを定量的に評価できる指標が不可欠である。ここでは，灌漑管理の観点から広く適用されている灌漑効率により評価する方法と，単に効率だけでなく充足率，公平性，信頼性など四つの観点から評価する方法，さらに最近注目されている水生産性について紹介する。

(1) 灌漑効率により評価する方法

一般に広く用いられており，独立した一つの灌漑システムの総合的な水管理状況を評価するうえで便利である。灌漑効率（Irrigation efficiency: Ei）とは，水源から取水された用水が送配水路など灌漑施設を介して対象圃場に到達し，その有効土層に蓄えられて，作物に利用されるまでの総合的な効率である。灌漑効率は搬送効率と適用効率の積で求めることができる。搬送効率

とは，灌漑水が水源から圃場入口に到達するまでの搬送システムにおける効率である。適用効率は，圃場に到達した用水が有効土層に到達するまでの効率である。一般に，各効率は以下のように表すことができる。

搬送効率（Conveyance efficiency）Ec：水源から取入れられた用水量（水源取水量 Qh）に対する圃場に到達した用水量（Qf）の割合，すなわち（Qf/Qh）

適用効率（Application efficiency）Ea：圃場に到達した用水量（Qf）に対する有効土層に貯留される用水量（Qs）の割合，すなわち（Qs/Qf）

$$灌漑効率（Ei）= Ec \times Ea =（Qf/Qh）\times（Qs/Qf）=（Qs/Qh）$$

搬送効率は水路の種類，構造によって異なり，例えば，パイプラインでは90〜95％，コンクリート開水路では80〜90％程度となる。土水路では施工状態や土質により50％と低くなる場合もある。適用効率は，採用する灌漑方法により大きく異なり，マイクロ灌漑では95％，散水（スプリンクラー）灌漑では80〜90％，畦間灌漑では70％程度となる。

我が国で畑地灌漑計画を搬送システムはパイプライン，灌漑方法はスプリンクラーで計画する場合，搬送効率が90〜95％，適用効率が80〜90％となるので，灌漑効率は70〜85％になる。

表9.6 は，世界各地で行われている灌漑プロジェクトの内容とそれに伴う

表9.6 灌漑システムの内容とその灌漑効率

灌漑システム（搬送システム＋灌漑方法）（国名）	Ec	Ea	Ei
（大規模灌漑）			
洪水灌漑＋地表灌漑（イエメン）	50	40	20
伝統的開水路（手動）＋地表灌漑（トルコ）	60	50	30
開水路（自動）＋地表灌漑（モロッコ）	70	60	42
開水路（手動）＋ファームポンド＋スプリンクラー／点滴灌漑（ヨルダン）	75	70	52.5
開水路（自動）＋ファームポンド＋スプリンクラー／点滴灌漑	85	70	59.5
（地下水灌漑）			
圃場内舗装水路＋地表灌漑	80	50	40
パイプライン＋スプリンクラー／点滴灌漑	95	70	66.5

注）Ec：搬送効率，Ea：適用効率，Ei：灌漑効率

灌漑効率の事例を紹介したものである。

(2) 四つの観点（充足性，効率性，信頼性，公平性）から評価する方法

実際の灌漑農地における灌漑作業が適正に行われているかどうかを評価するため，四つの指標を用意し，その指標から管理上の診断・評価を行うことができる方法である。この方法は，国際水管理研究所（IWMI: International Water Management Institute）のモールデン（Molden, D.J.）博士らによって提案されたもの[23]で，四つの指標とは，充足性（Adequacy），効率性（Efficiency），信頼性（Dependability），公平性（Equity）である。各指標は以下のように数式で定義されており，計算により求めることができる。

1) 充足性（Adequacy）P_A

この指標は，作物の必要とする水量が，対象とするエリアに不足なく適正に供給されているかを評価するもので，次式で計算することができる。

$$P_A = (1/T)\sum_T \{(1/R)\sum a_i p_{Ai,t}\} \tag{9.2}$$

ここで，$p_{Ai,t} = Q_{Di,t}/Q_{Ri,t}$ （when, $Q_{Di,t} \leq Q_{Ri,t}$）
$\quad\quad\quad p_{Ai,t} = 1$ （otherwise, $Q_{Di,t} > Q_{Ri,t}$），
$\quad\quad a_i$ ：灌漑ブロックiの面積，全体面積$\sum a_i = R$,
$\quad\quad T$ ：全灌漑期間
$\quad\quad Q_{Di,t}$：灌漑時期tに灌漑ブロックiへ供給された水量
$\quad\quad Q_{Ri,t}$：灌漑時期tに灌漑ブロックiへ供給すべき必要水量

すなわち，P_Aは供給された水量（$Q_{Di,t}$）と供給すべき水量（$Q_{Ri,t}$）の比の有界関数（$0 \leq p_{Ai,t} = Q_{Di,t}/Q_{Ri,t} \leq 1$）の時間的，空間的平均値で表される。$P_A$が1となったときが充足性の観点からは最高のパフォーマンスが得られていることになる。

2) 効率性（Efficiency）P_F

この指標は，対象とするエリアへ作物が必要量以上に供給されていないかどうかを評価するもので，水資源の保全および節水への貢献度を評価することができる。充足率とは相反関係にあり，次式で求めることができる。

$$P_F = (1/T) \Sigma_T \{(1/R) \Sigma a_i p_{Fi,t}\} \qquad (9.3)$$

ここで，$p_{Fi,t} = Q_{Ri,t}/Q_{Di,t}$ （when, $Q_{Ri,t} \leq Q_{Di,t}$）
　　　　$p_{Fi,t} = 1$(otherwise, $Q_{Ri,t} > Q_{Di,t}$)，
　　　　a_i ：灌漑ブロック i の面積，全体面積 $\Sigma a_i = R$，
　　　　T ：全灌漑期間
　　　　$Q_{Ri,t}$：灌漑時期 t に灌漑ブロック i へ供給すべき必要水量
　　　　$Q_{Di,t}$：灌漑時期 t に灌漑ブロック i へ供給された水量

これは供給すべき水量（$Q_{Ri,t}$）と供給された水量（$Q_{Di,t}$）の比の有界関数（$0 \leq p_{Fi,t} = Q_{Ri,t}/Q_{Di,t} \leq 1$）の時間的，空間的平均値で表される。$P_F$ が 1 となった時が効率性の観点からは最高のパフォーマンスが得られていることになる。

3）信頼性（Dependability）P_D

この指標は，水供給が時間的に乱れることなく一様に行われているかどうかを評価するもので，水供給の信頼性が評価できる。信頼性は次式のように，供給された水量（$Q_{Di,t}$）と供給されるべき水量（$Q_{Ri,t}$）の比の時間的変動性で評価することができ，次式で数値化できる。

$$P_D = (1/R) \Sigma a_i CV_T(Q_{Di,t}/Q_{Ri,t}) \qquad (9.4)$$

ここで，$CV_T(Q_{Di,t}/Q_{Ri,t})$＝供給された水量と必要水量の比（$Q_{Di,t}/Q_{Ri,t}$）の期間 T にわたる時間的変動係数（＝標準偏差／平均値）である。
　　　　$Q_{Ri,t}$：灌漑時期 t に灌漑ブロック i へ供給すべき必要水量
　　　　$Q_{Di,t}$：灌漑時期 t に灌漑ブロック i へ供給された水量

P_D の値としては，ゼロに近づくほど水供給が期間を通して，より一様に行われたことになり，信頼性の観点からはよいパフォーマンスが得られたと評価することができる。逆に P_D が大きくなれば時間的に変動の大きい信頼性の低い水供給が行われたことになる。

4）公平性（Equity）P_E

この指標は，同一の灌漑地区の中にある灌漑ブロック間，支線水路間で偏りのない公平な水供給が行われているかどうか水管理の公平性を評価する指標である。先述の信頼性は供給された水量（$Q_{Di,t}$）と供給されるべき水量

($Q_{Ri,t}$) の比 ($Q_{Di,t}/Q_{Ri,t}$) の時間的変動性で評価したが,公平性は同じ比 ($Q_{Di,t}/Q_{Ri,t}$) の空間的変動性で評価する。公平性は次式で数値化する。

$$P_E = (1/T) \Sigma_T CV_R(Q_{Di,t}/Q_{Ri,t}) \tag{9.5}$$

ここで,$CV_R(Q_{Di,t}/Q_{Ri,t})$＝供給された水量と必要水量の比 ($Q_{Di,t}/Q_{Ri,t}$) の灌漑エリア R における空間的変動係数である。

  $Q_{Ri,t}$：灌漑時期 t に灌漑ブロック i へ供給すべき必要水量

  $Q_{Di,t}$：灌漑時期 t に灌漑ブロック i へ供給された水量

P_E の値が,ゼロに近いほど対象エリア内での水配分が偏りなく公平に行われたことになり,公平性の観点からはパフォーマンスの高い管理がなされたと評価できる。逆に P_E が大きくなれば空間的に変動の大きい公平性の低い水供給が行われたことになる。

以上により,求めた四つの指標から対象とする地区の管理パフォーマンスを総合的に評価することができる。モールデンらは,四つの指標からパフォーマンスを評価する基準として**表 9.7** に示す案を提案している[23]。この評価基準案については,今後各地区のデータを蓄積して,実態に合わせて改正していく必要があると考えられる。

例えば,**表 9.8** はある灌漑地区（1 000 ha）の灌漑管理の記録であるとする。この地区は仮に 10 灌漑ブロック（各 100 ha）からなり,あらかじめ計画された各時期の必要水量 Q_R とそれに対して実際に各ブロックで供給された水量 Q_D が表に記されたとおりだとする。この灌漑地区の全体的な灌漑管理のパフォーマンス評価を行うために,四つの指標を算定すれば**表 9.9** のようになる。この場合,充足性と効率性の観点からは比較的よいパフォーマン

表 9.7 水供給パフォーマンスの評価基準案[23]

評価指標	パフォーマンスの評価		
	Poor（悪い）	Fair（まずまず）	Good（良好）
充足性（Adequacy）P_A	< 0.80	0.80 〜 0.89	0.90 〜 1.00
効率性（Efficiency）P_F	< 0.70	0.70 〜 0.84	0.85 〜 1.00
信頼性（Dependability）P_D	0.20 <	0.11 〜 0.20	0.00 〜 0.10
公平性（Equity）P_E	0.25 <	0.11 〜 0.25	0.00 〜 0.10

表 9.8　ある灌漑地区における管理記録

period	Q_R for all blocks mm d^{-1}	Q_D Block No. 1 (100 ha) mm d^{-1}	Block No. 2 (100 ha) mm d^{-1}	Block No. 3 (100 ha) mm d^{-1}	Block No. 4 (100 ha) mm d^{-1}	Block No. 5 (100 ha) mm d^{-1}	Block No. 6 (100 ha) mm d^{-1}	Block No. 7 (100 ha) mm d^{-1}	Block No. 8 (100 ha) mm d^{-1}	Block No. 9 (100 ha) mm d^{-1}	Block No. 10 (100 ha) mm d^{-1}
6/1–6/5	5.5	7.5	7	7	6	5.5	5	6	7	4	3.5
6/6–6/10	5.5	7.5	7	7	6	5.5	5	6	7	4	3.5
6/11–6/15	5.8	8	8	7	6	6	5.5	6	6.5	5	4
6/16–6/20	5.8	8	8	7	6	6	5.5	6	6.5	5	4
6/21–6/25	6	8	8	7	6	6	5.5	6	6	5.5	4
6/26–6/30	6	8	8	7	6	6	5.5	6	6	5.5	4.5
7/1–7/5	6.5	8.5	9	7	7	6.5	6	6	5.5	5.5	4.5
7/6–7/10	6.5	8.5	9	7	7	6.5	6	6	5.5	6	5
7/11–7/15	7.1	8.9	9	7	7	7	6.5	6	5.5	6	5
7/16–7/20	7.3	8.9	9	7	7	7	7	6	5.5	6	5.5
7/21–7/25	7.8	9.2	8	7	7	8	7.5	6	5.5	7	5.5
7/26–7/30	7.8	9.2	8	7	7	8	7.5	6	5	7	6
7/31–8/4	8.2	9.5	7	7	8	8	7.5	6	5	7	6
8/5–8/9	8.3	9.5	7	7	8	8.5	7.5	6	5	7	6
8/10–8/14	8.5	9.7	6	7	8	8.5	7.5	6	5	7	6.5
8/15–8/19	8.9	9.7	6	7	8	9	7.5	6	5	7	6.5
8/20–8/24	9.2	10.5	7	7	8	9	7.5	6	5	7	7
8/25–8/29	9.1	11.5	7	7	8	9	7.5	6	5	7	7.5
8/30–9/3	8.8	11	11	7	9	9	7.5	6	5	7	7.3
9/4–9/8	8.5	10.9	11	7	9	8.5	7.5	6	5	7	7
9/9–9/13	8	10.9	11	7	9	8	7.5	6	5	7	7
9/14–9/18	7.8	10.5	10.5	7	9	8	7.5	6	5	7	6.5
9/19–9/23	7.5	10	10.5	7	9	7.5	7.5	6	5	7	6
9/24–9/28	7	9.5	6	7	9	7	7	6	5.5	7	5.8
9/29–10/3	6.5	8	6	7	8	6.5	6	6	5.5	6	5.5
10/4–10/8	6.5	7.5	6	7	8	6.5	6	6	5.5	6	5

Q_R：供給すべき必要水量，Q_D：供給された水量

表 9.9　ある灌漑地区の管理パフォーマンス

評価指標	指標値	パフォーマンス評価
充足性 P_A	0.882	まあまあ
効率性 P_F	0.913	良好
信頼性 P_D	0.263	悪い
公平性 P_E	0.252	悪い

スで灌漑管理が行われていると評価できるが，信頼性と公平性の面でパフォーマンスが低く，水供給操作の改善が必要であることが明らかである。さらに細かく見ていけば，灌漑ブロック7や同3での供給操作に問題があり，改善が必要なこともわかる。

(3) 水生産性

水生産性（water productivity: WP）は，同じ水量の水からいかに多くの食料を生産することができるか，もしくは同じ量の食料をいかに少ない水量の水で生産することができるかという発想に基づく概念である。広義には，水の生産性は，ある水使用によってもたらされる価値を評価する指標とみなすこともできる。水生産性の定義は一様ではなく，評価しようとする者の専門分野，対象とする領域の広さなどによって変わる。例えば，圃場レベルでの水生産性について評価しようとする場合，供給水量に対する全乾物生産量もしくは実際の収量，あるいは収穫可能量などとして説明できる。流域レベルにおいて，経済の専門家が水生産性を考える場合，その興味は水資源量から得られる経済的価値を最大にすることが中心になるであろう。

水生産性（WP）は，不足灌漑を行う際などに，その効果を評価する目的で適用される場合が多いが，この場合 WP は作物に消費された水量に対する作物収量（重量）と定義され，次式で表すことができる[24]。

$$WP_{crop} = Y_{act}/ET_{act} \times 10^2 \quad (\text{kg/m}^3) \tag{9.6}$$

ここで，WP_{crop}：作物の水生産性（kg/m^3），
　　　　Y_{act}：実際の作物収量（t/ha）
　　　　ET_{act}：実際の作物消費水量（蒸発散量）（mm）

9.4　まとめ

水利用は人類が生存していくうえで，不可欠な活動であるが，一方で環境の劣化の原因ともなる両刃の剣であることを，十分に認識しておかなければならない。人類は長い歴史の中で試行錯誤を繰り返しながら，多くのことを

学んできた。水利用においてもそうであり，持続可能な水利用のあり方については，気候風土にうまく調和し，地域で伝承されてきた世界各地の伝統的水利用から多くを教えられる。一方で，特に近世の大規模計画の失敗例からも多くを学ぶことができる。失敗例の多くに共通していることは，計画が刹那的であることだ。事業のライフスパンが非常に短く，次世代のことを考えておらず，結局は負の遺産を次世代に引き継ぐケースが多い。有限な水資源を活かすも殺すも私たち人間であり，次世代に配慮した可逆的で持続可能な賢い水利用システムの構築に向けて，知識・英知を結集していく必要がある。

　その意味でも，水資源管理の効率性を適切に表現できる新たな評価指標を開発し，国レベル，地域レベルの水管理のあり方を評価するなど，政策決定にも適用していくことは意義がある。VWやWFの概念は限りある水資源を保全し，有効で賢明な利用をグローバルに展開していくうえで，一般人に対しても説得力があり，有効なツールとなると期待される。水資源の乏しい乾燥地においては，食料の安全保障は必ずしも自給に固執せず，VWやWFの観点から，輸入を含めた経済的な食料確保戦略を柔軟な発想で考えてみることも大切である。

《引用文献》

1) IPCC. 2007. 気候変動2007，統合報告書政策決定者向け要約（第4次評価報告書統合報告書政策決定者向け要約（Summary for Policymakers）の翻訳版で文部科学省・気象庁・環境省・経済産業省が作成），27p
（http://www.env.go.jp/earth/ipcc/ 4th/syr_spm.pdf）
2) Cisneros, B.E.J and Oki, T. (ed.) (2014): Freshwater resources, In Field, C.B and Barros, V.R. (ed.) "Climate change 2014: Impacts, adaptation, and vulnerability, Part A: global and sectoral aspects", Working Group II Contribution to the Fifth Assessment Report of the Intergovernmental Panel on Climate Change, Cambridge University Press, pp.229-259.
3) [UNEP] United Nations Environment Program (1998): Sourcebook of alternative technologies for freshwater augmentation in Latin America and the Caribbean. Nairobi: UNEP, 125p.
4) Geerts, S. and Raes, D. (2009): Deficit irrigation as an on-farm strategy to maximize crop water productivity in dry areas. Agricultural Water Management, 96 (9): 1275-1284.
5) Falkenmark, M. (1989): "The massive water scarcity threatening Africa-why isn't it

being addressed." Ambio, 18, no. 2 (1989): 112-118.
6) 小寺正一 (2010):水問題をめぐる世界の現状と課題, レファレンス, 平成22年6月号, pp.73-97.
7) UN (United Nations)(2006): Water: a shared responsibility, 2nd UN World Water Development Report, 2006.
http://unesdoc.unesco.org/images/0014/001454/145405E.pdf
8) OECD (2008): "Chapter 10. Freshwater," OECD Environmental Outlook to 2030, pp.219-236.
9) Wichelns, D. (2010) : An economic analysis of the virtual water concept in relation to the agri-food sector, OECD, 29p.
10) Allan, J.A. (1996) : Water use and development in arid regions: Environment, economic development and water resource politics and policy. Review of European Community and International Environmental Law 5(2), pp.107-115.
11) Allan, J.A. (2002) : Hydro-peace in the Middle East: Why no water wars? A case study of the Jordan River Basin. SAIS Review 22(2), pp.255-272.
12) T. Oki, M. Sato, A. Kawamura, M. Miyake, S. Kanae, and K. Musiake (2003) : Virtual water trade to Japan and in the world. Virtual Water Trade, Edited by A.Y. Hoekstra, Proceedings of the International Expert Meeting on Virtual Water Trade, Delft, The Netherlands, 12-13 December 2002, Value of Water Research Report Series No.12.
13) 東京大学生産技術研究所沖大幹教授研究室ホームページ
http://hydro.iis.u-tokyo.ac.jp/Info/Press200207/
14) 環境省ホームページ
https://www.env.go.jp/water/virtual_water/
15) Hoekstra, A. Y. (ed) (2003) : Virtual water trade: Proceedings of the International Expert Meeting on Virtual Water Trade, 12–13 December 2002, Value of Water ResearchReport Series No 12, UNESCO-IHE, Delft, Netherlands,
www.waterfootprint.org/Reports/Report12.pdf
16) Chapagain, A.K. and Hoekstra, A.Y. (2004) Water footprints of nation', Value of Water Research Report Series No.16, UNESCO-IHE, Delft, the Netherlands.
17) Hoekstra, A.Y. and Chapagain, A.K. (2008) Globalization of water: Sharing the planet's freshwater resources, Blackwell Publishing, Oxford, UK.
18) Hoekstra, A.Y., Chapagain, A.K., Aldaya, M.M and Mekonnen, M.M. (2011) : The water footprint assessment manual: setting the global standard. Earthscan.
19) 環境省 (2014) : ウォーターフットプリント算出事例集
https://www.env.go.jp/water/wfp/attach/jireisyu.pdf
20) Wackernagel, M., Rees, W. (1996) : Our ecological footprint: reducing human impact on the earth. New Society Publishers. Gabriola Island, B.C., Canada.
21) Ercin, A.E. and Hoekstra, A.Y. (2012) : Carbon and water footprint: concepts, methodologies and policy responses. UNESCO, Paris, France, 24p.
22) Mekonnen, M.M. and Hoekstra, A.Y. (2011) : The green, blue and grey water footprint

of crops and derived crop products. Hydrology and Earth System Sciences, 15: 1577-1600.
23) Molden, D. J., Sakthivadivel, R., Perry, C. J., Fraiture, C.de and Kloezen, W.H. (1998). Indicators for comparing performance of irrigated agricultural systems. ResearchReport 20. Colombo, Sri Lanka: International Water Management Institute, pp.1-26.
24) Molden, D.J., Oweis, T.Y., Steduto, P., Kijne, J.W., Hanjra, A.H. and Bindraban, P.S., 2007. Pathways for increasing agricu;tural water productivity. In: Molden, D.(ed) Water for food, water for life: a comprehensive assesement of water management in agriculture. Earthscan, London and International Water Management Institute, Colombo, Sirlanka, p. 279-310

索　引

【略号・欧文】
AI　1, 2, 176
AWT　72
BW　7
CCR　25, 26, 29, 30, 31, 32, 33, 44, 48
EC　47, 95, 146
ED　88
GMRP　127, 128, 129, 130
GW　7, 8
GWRS　72
HPWD　121, 122, 124
ICWC　165
IFAS　165
IGNP　104, 105, 106
IPCC第4次評価報告書　11, 207
IPCC第5次評価報告書　11, 207, 208
ISO　226
JV　150, 152, 154
KAC　147, 148, 150, 152, 153
LEPA　125
LESA　125
LPCP　124
LPIC　125
LR　181
MaC WH　21, 27
MED　82, 84
MESA　125
MF膜　85
MiC WH　21, 22
MSF　81, 82, 83
NBA　200
NWC　148
OCWD　13, 72
PET　1
RO　13, 72, 84, 85, 212
RWSI　216
SWCC　83
TDS　72, 80, 98, 103, 126, 145, 146, 177
UF膜　85
UNCCD　4
USDAの水質基準　77
USGS　115, 118, 121, 122
VW　217
Water Factory-21　71, 72
WF　224
WF-21　72
WFN　224, 226
WH　21, 30, 31, 32, 33, 42, 207
WL　5, 93, 97, 99, 104, 106, 107, 172, 173, 210
WP　235
WSI　6

【あ行】
アコソンボダム（ガーナ）　108, 109, 110
浅井戸　59
アシュケロン淡水化施設　13
アスワンハイダム（エジプト）　54, 109
アタカマ砂漠　36, 37
アハール　44, 46, 48, 49
アラブ転流計画　136, 149
アラル海　10, 91, 92, 93, 104, 138, 159
アル・ジュベイル　83
暗渠排水　54, 101, 107, 178, 181
イオン交換膜　88
イオン交換膜電気透析法　87, 88
石積堤　28
一次的塩類集積　171, 172
陰イオン交換膜　88
インダス川　10, 65, 106
インディラ・ガンジー水路プロジェクト　104
ウォーターハーベスティング　8, 12, 21, 32
ウォーターフットプリント　224
ウォーターロギング　5, 54, 93, 130, 172
雨水集水　12, 21
雨水のWH　21
塩害　66, 67, 178, 179, 210
塩害農地の改良　52
塩化物イオン　145, 146
塩水捕捉用の承水路　146
塩水路　146
塩性化　175, 176, 178
塩生植物　101
塩性ソーダ質土壌　175, 184
塩性土壌　175, 178
円筒型集水タンク　27, 31
塩分濃度　77, 78, 117, 145, 146, 147, 148
塩類化　3, 4, 172, 173, 175
塩類収支　78, 95, 96, 99, 100
塩類集積　5, 51, 52, 93, 94, 96, 97, 102, 104, 107, 130, 171, 175, 177, 210
塩類土壌　95, 103, 172
塩類濃度　3, 97, 98, 99, 102, 103
塩類濃度障害　178, 179
オーストラリア西岸砂漠　37
オガララ帯水層　11, 58, 113, 114, 115, 116, 117, 118, 119, 120, 121, 122, 124
オレンジ郡水管理区　13, 71, 72

【か行】

海水・塩水の淡水化利用　13, 79
海水淡水化プラント　80, 83
海水の侵入　3, 126
河況係数　203
過耕作　4, 45
過湿状態　54, 106
過剰灌漑　97, 102, 106, 177
河状係数　99
過剰揚水　58, 118, 131, 209
河川争奪　16, 17
仮想水　129, 217, 219
仮想投入水量　217, 218
カディン　44, 46, 47, 48, 181
カナート　11, 59, 60, 61
可能蒸発散量　1, 171
過放牧　4, 45
可溶性塩類　102, 171, 175, 184
ガリ侵食　45
カレーズ　60
涸れ川　14, 41, 42, 195
灌漑　3, 9, 66, 67
灌漑効率　12, 53, 100, 118, 121, 122, 123, 124, 125, 131, 213, 229, 230
灌漑水の塩分濃度水準　77
灌漑農業　5, 113, 121, 130, 154, 171
灌漑農地　3, 8, 9, 91, 93, 94, 99, 103, 104, 111, 172, 173
灌漑用水　71, 75
関係国間の衡平な利用の原則　140
管井　66, 67, 107, 210
乾燥地　1, 2, 3
乾燥度指数　1, 2, 176
間断湛水法　182
干ばつ　11, 12, 193, 194, 200, 207

涵養井戸　49
涵養源　120
涵養速度　58, 113, 131
涵養池　73
涵養量　10, 58, 117
季節河川　13, 208
基底流出　7, 12, 14, 41, 60, 66
逆浸透式　71, 80, 84, 212
逆浸透膜　13, 72, 73, 85, 86
客土　52
供給可能水資源量　5, 154
協力的事案　137, 138
局所灌漑　12
霧の利用　33
キング・アブドラ水路　47, 150
キングタラールダム　150, 152, 153
均平　97, 98, 102
クラスト　14, 33
グリーンウォーター　7, 21
グレイウォーター　13
計画降水量　31, 32
計画粗用水量　106
係争的事案　137, 138
下水処理水の再生利用　13, 71, 154
結露量　34
減圧蒸留　82
限外ろ過膜　85
現実投入水量　218, 219
広域水管理　130
降雨依存農地　3, 8, 9, 12, 207
降雨強度　14
降雨流出パターン　204
紅海‐死海送水計画　156, 158
交換性ナトリウムイオン　184
工業用水　9, 10
耕作域　25, 26, 31, 32, 44, 47, 48

洪水　12, 194, 201, 208
洪水灌漑　21, 41, 42, 43, 50, 51, 52
洪水緩和機能　49
降水強度　33
洪水集水　12
洪水の WH　21, 42
降水の涵養量　120
降水の有効率　31
降水頻度　33
洪水流出　7, 41
洪水利用　12, 41, 42, 44, 53, 207, 208
高精度早期警報システム　12, 207
黄土高原　43, 45, 51, 52, 181, 208
高度処理　13, 72, 73, 76, 152
硬盤層　107
衡平かつ合理的利用　141, 166
公平性　231
効率性　231
国営導水路（イスラエル）　146, 147, 148, 150
国際河川　10, 135, 136, 137, 138, 140, 192
国際規格化機構　226
国際水利条約　137
国際水路の非航行利用に関する条約　135, 138, 139, 140, 166
国際紛争下における文民の保護　141
国連砂漠化対処条約　4
根群域集積塩の除去　180
混合利用の基準　78
コンターバンド MiC WH　22, 23
コンターリッジ MiC WH　22, 23

【さ行】

ザイ MiC WH　22, 25

索 引

再生可能淡水供給量 10, 135
再生循環利用 72
再生処理水 75
再生水の灌漑利用 76
作物消費水量 182
作物用水量 125
サトラジ川 104, 106
砂漠化 4, 5
砂漠開発 67, 111
サハラ砂漠 36, 37, 126, 127
サヘル 15, 33, 64, 191, 192, 193, 194, 200, 201, 202
砂防ダム 45
ザルカ川 150, 153
散水灌漑 12, 124
暫定的過剰給水 107
三方堤 48
残留土壌水分 56
残留氾濫水灌漑 56, 57
ジェスール 43, 44
死海 144, 147, 157, 158
自噴井 59
ジャイサルメール県(インド) 46, 47
シャフダン排水処理プラント 13, 71, 75, 76
シャメーノフ農場(カザフスタン) 93, 94, 176
集水域 25, 26, 28, 30, 31, 32, 33, 43, 44, 47
集水域と耕作域の比率 25
集水効率 31, 33, 36, 43
充足性 231
周年灌漑 54
集霧効率 212
自由面地下水 59
従来型水資源 41
重力灌漑 97, 99, 100
集露利用 33, 34
取水をめぐる係争 135
循環給水システム 10
小アラルの生態系・水環境の再生 164

上下流間の利水競合 159, 165
蒸発池 101
蒸留式 80, 81
蒸留式脱塩装置 79
ジョンストン案 148
シルダリア川 91, 93, 104, 138, 159
シルダリア協定 161, 164
シルトトラップ 43
シンクホール 157
人工的集露装置 34
侵食 3
薪炭材の過剰採取 4
浸透池 50
浸透能 14
信頼性 231
水価 102, 104
水蒸気の利用 211
水消費原単位 219
垂直排水 66, 67, 107, 178
水盤灌漑 213
水分保持能力 14
水平拡大政策 111
水利協定 142, 155
水利権 11
水路損失 99, 100, 102
水路ライニング 106, 178
スクレーピング 180
ストーンライン 27, 28
スプリンクラー灌漑 12, 107, 122
スペート灌漑 21, 42, 50
スレーキング現象 14
生活用水 10
西岸砂漠 36
西岸地域 142
制御湛水灌漑 53, 55, 56
生成水の塩分濃度 82
生物的排水 178
精密除濁膜 85
精密ろ過膜 85
セイラバ灌漑 50, 52
石膏の施用 184
節水管理 102, 107
節水技術 12, 207

セネガル川 53, 191, 202
全可溶性塩類 80
全供給可能水資源量 154, 215
全作物用水量 182
戦時における水の保護規定 130, 138, 141
浅層地下水層 114
センターピボット灌漑 114, 117, 118, 122, 123
全溶解塩 72
全溶解塩濃度 13
全溶解物質 126, 145, 177
層状流出水の集水 21
相対的水ストレス指標 216
ソウルルール 139
ソーダ質化 175, 178, 180, 184, 185

【た行】
タール砂漠 104, 107
大規模灌漑農業 91
台形型・半円堤集水 29
第3次中東戦争 136, 149, 150
大人造河川計画 125, 126, 127
帯水層 11, 49, 58, 63, 66, 72, 73, 76, 111, 115, 118, 121, 123, 124, 126, 210
滞留時間 5, 6, 58, 113
多国間の水利条約 137
多重効用蒸留式 82, 84
多段フラッシュ方式 81, 82
脱塩処理 13, 72, 79, 80, 83, 85
竪坑 60
ダム農地 45
炭酸カルシウムの硬盤層 120
湛水・過湿状態 5, 66, 67, 93, 172, 210
淡水化プラント 81
チェックダム 43, 45, 46

241

索　引

地下水　58
地下水位の上昇　54, 66, 178
地下水位の制御　67, 178
地下水位の低下　113, 118, 119, 120, 121, 124, 131
地下水灌漑　155
地下水涵養　53, 66, 67, 71, 72, 73, 126, 127, 128, 204, 209
地下水涵養システム　72
地下水涵養ダム　49, 50, 64, 211
地下水と地表水の複合利用　107
地下水の減少速度　120
地下水賦存量　11, 115, 127, 209
地下水補給　67, 209
地下水盆　127
地下水流出　7, 14, 41, 190, 203
地下ダム　50, 62, 63, 64, 65, 211
地下排水　178, 180
地下排水の機能　97, 101
チグリス・ユーフラテス川　10, 138
地中ドリップシステム　122
地中連続壁工法　64
地表灌漑　12, 65, 107, 210, 213
地表水と地下水の複合利用　65, 66, 210
地表排水　107, 178, 180
地表面流出　7
中位噴霧灌水　125
中間流出　7, 41
注入井　73
チューブウェル　65
直接流出　7, 12, 41, 189, 190, 203
貯留量の変化　119, 120, 121
チリ方式　36

露の利用　33
低圧キャノピー灌水　125
低圧センターピボット　124
低位噴霧灌水　125
低エネルギー精密灌水　122, 125
低水流出　7
ティベリアス湖　142, 145, 146, 147
テキサス州（アメリカ）　115, 120, 121, 122, 123, 124
適用効率　12, 31, 53, 102, 107, 229, 230
テラス WH　30
電気透析法　80, 87, 88
点滴灌漑　213
土堰堤　44, 47
トクトグルダム　159, 160
都市下水の高度処理　71
都市排水の再生利用　13
トシュカ計画　111
土壌塩分の溶脱　67
土壌塩類濃度　47, 111, 182
土壌改良材　180, 185
土壌侵食　45, 208
都市用水　9, 10, 11
土壌の電気伝導度（ECe）　47, 95, 176, 182
土壌のナトリウム吸着比（SARe）　176
土壌面蒸発　12, 172
土地の劣化　4
土中水の動水勾配　98
土中水の毛管上昇　172
土中水ポテンシャル　102
トラペゾイダルバンド　27, 28, 29
ドリップ灌漑　107

【な行】

内陸窪地　14
ナイル川　10, 53, 138, 191
ナイルデルタ　53, 54, 76, 78
ナセル湖　111
ナトリウム障害　178, 179
ナミブ砂漠　34, 36, 37
難透水層　58, 59
二国間条約　137
ニジェール川　17, 53, 55, 56, 189, 191, 192
ニジェール川流域機構　200
二次的塩類集積　96, 99, 100, 103, 171, 172, 175
ヌビア帯水層　11, 58, 113, 125, 126, 128, 129
ネガリム MiC WH　22
ネゲブ砂漠　15, 22, 33, 34, 50, 76
熱分離法　80, 81
ネブラスカ州（アメリカ）　115, 116, 120
年降水量偏差の経年変化　193
農業用水　9, 11

【は行】

バーチャルウォーター　129, 217
バイオ排水　100, 107, 178
排水再利用　76, 77, 78, 212, 213
排水負荷量　107
ハイプレーンズ　114, 117, 118, 120, 123, 124
八年輪作体系　94, 101, 177
八圃式輪作体系　94, 97, 101
ハッターラ　60
母井戸　60, 61
バハ・カリフォルニア砂漠　36, 37
半円（月）堤 MiC WH　22, 24
搬送効率　12, 32, 53, 229, 230
氾濫原　195, 202

氾濫水　56
被圧井戸　59
被圧地下水　59
ピーク流量　195, 196
ピエゾメータ　102
東ゴール水路　147, 148, 150
非自噴井　59
非従来型水資源　13, 207
非超過確率20%　32
氷河の縮小　12, 209
表層集積塩の除去　180
表面流出　14, 41
比流量　191, 202
ファイトレメディエーション　180
不圧地下水　59
ファルケンマーク指標　215
フォガラ　60, 61, 62
フォッグトラップ　33, 35, 37, 211
フォッグハーベスティング　33
深井戸　11, 59, 61
深水湛水　98, 101, 102
複合灌漑　66, 67
不足灌漑　131, 214, 235
不透水層　63
ブラックフラッド　197
フラッシュ灌漑　50
フラッシング　180
プラヤ　14
ブルーウォーター　7, 41
噴射ノズル　124
平均涵養率　121
ベイスン灌漑　53, 54, 181
ペルー方式　35, 36
ヘルシンキルール　139
放流パターン　161
飽和水蒸気圧　38
飽和水蒸気量　37, 38, 39
捕獲の法則　121
補給灌漑　130
圃場外集水域からの集水　21, 27, 29, 32, 43

圃場均平　98, 101, 102, 177
圃場内集水域からの集水　21, 22, 31, 32
圃場排水路　97, 101
圃場水管理　102, 177
補助灌漑　67
保水能力　125
掘抜き井戸　59
ボルタ川　108
ホワイトフラッド　197
ポンプ灌漑　100
ポンプ揚水　11, 49, 111

【ま行】
マイクロ灌漑　12, 213
マイクロキャッチメントWH　21, 22
膜分離法　80, 88
マクロキャッチメントWH　21, 27
マドリッド宣言　139
水資源のひっ迫度　7
水資源賦存量　11
水収支　6, 97, 150, 189, 190
水収支の不均衡　148
水消費原単位　220
水ストレス指数（指標）　6, 136, 137, 215
水生産性　8, 121, 123, 131, 214, 235
水紛争　135, 136, 142, 159
水への攻撃　141
水問題のひっ迫度　215
水利用に関する国際的な規範　140
メスカットMiC WH　25, 26
毛管上昇　175
モントリオールルール　139

【や行】
ヤルムーク川　143, 144,

146, 147, 148, 150, 152, 154, 155
有効水分　47
有効土層　31, 32, 43, 47, 210, 230
陽イオン交換膜　88
用水管理損失　100, 177
用水量　12
溶脱　53, 54, 111, 181
横井戸　59
ヨルダン川　10, 138, 142, 144, 145, 147, 148, 149, 150, 154
ヨルダン渓谷　150

【ら行】
ライフサイクル　109, 110
ラジャスタン州（インド）　31, 46, 104, 181
リーチング　52, 66, 180, 181, 182, 210
流域関係国　10, 103, 135
流域国間の協力　137
流域国間の係争　137
流域国に重大な危害を及ぼさない義務　141, 166
流域水資源管理　103
流域水政策シナリオ　165
流出係数　191, 202
流出パターン　197
流出率　31
流出量　190, 202
流水客土　52, 181
流水の到達時間　195
ルーフトップWH　27
冷涼海岸砂漠　33, 36, 211
連続湛水法　182
ローデドキャッチメント　27, 30
露点　38, 39
ロド・コヒ　50, 52

【わ行】
ワーピング　51
ワジ　13, 15, 41, 43, 44, 49, 50, 195

【著者略歴】

北村義信（きたむら・よしのぶ）

鳥取大学乾燥地研究センター特任教授，農学博士。
1949 年鳥取県生まれ。
1971 年鳥取大学農学部卒業後，農林水産省入省。
鳥取大学乾燥地研究センター助教授，鳥取大学農学部教授を経て現職。
専門は灌漑排水学・乾地水管理学。日本沙漠学会学術論文賞受賞。
農業農村工学会理事，日本沙漠学会評議員，日本砂丘学会評議員を歴任。
主な著書に『砂漠緑化の最前線―調査・研究・技術（共著）』（新日本出版社），
『地球水環境と国際紛争の光と影―カスピ海・アラル海・死海と 21 世紀の中央アジア／ユ-ラシア（共著）』（信山社サイテック）などがある。

乾燥地の水をめぐる知識とノウハウ
―食料・農業・環境を守る水利用・水管理学―　　定価はカバーに表示してあります。

2016 年 3 月 25 日　1 版 1 刷　発行　　　　　　　　ISBN978-4-7655-3468-0 C3051

著　者　北　村　義　信
発行者　長　　滋　彦
発行所　技報堂出版株式会社

〒101-0051　東京都千代田区神田神保町 1-2-5
日本書籍出版協会会員　　　　　電　話　営　　業　（03）(5217)0885
自然科学書協会会員　　　　　　　　　　編　　集　（03）(5217)0881
土木・建築書協会会員　　　　　　　　　F　A　X　（03）(5217)0886
　　　　　　　　　　　　　　　振替口座　00140-4-10
Printed in Japan　　　　　　　　http://gihodobooks.jp/

© Yoshinobu Kitamura, 2016　　　　　　　装幀　ジンキッズ　印刷・製本　愛甲社
落丁・乱丁はお取り替えいたします。

JCOPY　〈出版者著作権管理機構　委託出版物〉

本書の無断複写は著作権法上での例外を除き禁じられています。複写される場合は，そのつど事前に，出版者著作権管理機構（電話：03-3513-6969，FAX：03-3513-6979，e-mail：info@jcopy.or.jp）の許諾を得てください。